大中型拖拉机机手自学读本

主　编　王耀发

编著者　李问盈　王耀发　杜　兵

金盾出版社

内 容 提 要

　　本书介绍大中型拖拉机机手进行技术培训和考核所需的各种知识。以东方红-75、铁牛-55、上海-50、东方红-28等为主要机型，在系统阐述柴油发动机、底盘、电气系统构造和工作原理的基础上，全面介绍了它们的正确使用、安全驾驶、维护保养、故障排除等知识。内容简明实用、图文并茂，可作为培训大中型拖拉机新机手的教材，也可作为在职机手自学提高的读物。

图书在版编目(CIP)数据

　　大中型拖拉机机手自学读本/王耀发主编；李问盈等编著. —北京：金盾出版社，1994.8
　　ISBN 978-7-80022-813-1

　　Ⅰ．大…　Ⅱ．①王…②李…　Ⅲ．拖拉机-驾驶员-技术教育-教材　Ⅳ．S219

金盾出版社出版、总发行

北京太平路5号(地铁万寿路站往南)
邮政编码：100036　电话：68214039　83219215
传真：68276683　网址：www.jdcbs.cn
封面印刷：北京金盾印刷厂
正文印刷：北京外文印刷厂
装订：东杨庄装订厂
各地新华书店经销
开本：787×1092 1/32　印张：15.5　字数：342千字
2010年2月第1版第9次印刷
印数：57001—65000册　定价：23.00元

前　言

随着我国农村经济改革的深入和农业机械化的发展,我国拖拉机拥有量迅速增加,截至 1992 年底,农用大型(36.784 瓦/50 马力以上)、中型(14.71~36.78 千瓦/20~50 马力)拖拉机已达到 76 万台,其中轮式拖拉机 57 万台,绝大部分属于个体所有,约 50 万台以上,在促进农业生产及发展农村经济中发挥了重大的作用。正是在这种形势下,为了满足广大拖拉机机手的迫切要求,我们编写了《大中型拖拉机机手自学读本》一书。

本书介绍大中型拖拉机机手进行技术培训和考核所需的各种知识。以我国产量最高、应用最广的东方红-75(或 802)、铁牛-55、上海-50、东方红-28 等为主要机型,在系统阐述柴油发动机、底盘、电气系统的构造和工作原理的基础上,全面介绍了它们的正确使用、安全驾驶、维护保养以及故障排除等机手所必须具备的知识。

在编写中,充分考虑了广大拖拉机机手的专业知识现状和文化水平,尽量做到深入浅出,简明易懂,重点突出,图文并茂,并力求达到科学性、实用性、普及性和通俗性的有机统一。本书既可作为培训大中型拖拉机新机手的教材,又可作为在职机手自学提高的读物。

本书共分六章,由王耀发担任主编,负责审修、定稿。参加各章编写的有:李问盈(绪论、第 1、2 章)、王耀发(第 3、6 章)、杜兵(第 4、5 章)。

　　在编写过程中,得到了有关专家们的帮助和指导,也参考了有关著作、论文及资料,在此一并表示衷心的感谢!

　　由于编者水平有限,时间仓促,书中所存在的疏漏和错误之处,深望读者赐教指正。

编著者
1994 年 4 月
于北京农业工程大学农业机械化系

目　　录

绪　论

拖拉机是一种用来悬挂、牵引或驱动工作机具的行走式动力机,亦可作为固定式动力机使用。在现代化农业生产中作用大,用途广。

拖拉机与相应的农机具配合,可完成农业生产中的大部分作业,如耕地、耙地、播种、中耕、植保、收割、运输等移动式作业及抽水、脱粒、农副产品加工等固定式作业。履带式拖拉机配上推土铲还可完成农业和非农业的土地平整等作业。此外,还有工业用及林业用拖拉机等。拖拉机是实现农业机械化的主要动力,对农业生产及国民经济的发展起着重要的作用。

为适应不同地区、不同生产条件下的不同需要,拖拉机有不同的类型。根据不同的分类方法,可分为如下几类:

按用途可分为旱地型、水田型和特殊用途型,其中旱地型又有通用型和中耕型之分;

按功率的大小可分为大型拖拉机(36.78 千瓦/50 马力以上)、中型拖拉机(14.71～36.78 千瓦/20～50 马力)以及小型拖拉机(14.71 千瓦/20 马力以下)。需要指出的是,在不同的地区,大、中、小型拖拉机有不同的划分档次。

按行走机构的型式可分为履带式拖拉机和轮胎式拖拉机(简称轮式拖拉机)。其中轮式拖拉机又可根据驱动轮数的不同而分为四轮驱动型和两轮驱动型拖拉机。此外还有半履带式、铁轮式和船体式拖拉机等。

(一)拖拉机的构造概述

拖拉机是由多种系统、机构和装置组成的一种比较复杂的机器。各种型号的拖拉机在使用性能、工作条件和要求方面虽各有差异,但它们的总体结构和基本工作原理却大体相似。一般来说,组成一台拖拉机主要有三部分——发动机、底盘和电气设备。

　　发动机是拖拉机的动力装置。其作用是使进入气缸的可燃混合气(燃油和空气)燃烧,并将产生的热能转变为机械能(动力)输出,满足拖拉机行驶、驱动或牵引工作装置进行作业的需要。由于发动机一般均采用往复式内燃结构,故也叫内燃机。内燃机的类型和分类方法很多。按所用燃油不同,可分为汽油机、柴油机和煤油机等。其中以汽油机和柴油机最为常见。

　　汽油机以汽油作为燃油。在汽油机中,空气和汽油在气缸外部的化油器里形成混合气,进入气缸后,经过压缩,温度升高,然后用电火花把混合气点燃。所以,汽油机又叫点燃式发动机。

　　柴油机是以不易挥发的柴油作为燃油。在柴油机中,新鲜空气首先进入气缸,经过强烈的压缩,空气温度和密度急剧升高后,柴油及时地被高压喷射到燃烧室内,与高温空气混合并自行着火燃烧。故柴油机也叫压燃式发动机。

　　一般农用拖拉机大都采用高速、四冲程柴油机作为动力装置。

　　底盘构成拖拉机的整机骨架。它包括传动系统、行走机构、转向机构、制动装置、液压悬挂装置、牵引装置、动力输出装置以及驾驶座和驾驶室等。

　　电气设备主要用来实现柴油机的迅速起动,保证安全行驶信号的发出和夜间工作时的照明等。拖拉机上的电气设备主要由电源、用电设备和配电设备三部分组成。

（二）拖拉机的基本工作原理

拖拉机工作时，由柴油机把柴油和空气的混合气燃烧所产生的热能转变为机械能，通过动力传动系统，传递到行走机构，使拖拉机行驶。操纵转向机构或制动器，就可实现拖拉机的转弯及紧急停车等。拖拉机行驶时，与液压悬挂装置、牵引装置或动力输出装置配套的农机具就可完成规定的作业。

柴油机作为固定动力使用时，发出的功率通过皮带或动力输出轴直接驱动脱粒机、抽水机等需要固定动力的机械。

（三）拖拉机的型号

拖拉机的型号就是用简单的符号来表示各种不同拖拉机的用途和基本性能特征，以便在生产、使用和维修中对不同的机型进行识别。

我国的拖拉机型号是根据1979年12月原农业机械部发布的《NJ189—79拖拉机型号编制规则》确定的，根据该标准的规定，拖拉机的型号由功率代号和特征代号两部分组成，必要时加注区别标志。特征代号又分为字母符号和数字符号，其排列顺序如下：

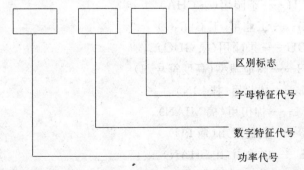

区别标志

字母特征代号

数字特征代号

功率代号

功率代号 用发动机标定功率值的整数部分表示。由于当时我国尚未规定法定计量单位,故功率的单位仍为"马力"。现在我国规定使用法定计量单位,拖拉机的功率应用"千瓦"表示。本书中一般用"千瓦"表示,但在括号内或"/"后注明"马力"值。

特征代号 根据机型特征,在下列数字符号和字母符号中各选一项,且只能选一项表示。

数字符号

0——一般轮式(两轮驱动)

1——手扶式

2——履带式

3——三轮式、双前轮并置式

4——四轮驱动式
⋮

9——机耕船

字母符号

CA——菜地用(菜 CAI)

CH——茶园用(茶 CHA)

G——工业用(工 GONG)

GU——果园用(果 GUO)

H——高地隙型(高度符号 H)

L——林业用(林 LIN)

M——棉田用(棉 MIAN)

P——葡萄园用(葡 PU)

S——山地用(山 SHAN)

Y——静液压驱动(液 YE)

Z——沼泽用(沼 ZHAO)

(空白)——一般农业用

区别标志 用1～2位数字表示,以区别不适宜用功率代号、特征代号来区别的机型。凡特征代号以数字结尾的,如一般轮式拖拉机,在区别标志前应加一短横线,与前面的数字隔开。

型号示例:

121——12马力(8.83千瓦)左右的手扶拖拉机

752——75马力(55.16千瓦)左右的履带式拖拉机

550——55马力(40.45千瓦)左右的轮式拖拉机

200GU——20马力(14.71千瓦)左右的果园用轮式拖拉机

500-1——50马力(36.78千瓦)左右的轮式拖拉机(区别于已有的500型的另一机型)

500H1——50马力(36.78千瓦)左右的高地隙轮式拖拉机(区别于已有的500H型的另一机型)

(四)大中型拖拉机及其性能参数

大中型拖拉机是相对于小型拖拉机而言,属一般性的习惯叫法,在我国少数地区,对大中小型的划分另有分法。一般所说的大中型拖拉机其发动机的工作气缸数为多缸(二缸及其以上,一般为四缸),所用燃油为柴油,其功率在14.71千瓦(20马力)以上。

我国生产拖拉机的厂家较多,生产的拖拉机型号也很多,各种不同的拖拉机都有不同的性能和使用参数,本书附录Ⅰ所列为国产部分大中型拖拉机的型号及基本性能参数。

第一章　柴油机

柴油机是发动机的一种,是拖拉机的主要动力源,拖拉机进行各种作业,都是以柴油机所发出的功率作为基础。柴油机所用燃油为柴油,由于柴油价格便宜,而且柴油机耗油较少,所以拖拉机一般都用柴油机作为动力。只在某些机型上,起动时才使用汽油机。

一、柴油机概述

(一)柴油机的基本工作原理

不论是单缸柴油机,还是多缸柴油机,其基本工作原理都是相同的。都是将燃油燃烧产生的热能转变为曲轴的机械运动而向外作功。

1.柴油机的基本构造　以单缸四冲程柴油机为例,其基本构造见图1-1。气缸5固定安装在机体上,活塞6装在气缸中并通过活塞销7、连杆8与曲轴9相连,曲轴9通过轴承10安装在机体上,其一端装有飞轮11。气缸上面用气缸盖3封闭,气缸盖上的进气门2和排气门1由配气机构保证它们按时开闭。气缸盖上还装有喷油器4,靠柴油供给系统使之按时定量向气缸内喷油。

活塞沿气缸中心线往复运动一次,可通过连杆推动曲轴转一圈。当活塞运动到距曲轴轴心线的最远处,活塞顶端在气缸中的位置称为"上止点"(图1-1a);当活塞运动到距曲轴轴心线最近处时,活塞顶端在气缸中的位置叫"下止点"(见图

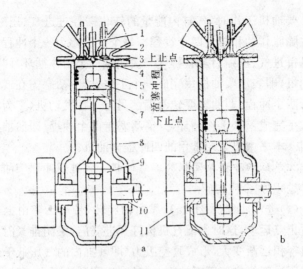

图 1-1　单缸四冲程柴油机简图

1.排气门　2.进气门　3.气缸盖　4.喷油器　5.气缸　6.活塞　7.活塞销
8.连杆　9.曲轴　10.曲轴轴承　11.飞轮

1-1b)。上、下止点之间的距离,叫做活塞冲程。活塞每运动一个冲程,曲轴相应转半圈。

　　活塞位于上止点时,活塞顶与气缸盖之间在气缸中所形成的空间称为燃烧室,其容积叫燃烧室容积(也叫压缩室容积)。活塞位于下止点时,活塞顶与气缸盖之间在气缸中所形成的容积叫气缸总容积。上、下止点之间的容积叫气缸工作容积(多缸发动机各缸工作容积之和叫发动机排量)。气缸总容积与燃烧室容积的比值,叫做"压缩比",即:

压缩比＝气缸总容积/燃烧室容积

　　压缩比表示气缸内气体被压缩的程度。压缩比越大,压缩时气体在气缸内被压缩得就越厉害,压缩终了时气体的温度和压力就越高。柴油机的压缩比一般在 16～22 之间。

柴油机工作时,气缸内能量的转化需经过进气、压缩、燃烧并膨胀作功和排气四个过程。每个过程称为一个冲程。柴油机每进气、压缩、作功、排气一次叫做一个工作循环。四冲程柴油机,即表示柴油机每完成一个工作循环,活塞需在气缸中运行四个冲程,即曲轴要转两圈。另有一种发动机(多为汽油机),每完成一个工作循环,只需活塞走两个冲程,即曲轴只转一圈。本书主要介绍常用的四冲程柴油机。

2. 单缸四冲程柴油机的工作过程　单缸四冲程柴油机的工作过程如图 1-2 所示。

(1)进气冲程(图 1-2a):靠曲轴旋转,带动活塞由上止点向下止点运动,这时由配气机构打开进气门,关闭排气门。气缸内容积逐渐变大,形成真空吸力(即气缸内的气压低于外界大气压),新鲜空气不断被吸入气缸。活塞到达下止点时,进气冲程结束,进气门随之被关闭。此时气缸内的气体压力约为 $78.5 \sim 88.2$ 千帕($0.8 \sim 0.9$ 公斤力/厘米^2),温度约为 $50 \sim 70℃$。

(2)压缩冲程(图 1-2b):曲轴继续旋转,带动活塞由下止点向上止点运动。这时,进、排气门都关闭,气缸内的空气逐渐被压缩,压力和温度不断升高。柴油机一般都具有较大的压缩比,故压缩终了时气缸中的压力和温度都很高,压力可达 $2940 \sim 4900$ 千帕($30 \sim 50$ 公斤力/厘米^2),温度可达 $500 \sim 650℃$(比柴油的自燃温度高约 $200 \sim 300℃$)。

(3)作功冲程(燃烧膨胀冲程)(图 1-2c):当压缩冲程接近终了时,喷油器将柴油以细小的油雾状喷入气缸。这些油雾在高温下很快蒸发,与气缸中的空气混合,成为可燃混合气。经过很短的一段着火准备阶段,当活塞接近上止点时,可燃混合气在高温下立即自燃,放出大量热量,使气缸内的温度和压力

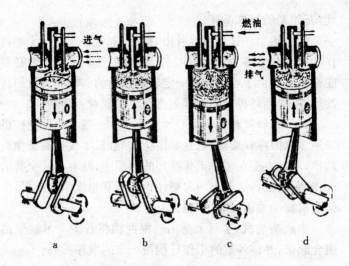

图 1-2 单缸四冲程柴油机的工作过程

a.进气 b.压缩 c.作功 d.排气

急剧上升,最高压力可达 5900～8800 千帕(60～90 公斤力/厘米^2),温度升高到 1700～2000℃。此时进、排气门都是关闭的,高温高压的气体因膨胀产生的巨大推力,推动活塞从上止点向下止点运动,再通过曲柄连杆机构使曲轴旋转,将可燃混合气燃烧发出的热能转变为活塞、曲轴的机械运动而向外作功。随着活塞向下止点运动,气缸内容积逐渐扩大,气缸内气体的压力和温度也相应降低。作功冲程终了时,气缸内的气体压力约为 290～580 千帕(3～6 公斤力/厘米^2),温度降至约 1000～1200℃。

(4)排气冲程(图 1-2d):曲轴继续旋转,活塞从下止点向上止点移动,此时排气门打开,进气门依然关闭,燃烧后的废气被向上运动的活塞从排气门排出。

排气终了,曲轴继续旋转,活塞又从上止点往下止点运动,开始新的工作循环。

从上述工作过程可以看出,排气、进气和压缩三个冲程为作功冲程作准备,而作功冲程又为其它三个冲程提供必要的能量。正是由于通过具有一定转动惯量的曲轴和飞轮的持续旋转,工作循环得以不断重复进行而实现对外作功。

3. 多缸四冲程柴油机的工作过程 一般大中型拖拉机都采用多缸四冲程柴油机。这是因为,多缸机不仅提高柴油机的功率,而且由于在每一工作循环的两圈中,就有相互交替的多次作功,以及各缸离心力和惯性力能够互相抵消或减弱,使得柴油机振动减小,运转平稳。

多缸柴油机,实际上是用一根曲轴将若干个单缸柴油机组合起来,并将各缸的工作行程按一定的顺序排列。

图 1-3 所示为一典型的四缸四冲程柴油机的工作示意图。它由四个缸组成,除曲轴和飞轮为四个缸共有外,其余构造基本同单缸四冲程柴油机。各缸的活塞连杆组都与曲轴相连,每一个缸都按照进气、压缩、作功、排气完成工作循环。曲轴每转两圈(720°),各缸都完成一个工作循环,为保证转速均匀,各缸的作功行程都均匀地分布在 720° 的曲轴转角内,即每隔 720/4＝180° 就有一个缸作功。

四缸四冲程柴油机各缸的作功顺序常采用 1—3—4—2(或 1—2—4—3),其工作过程参看表 1-1。

表 1-1 四缸四冲程发动机的工作情况

工 作 次 序	1—3—4—2				1—2—4—3			
曲轴旋转角度	各 缸 工 作 过 程				各 缸 工 作 过 程			
	一 缸	二 缸	三 缸	四 缸	一 缸	二 缸	三 缸	四 缸
第一个半圈(0°~180°)	作功	排气	压缩	进气	作功	压缩	排气	进气
第二个半圈(180°~360°)	排气	作功	进气	压缩	排气	作功	进气	压缩
第三个半圈(360°~540°)	进气	压缩	排气	作功	进气	排气	压缩	作功
第四个半圈(540°~720°)	压缩	进气	作功	排气	压缩	进气	作功	排气

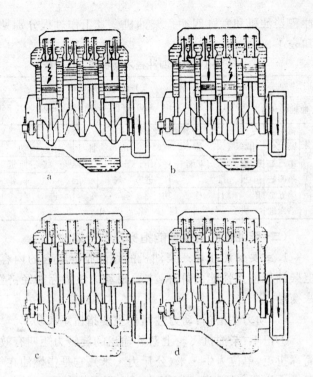

图 1-3　四缸四冲程发动机工作过程

表 1-2　二缸四冲程发动机的工作过程

工　作　顺　序	1—2—0—0		1—0—0—2	
曲 轴 旋 转 角 度	各缸工作过程		各缸工作过程	
	一　缸	二　缸	一　缸	二　缸
0°～180°	作　功	压　缩	作　功	排　气
180°～360°	排　气	作　功	排　气	进　气
360°～540°	进　气	排　气	进　气	压　缩
540°～720°	压　缩	进　气	压　缩	作　功

除四缸四冲程柴油机外,也有少量的拖拉机采用两缸四

冲程柴油机和六缸四冲程柴油机。其工作过程分别见表 1-2 和表 1-3。

表 1-3 六缸四冲程发动机的工作过程

工作顺序	1-5-3-6-2-4												
曲轴转角	0°	60°	120°	180°	240°	300°	360°	420°	480°	540°	600°	660°	720°
第一缸		作功			排气		进气			压缩			
第二缸	排气			进气		压缩			作功		排气		
第三缸	进气		压缩			作功		排气			进气		
第四缸	作功		排气			进气		压缩			作功		
第五缸		压缩		作功			排气			进气		压缩	
第六缸		进气			压缩			作功			排气		

注：各缸工作过程

(二)柴油机的主要性能指标及型号编制

1. 主要性能指标　柴油机的性能指标包含的内容很广，但柴油机使用性能的好坏，主要用动力性指标和经济性指标来衡量。

(1)动力性指标：动力性指标主要指扭矩和功率。

①扭矩：柴油机飞轮上对外输出的旋转力矩叫有效扭矩，简称扭矩，单位为牛·米（公斤力·米）。它是指燃油在气缸内燃烧放热使气体膨胀所产生的力扣除克服机器内部各零部件的摩擦阻力和驱动各辅助装置（如油泵、发电机等）所需的力之外，最后传到飞轮上可以供柴油机对外使用的平均扭矩。

实际工作中，柴油机飞轮输出的扭矩与外界作用到飞轮上的阻力矩（外界负荷）相等。

②功率：柴油机在单位时间内对外所作的功，叫有效功率，简称功率，单位为千瓦（马力）。

有效功率是柴油机最主要的性能指标之一。制造厂产品铭牌上（或说明书中）标明的有效功率称为标定功率。国家标准（GB1105-74）中按用途及使用特点对标定功率作了如下规定：

15 分钟功率：允许发动机连续运转 15 分钟时的最大有效功率。适用于需要有短时良好超负荷和加速性能的汽车、摩托车用发动机等；

1 小时功率：允许发动机连续运转 1 小时的最大有效功率。适用于需要有一定功率贮备，以克服负荷突然增加的轮式拖拉机、船舶用发动机等；

12 小时功率：允许发动机连续运转 12 小时的最大有效功率。适用于在 12 小时内连续运转又需要充分发挥功率的拖拉机、农用排灌机械及工程机械用发动机等；

持续功率：允许发动机长期连续运转的最大有效功率。适用于需要长期持续运转的农用排灌机械、船舶、电站用发动机等。

发动机的扭矩和功率与发动机的转速有直接的关系，转速就是曲轴每分钟旋转的圈数，单位为转/分。在给出标定功率的同时，必须给出相应的标定转速。它们在产品铭牌上的表示方法为：功率/转速，如 8.95 千瓦/2000 转/分（12 马力/2000 转/分）、55.2 千瓦/1500 转/分（75 马力/1500 转/分）等。在柴油机的使用说明书中，一般会标出 1～2 种标定功率，机手可根据需要选用。

柴油机的功率与扭矩、转速有如下关系：

$$功率＝扭矩×转速$$

也就是说，当功率相同时，转速低则扭矩大，转速高则扭矩小；这就是为什么在实际使用中反映出来的负荷增大时，转速降低；负荷减小时，转速升高的道理。

（2）经济性指标：经济性指标主要指燃油和润滑油的消耗率。

①燃油消耗率:柴油机在 1 小时工作时间内所消耗的柴油量,称为小时耗油量,计量单位是千克/时。由于每种型号的柴油机功率不同,其小时耗油量也就不同,所以,不能用小时耗油量作为不同柴油机经济性指标评定和比较的参数。

柴油机发出每单位有效功率,在 1 小时内所消耗的柴油量,称为有效燃油消耗率,简称耗油率或比油耗,单位是克/千瓦·时(克/马力·时)。即每发出 1 千瓦(或 1 马力)的功率在 1 小时内所消耗的柴油量(克)。耗油率愈低,则柴油机的经济性愈好。

耗油率和小时耗油量有如下关系:

$$耗油率=\frac{小时耗油量}{功率}\times 1000(克/千瓦·时或克/马力·时)$$

柴油机通常在使用说明书中标明 12 小时功率时的耗油率。

②润滑油消耗率:润滑油消耗率也是评价柴油机经济性的一个重要指标,其计算方法与燃油消耗率相同,单位也是克/千瓦·时(克/马力·时)。

还需指出,从使用角度来看,动力性指标和经济性指标虽然是评价一台柴油机的主要性能指标,但衡量柴油机的性能时还要考虑其可靠性(指在规定条件下的和规定时间内,实现规定功能的能力)。它包括无故障性(指在一定时期内不出现故障的性能)、维修性(指适于进行技术维护和修理来预防、检测和消除故障的性能)、保持性(指在一定的贮运期后保持规定功能的性能)和耐久性(指使用期限和技术寿命)。另外,还要考虑起动的难易程度和成本等。

2. 型号编制　为了便于发动机的生产管理和使用,国标(GB725—82)"内燃机产品名称和型号编制规则"规定,发动机型号的编制应能反映它的主要结构及性能。型号的排列顺

序及各符号所代表的意义如下:

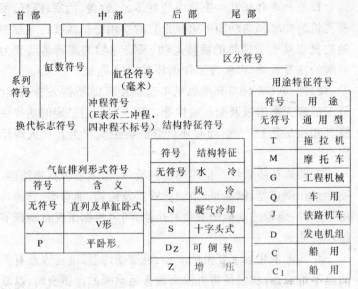

如:195 型柴油机——表示单缸、四冲程、缸径 95 毫米、水冷式、通用型;

165F 型柴油机——表示单缸、四冲程、缸径 65 毫米、风冷式;

4100Q-4 型汽油机——表示四缸、四冲程、缸径 100 毫米、汽车用、第四种变型产品;

4125 型柴油机——表示四缸、四冲程、缸径 125 毫米、水冷式、通用型;

R4100T 型柴油机——表示 R 系列、四缸、四冲程、缸径 100 毫米、直列、水冷、拖拉机用。

(三)柴油机的组成及功用

柴油机型式很多,具体结构也不完全相同,但它们都有下列机构与系统。

1. 曲柄连杆机构　主要由气缸体、气缸盖、活塞、连杆、带有飞轮的曲轴和曲轴箱等组成。它的功用是把活塞在气缸中的往复运动变为曲轴的旋转运动；又将曲轴的旋转运动变为活塞的往复运动，以实现工作循环并输出动力。

2. 进排气系统与配气机构　包括空气滤清器、进排气管道与消音灭火器以及配气机构等。其主要功用是定时地排除废气和吸进新鲜空气，同时还具有滤清空气和消音灭火等作用。

3. 柴油供给系统　也叫燃油供给系统，主要包括喷油器、喷油泵和调速器、输油泵、柴油滤清器及油箱、油管等。它的功用是定时、定量地向燃烧室喷射柴油，同时根据工况自动调节循环供油量。

4. 润滑系统　主要由机油泵、机油滤清器、油压表及有关油道等组成。其功用是将机油送到各运动副的摩擦表面，以减少运动件的摩擦阻力和磨损，并有密封、冷却、清洁、防锈等作用。

5. 冷却系统　包括水泵、风扇、水散热器、机油散热器等。其功用是将受热零件的热量散发到大气中去，以保持适宜的工作温度。

除上述机构和系统外，在柴油机上还装有起动装置，其功用是借助外力（人力、电力或其它动力）将静止的柴油机发动起来。

二、曲柄连杆机构

曲柄连杆机构是柴油机实现工作循环，完成从热能到机械能能量转换的传动机构。它由活塞连杆组、曲轴飞轮组、机体、缸盖等组成。其中活塞与气缸盖、缸筒一起构成燃烧室，承受气缸中油气混合气燃烧膨胀所产生的压力，并通过活塞销将力传递给连杆，推动曲轴旋转并对外作功。同时活塞由连杆带动，实现进气、压缩、排气等工作。

（一）活塞连杆组

1.活塞组 活塞组包括活塞、活塞环和活塞销等零件。活塞组的功用是与气缸、气缸盖构成工作容积和燃烧室；承受燃气压力并通过连杆传给曲轴；密封气缸，防止燃气漏入曲轴箱和机油进入气缸。

由于活塞组在工作中受到很大的燃气压力和运动件的惯性力，并受高温燃气的加热作用，因此，活塞组的材料一般都要求强度高、重量轻、导热性好并耐磨。

（1）活塞（图1-4）：活塞由顶部、环槽部（防漏部）、活塞销座孔和裙部构成。

活塞顶部：是燃烧室的组成部分，其形状根据燃烧室的形状而有所不同。

环槽部：也叫防漏部，是指第一道活塞环槽到活塞销座孔以上部分，它有数道环槽，用以安装活塞环。柴油机压缩比较高，一般有四道环槽，上部三道装气环，下部安装油环。

活塞销座孔：位于活塞中部，用以安装活塞销，以便把活塞与连杆连接起来，孔内两端均装有卡簧，防止活塞销来回窜动。

裙部：是活塞往复运动的导向部分，同时承受连杆对活塞产生的侧压力。大多数活塞裙部还有一道油环槽，用来安装油环，用以布油和刮油。

（2）活塞环：活塞在气缸内作高速往复运动并受热膨胀，所以活塞与气缸之间必须留有适当的间隙，但此间隙在工作

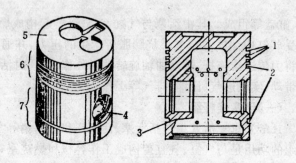

图 1-4　活塞外形及剖视图

1.气环槽　2.油环槽　3.销座　4.销孔　5.顶部　6.防漏部　7.裙部

中会造成燃气漏入曲轴箱,故要用活塞环来密封。

　　活塞环有气环和油环两种。气环的主要作用是保证气缸的密封,不让气缸内的高压气体漏入曲轴箱。它依靠气环本身的弹力和高压气体的作用力,使环的外壁紧贴在气缸壁上来起密封作用,另外还将活塞顶部的热量传给气缸壁,通过冷却水带走。油环的主要作用是布油和刮油。当活塞上行时,油环将曲轴旋转飞溅上来的润滑油均匀地分布到气缸壁上,改善活塞与气缸之间的润滑,减少活塞、活塞环与气缸的磨损和摩擦阻力;当活塞下行时,又将气缸壁上多余的润滑油刮除,防止润滑油窜入燃烧室。

　　活塞环在高温、高压、高速的条件下工作,润滑条件较差,多采用合金铸铁材料制造,通常第一道气环表面镀铬或喷钼以提高表面耐磨性。

　　①气环:气环是一个有切口的弹性圆环。在自由状态时,气环的外径比气缸直径大。装入气缸后,依靠自身的弹性与气缸壁紧密贴合,并在环与环槽之间形成一个断面很小的曲折通道,高压气体能进入环的内壁环面传递气体压力,使环更加紧密地贴合在气缸壁上,起良好的密封作用。

常用的气环有以下几种类型(图 1-5),其主要差别在于环的断面形状不同。

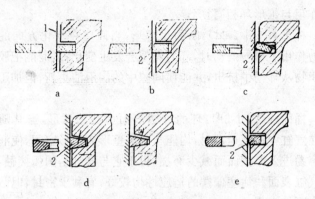

图 1-5 气环的断面形状
a.矩形环 b.锥形环 c.扭曲环 d.梯形环 e.桶面环
1.气缸 2.活塞环

矩形环(图 1-5a):也叫平环,构造简单,制造方便,导热效果好,应用较多,但有"泵油作用",使机油进入燃烧室。

锥形环(图 1-5b):断面呈锥形,与气缸壁接触压力大,有良好的密封性,磨合性也好。锥形环在活塞上行时,由于锥角的"油楔"作用,使其能在油膜上"飘浮"过去而减少磨损,而活塞下行时,又具有良好的刮油作用,减少了润滑油的消耗。但由于锥形环在气体压力作用下,有被推离气缸壁缩向环槽的趋势,所以不宜作第一道气环。常被用来作第二、三道气环。安装时要注意锥角环面应朝向气缸盖方向,不能装错,否则将导致润滑油上窜。

扭曲环(图 1-5c):扭曲环的内侧上方有一个台阶形缺口(或倒角)。这样,环的上下弹力不均匀,随活塞装入气缸后,会产生扭曲变形,使外圆表面形成上小、下大的圆锥面,减小了环与气缸壁的接触面积,增大了接触压力,限制了环在环槽中的上下窜动,既增加了密封性,又避免了泵油现象,其布油、刮油作用与锥形环相同。

梯形环(图1-5d):断面呈梯形,当活塞在变化方向的侧向力作用下横向摆动时,环的侧隙会发生变化,从而能把胶状沉积物从环槽中挤出,并能使间隙中的润滑油更新,但加工困难。

桶面环(图1-5e):环的外圆表面为凸圆弧形,当其随活塞在气缸中往复运动时,均能与气缸壁形成楔形空间,使润滑油容易进入摩擦面而减少磨损。由于它与气缸是圆弧接触,故对气缸表面和活塞偏摆的适应性均较好,有利于密封,但凸圆弧表面加工不易。

气环的"泵油作用"如图1-6所示。当气环随活塞向下运动时,在摩擦阻力的作用下,气环紧贴在环槽的上端面(图1-6a),从气缸壁上刮下润滑油,即环的下部及内侧间隙被润滑油充填;当活塞上行时,环又紧贴在环槽下端面(图1-6b)。这样,润滑油被挤到环槽上端面,最后泵入燃烧室。扭曲环则由于其上、下端面均与环槽的上下端面接触而不易产生"泵油作用"。

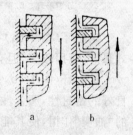

图1-6 气环的泵油作用

②油环:有普通油环和组合油环两种。

普通油环(见图1-7,其中断面薄的是气环):普通油环也叫整体式油环,比气环厚,其外圆柱面中间加工有凹槽,槽中钻有小孔或开切槽。无论活塞向上或向下运动,油环的外圆刮下的多余润滑油均通过槽形孔或小孔流回曲轴箱。其刮油作

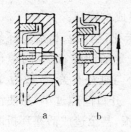

图 1-7　油环的刮油作用　　　图 1-8　螺旋撑簧式油环

用如图 1-7 所示。

组合式油环:有螺旋撑簧式和钢片式两种。

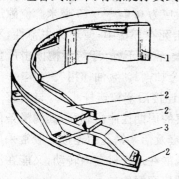

图 1-9　钢片式组合油环
1.径向衬环　2.扁平环
3.轴向波形环

螺旋撑簧式油环(图 1-8)的内圆槽里,装有起支撑作用的螺旋撑簧,使该环对气缸壁产生较大的接触压力,它具有较好的刮油能力。安装时,要先将螺旋撑簧装入活塞环槽,并将接口接好,再将油环整体装入环槽内,环的开口应在撑簧接口的对面。

钢片式组合油环由一个径向衬环、三个扁平环(上面两片,下面一片)和一个轴向波形环组成(图 1-9)。材料为弹簧钢。其轴向波形环 3 使扁平环 2 紧贴在环槽的上下端面,形成端面密封,防止润滑油上窜;径向衬环 1 使扁平环外圆紧贴气缸壁,有利于刮油。由于扁平环较薄,各扁平环又独立工作,加之衬环弹力较大,所以能很好地适应气缸壁的不均匀磨损,并能消除活塞变形摆动的影响。钢片式组合油环对气缸壁接触压力高而均匀,刮油能力强,密封性好,因而应用日益增多,但制造成本较高。

为了防止活塞环受热膨胀而卡死,当活塞和活塞环装入气缸套后,活塞环切口处应保留一定的间隙,这个间隙称为"开口间隙",也叫"端间隙",其大小与缸径有关,一般为 0.25～0.8 毫米,最大不能超过 2 毫米。开口间隙过小,易使活塞环卡死,从而加速环与气缸壁的磨损,甚至造成活塞环折断或刮伤缸壁;开口间隙过大,则会因密封不好而产生气缸压缩力不足、起动困难、功率下降和窜烧机油等故障。

活塞环与环槽之间在高度方向上也应留有一定的间隙,称为"侧隙"或"边间隙",一般应为 0.04～0.15 毫米。侧隙过小,活塞环会因受热膨胀而卡死在环槽中,使环失去弹性,不起密封和刮油作用;侧隙过大,密封不好,环与环槽撞击严重而加速磨损,对气环来说,还会加剧其"泵油作用"。

(3)活塞销:活塞销用来连接活塞和连杆小头,与活塞一起作高速往复运动,承受燃气的周期性冲击载荷,其润滑条件极差。活塞销与连杆小头衬套及活塞销孔的连接一般常采用浮动式,即活塞销在工作中既能在连杆衬套内转动,又能在活塞销孔内转动,以减少磨损并使磨损均匀。

活塞销与活塞的材料不同,热膨胀系数也不同(活塞比活塞销热膨胀系数大)。工作时,活塞销座孔受热膨胀后与活塞销之间的间隙会变大。为了保证工作时的正

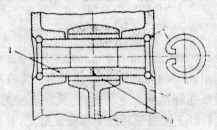

图 1-10　活塞销及其组合
1.活塞销　2.卡簧　3.活塞
4.连杆小头衬套　5.连杆

常间隙,常温下两者之间应有一定的紧度。装配时先将活塞放入油中加热,使活塞销座孔胀大,再将活塞销装入。严禁冷敲压入,以免拉伤座孔表面,破坏配合精度,导致工作时活塞销与活塞销座撞击而加剧磨损。同时,为了防止活塞销轴向窜动刮伤气缸壁,在活塞销两端装有卡簧(图 1-10),以轴向定位。

2.连杆组　连杆组包括连杆、连杆盖、连杆螺栓、连杆轴瓦、连杆小头衬套等,如图 1-11 所示。

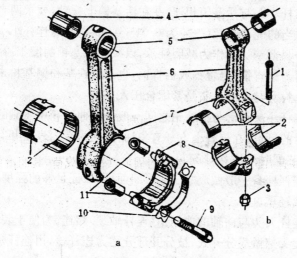

图 1-11　连杆组
a.斜切口式　b.平切口式
1.连杆螺栓　2.连杆轴瓦　3.连杆螺母　4.衬套　5.连杆小头　6.杆身
7.连杆大头　8.连杆盖　9.连杆螺钉　10.锁片　11.定位套

连杆组的功用是连接活塞和曲轴,并将活塞的往复运动变为曲轴的旋转运动,是曲柄连杆机构中传递动力的重要组件。连杆运动时,承受着经活塞传来的燃气压力及活塞连杆组往复运动的惯性力。这些力的大小和方向都呈周期性变化,使连杆处于复杂的交变应力状态。所以,连杆组的结构要求在尽可能轻的情况下保证有足够的强度和刚度。强度不足,连杆和连杆螺栓容易断裂,会造成整机的破坏;刚度不足,连杆变形,将使活塞、气缸、连杆轴承和曲柄销等零件偏磨。

(1)连杆:连杆在作功冲程时,将活塞承受的气体压力传给曲轴,使活塞的往复运动变为曲轴的旋转运动;在其它三个冲程时,又将曲轴的旋转运动传给活塞,使活塞作往复运动。

连杆可分为小头、大头和杆身三部分。

连杆小头与活塞销相连,并在活塞销上摆动,要求两者之间有适当的配合间隙(一般为 0.01～0.05 毫米)。连杆小头中压有一只薄壁衬套作为减磨轴承,以减少活塞销的磨损。衬套的材料为锡青铜、铅青铜或铝青铜,也有用铁基和铜基粉末冶金的。衬套与连杆小头是紧配合压入。

连杆小头衬套与活塞销之间一般是靠曲轴箱中飞溅的油雾润滑的,所以在连杆上方开有集油孔,在衬套内表面开有布油槽,装配时要注意对正。

连杆杆身一般做成"工"字形断面,以保证足够的强度、刚度和减轻重量。

连杆大头与曲轴的曲柄销(连杆轴颈)相连。为便于装配,连杆大头都做成分开式,被分开部分称为连杆盖,用连杆螺栓和螺母连接紧固。

连杆大头的剖面一般有平切口式(图 1-11b,其剖面与杆身成 90°)和斜切口式(图 1-11a,其剖面与连杆杆身成 30°～60°的夹角,一般以 45°较多)。不管是平切口式还是斜切口式,一般都有一定的定位措施,以保证配合。为了保证连杆大头孔尺寸的精确,通常连杆与连杆盖都经过配对加工,并在同侧打上记号,装配时不得互换或变更装配方向。

(2)连杆轴瓦:连杆轴瓦安装在连杆大头孔内,是连杆与曲柄销连接的滑动轴承。为使拆装维修方便,制造时分成两半,其形状如瓦,故俗称轴瓦。连杆轴瓦常采用内表面敷一层耐磨合金的薄壁钢背轴瓦。轴瓦与连杆大头孔的配合属紧配合,故使用后,如发现瓦背有磨亮的痕迹,则表明过盈不足,必须更换 ,否则会使连杆大头磨损,降低其使用寿命。

两片轴瓦上一般都有定位唇,以保证配合良好,装配时必须注意。

(3)连杆螺栓:连杆螺栓用来连接连杆体与连杆盖。它承受交变载荷,很容易引起疲劳破坏而断裂。一般采用经过热处理的优质碳素钢或优质合金钢制成,绝对不能用普通螺栓代替。

连杆螺栓装配时,要按规定的扭紧力矩上紧,使螺栓具有足够的预紧力以保证连杆轴瓦与连杆大头孔的良好贴合,保证连杆体与连杆盖之间有足够的压紧力。若扭紧力矩过小,连杆剖面处易出现缝隙,使连杆螺栓受到很大的附加拉力而造成疲劳断裂;若扭紧力矩过大,超过了螺栓材料的屈服极限,会造成螺栓变形或断裂。故在安装时,应用扭力扳手将两个螺栓分2~3次交替均匀地拧紧至规定扭矩。

为防止螺纹连接自行松脱,连杆螺栓处设有防松装置,常用的有开口销、锁片、铁丝、自锁螺母、螺纹表面镀铜等方法。

(二)曲轴飞轮组

1. 曲轴   曲轴的功用是把活塞的往复运动变为旋转运动,对外输出功率和驱动各辅助系统。

曲轴在工作中受到周期性变化的气体压力、往复运动惯性力、旋转运动惯性力及它们的力矩的共同作用。这些周期性的交变载荷使曲轴的受力非常复杂,既弯曲又扭转,会引起曲轴的震动和疲劳破坏,同时在曲轴轴颈与轴承之间造成严重磨损。因此,要求曲轴具有足够的强度和刚度,特别是曲柄部分的强度;要求轴颈表面有良好的润滑条件和耐磨,重量要轻。

曲轴一般用优质中碳钢或合金钢锻造而成,轴颈表面经精加工和热处理。也有用高强度的球墨铸铁来铸造曲轴的。

曲轴的结构型式可分为整体式和组合式两大类。整体式曲轴是将曲轴做成一个整体零件,其优点是强度和刚度较高、结构紧凑、重量轻,拖拉机发动机上应用较多。组合式曲轴是将曲轴分成若干个零件分别加工,然后组装在一起,构成完整的曲轴,其优点是加工方便,便于系列产品通用,但强度和刚度较差,装配较复杂。国产 135 系列等柴油机上采用。

曲轴的形状比较复杂,以整体式曲轴为例,它可以分为主轴颈、曲柄销(连杆轴颈)、曲柄、曲轴前端和曲轴后端等五个部分。

(1)主轴颈:主轴颈是曲轴旋转的支承点,大中型拖拉机所采用的多缸发动机曲轴上要连接数个连杆,故一般较长,为保证其足够的强度和刚度,曲轴除两端外,中间也有主轴颈,其数目根据缸数及其强度和刚度而定。

按照主轴颈支承情况可分为全支承曲轴(图 1-12)和非全支承曲轴(图 1-13)两种。柴油机工作负荷较重,故采用全支承曲轴的较多。

(2)曲柄销:也叫连杆轴颈,与连杆大头相连,并在连杆轴承中转动,曲柄销与气缸数相等。为了使曲轴易于平衡,曲柄销都对称布置。如四缸发动机曲轴的一、四缸曲柄销在同一侧,二、三缸曲柄销在另一侧,两者相差 180°;两缸发动机,第一缸与第二缸的曲柄销也相差 180°。

(3)曲柄:曲柄是连接主轴颈和曲柄销的部分,也是曲轴

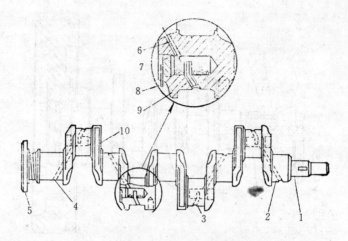

图 1-12a　4125A 柴油机全支承曲轴

1.曲轴前端　2.主轴颈　3.曲柄销　4.油道　5.飞轮接盘　6.油道　7.螺塞　8.开口销　9.油管　10.曲柄

受力最复杂、结构最薄弱的环节。通常为了平衡曲轴旋转的惯性力,往往在曲柄上与曲柄销相反的方向装有平衡重(或制成一体)。

(4)曲轴前端:曲轴前端装有正时齿轮和三角皮带轮,分别驱动喷油泵、配气机构及机油泵,带动风扇、发电机和水泵等工作。为了防止机油外漏,曲轴前端装有挡油盘,在正时齿轮室盖处装有油封。

(5)曲轴后端:曲轴后端有飞轮接盘,用来连接飞轮。

主轴颈与曲柄销的耐磨性是保证曲轴足够寿命的重要条件。轴颈表面要求有很高的精度与光洁度,表面通常都经过热处理。有些曲轴的主轴颈与曲柄销都做成空心的,既减轻曲轴重量,又可利用空心孔作为曲轴内部的润滑油路,同时,在有的发动机上还利用此空腔使机油得到进一步的净化,其原理如图 1-12a 所示。润滑油自机体上的主油道压送至主轴颈后,

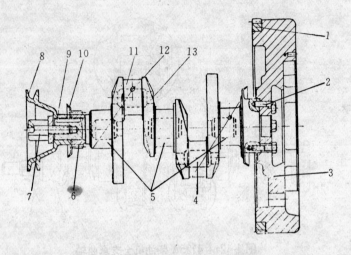

图 1-12b　295 柴油机曲轴飞轮组（全支承）

1.飞轮齿圈　2.定位销　3.飞轮　4.机油腔　5.主轴颈　6.正时齿轮　7.
起动爪　8.三角皮带轮　9.平键　10.挡油盘　11.曲柄销　12.油孔　13.
曲柄

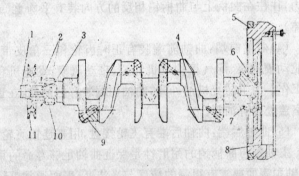

图 1-13　485 柴油机曲轴飞轮组（非全支承）

1.起动爪　2.半圆键　3.挡油盘　4.曲柄　5.飞轮齿圈　6.定位销　7.离
合器轴承　8.飞轮　9.螺塞　10.正时齿轮　11.三角皮带轮

除润滑主轴颈表面外,又通过斜油道送到曲柄销内部,进入曲
柄销内部的润滑油随同曲柄销一起高速旋转,在离心力的作

用下,油中所含较重的金属屑、杂质、胶质等都被甩到孔的外侧,干净的润滑油则经过短铜管流至曲柄销表面,检修发动机时,一定要将曲柄销内壁上的沉积物清洗干净。

2. **主轴承** 曲轴各主轴颈与机体相连处都装有轴承,称为主轴承。大多数主轴承与连杆轴承相同,都用滑动轴承,也有少量柴油机的主轴承采用滚动轴承。采用滑动轴承的结构与连杆轴承(瓦)基本相同。

不论是滑动轴承还是滚动轴承,其功用都是为了减小运转中的摩擦力和减少连杆轴颈、主轴颈的磨损。为了防止曲轴受到轴向力时的前后窜动,一般在某一曲轴主轴颈处设有轴向定位装置——大多数为止推片。安装时必须正确。

3. **飞轮** 飞轮是一个具有沉重轮缘的铸铁圆盘,用螺钉安装在曲轴后端的接盘上,具有较大的转动惯量。其功用是贮藏和放出能量,帮助曲柄连杆机构越过上、下止点以完成辅助冲程,使曲轴旋转均匀。此外,在发动机工作过程中能克服短时间的超负荷。

为了便于对柴油机进行维修调整,往往在飞轮外缘上刻有记号或在端面上钻有"对位孔",以表示活塞在气缸中的特定位置。一般当飞轮上的某记号与机体上的记号对正之后,就可分别表示活塞上止点、供油提前角、气门开闭时间等。

为了保证飞轮上标记的准确性以及曲轴飞轮组的平衡,曲轴与飞轮的连接必须有严格的定位,一般都采用定位销定位,也有采用不对称螺孔定位的。

在飞轮的边缘上镶有齿圈,与起动机上的小齿轮啮合,以便于起动。

(三)机体零件

机体零件主要包括机体、气缸套、气缸盖及气缸垫等。

1. 机体　机体是柴油机的主体。它是气缸体、曲轴箱、机座、主轴承盖及飞轮罩壳等固定零件的总称。

机体受燃烧气体的压力、往复运动惯性力、旋转运动惯性力、螺栓预紧力等综合作用,受力情况十分复杂。同时,在机体的内部,安装着气缸套、曲柄连杆机构和配气机构的部分零件;在机体的外部,上有气缸垫、气缸盖,下有油底壳,前有齿轮室,后有飞轮壳,左右两侧则安装着发动机的附件,即机体要提供发动机大部分零部件的安装位置,所以,要求机体具有良好的强度和刚度,才能保证各零部件的正确位置。一般机体均由灰铸铁制成。

发动机常用的机体形式有无裙式、龙门式和隧道式三种(图 1-14),其中龙门式运用广泛,如 4125、4115、495 等柴油机均采用这种形式。

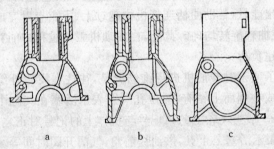

图 1-14　机体型式

a.无裙式　b.龙门式　c.隧道式

2. 曲轴箱　曲轴箱(油底壳)安装在机体下部,内盛机油,供发动机润滑用。为了减轻重量,油底壳常用钢板冲压制成。为了防止机油外漏,机体与油底壳连接处用垫片密封。由于活塞上下运动,曲轴箱内容积经常发生变化,并有少量燃烧气体漏入曲轴箱,使曲轴箱内压力提高;造成机油可能从密封处泄漏或进入燃烧室参与燃烧；燃气中含有的硫化物及水分等会使机油变质，并腐蚀柴油机零件。因此在发动机上都安装有曲轴箱通风装置，以便在曲轴箱内压力升高时，气体能排放出去，但不允许机油外泄和外界灰尘进入曲轴箱。

使用通风装置，可保持润滑油的清洁，减少曲轴箱内零件的磨损，延长发动机的使用寿命。各种不同的发动机，通风装置的结构及安装位置均不同，如 4125A 柴油机的通风装置在气缸盖罩上；2125 柴油机的通风装置在正时齿轮室壳体上，它既是通风装置又是加油管。机手应根据各自所拥有的拖拉机使用说明书的规定，正确使用和保养通风装置。

3. 气缸与气缸套　气缸与活塞、气缸盖构成工作容积，其表面在工作时与高温高压的燃气以及温度较低的新鲜空气交替接触，使气缸内部产生很大的机械压力和热应力。同时，由于侧压力的作用和摩擦表面的高速运动，使气缸壁容易磨损。为了提高气缸表面的耐磨性而又不增加整个机体的成本，目前在大多数发动机上都采用气缸与机体分开的结构，即在机体中镶入由耐磨材料制成的气缸套。

气缸套必须具有足够的强度和刚度，耐磨、耐高温、抗腐蚀。同时，为使活塞和活塞环能与之严密配合，防止漏气，气缸套还必须具有较高的精度和光洁度。

目前广泛使用的气缸套材料是高磷合金铸铁及中硼铸铁。中硼铸铁气缸套因强度和耐磨性更好，其使用寿命比高磷合金铸铁气缸套约长 50%。

水冷式发动机的气缸套分为湿式和干式两种(图 1-15)。

(1)湿式缸套(图 1-15a)：气缸套外壁直接与冷却水接触的称湿式缸套。这种缸套具有散热良好、冷却均匀、加工容易、拆装方便等优点。大多数柴油机都采用湿式缸套。湿式缸套

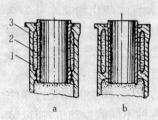

缸壁较厚(5~7毫米),当缸套磨损后,可进行镗磨,加大缸径至修理尺寸,并换用加大尺寸的活塞,从而可延长缸套的使用寿命。

湿式缸套的结构如图 1-16 所示,其内壁具有较高的精度和光洁度,为了防止冷却水漏入气缸和曲轴箱内,气缸套外壁上有定位凸肩,上端的凸肩端面以及

图 1-15 水冷式柴油机气缸套安装形式
a.湿式缸套 b.干式缸套
1.冷却水 2.气缸套 3.机体

与缸体相配合的机体上的相应部位都应精加工。气缸套装入机体后,其顶面略高于机体上平面(一般为 0.06~0.25 毫米),这样紧固气缸盖螺栓时,使缸套顶面上的气缸垫受到较大压缩,保证冷却水与气缸中的高压气体不致泄漏。在气缸套下部与机体相配合处,装有 1~2 道橡胶封水圈,以防冷却水漏入曲轴箱。

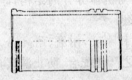

图 1-16 湿式缸套
1.凸肩 2.气缸套体 3.橡胶封水圈

(2)干式缸套(图 1-15b):缸套外壁不直接与冷却水接触,冷却水在机体密封空间内流动,不需要特殊的密封装置,它具有不漏水、机体刚度强度较好、结构紧凑等优点。但对气缸套外壁必须精确加工,以保证与缸体镗孔良好配合,制造较难;散热性能较差;拆装要求较高。

为提高干式缸套的散热能力,其缸壁一般较薄(约 2～4毫米),与湿式缸套在结构上的另一个不同是,下部没有凸缘。干式缸套外壁与机体镗孔一般为动配合,具有很小的间隙,便于拆装;只有当缸套受热膨胀之后才与机体镗孔紧密贴合(机体膨胀较小),这样便于散热。

4.气缸盖与气缸垫

(1)气缸盖:气缸盖用以密封气缸,构成燃烧室。它经常与高温、高压燃气相接触,因此承受很大的热负荷与机械负荷。另外,气缸盖上装有喷油器、进排气门和布置进排气道,有些柴油机的缸盖还装有预燃室和涡流室。水冷发动机的缸盖内部还有冷却水腔和通道。所以气缸盖结构形状复杂,温度分布很不均匀。要求气缸盖具有足够的强度和刚度,冷却可靠,进排气道的阻力小。

(2)气缸垫:在气缸盖与气缸体之间装有气缸垫,其功用是保证气缸盖和气缸体接触面间的密封,防止燃气泄漏。

气缸垫多由铜皮或铁皮包石棉纤维制成,这种气缸垫具有一定的弹性,能补偿密封面上的微观不平度,密封性好;同时具有足够的抗拉强度和抗剪强度,在高压燃气作用下不破损,可满足使用要求。

拆卸气缸垫时,要注意不能使气缸垫破损。若有破损,应予以更换。安装时应将光滑的一面朝向机体,否则容易被燃气冲坏。

5.齿轮室 齿轮室位于机体一侧,室内装有曲轴齿轮、惰轮、喷油泵驱动齿轮、凸轮轴齿轮等,是柴油机正常工作必不可少的部分。齿轮室内各齿轮的安装必须正确,要求各啮合记号必须对准,任何一个有记号的齿轮没有对准,都会严重影响柴油机的正常工作,甚至会造成停车故障或机械事故。

(四)曲柄连杆机构与机体零件的使用、保养及拆装要点

曲柄连杆机构与机体零件是柴油机的主要工作部件,由于其工作条件恶劣,很多零件容易磨损或损坏,因此,一定要正确使用和保养。一般应注意下列事项:

1. 使用注意要点 曲柄连杆机构是柴油机的心脏,柴油机整机的合理使用和其它机构、系统的合理使用都有利于提高和保持曲柄连杆机构的良好技术状态。曲柄连杆机构的正确使用要点,详见第六章。

2. 保养要点

(1)定期检查各零件的紧固情况,必要时拧紧。

(2)定期拆下气缸盖,清除燃烧室、活塞顶、气门和气门座上的积炭。

(3)定期清洗曲轴箱通风装置。

(4)对连杆轴颈中有滤油腔的曲轴,应定期打开,清除里面的杂质并清洗干净。

3. 拆卸注意事项

(1)不许在热车时拆卸,以免气缸盖等变形。

(2)拆卸前必须弄清楚零、部件的结构原理和拆卸顺序,以免损坏零件,严禁盲目拆卸。

(3)拆卸气缸盖、主轴承盖、连杆大头、飞轮等的紧固螺母(或螺钉)时,需依次分几次均匀拧松;拆卸气缸盖和主轴承盖时,还要求从两旁向中间交叉拧松,以免变形。

(4)使用过的活塞连杆组和主轴承盖、主轴瓦、气缸套等都没有互换性,因此,在拆卸前需注意活塞顶面、连杆和连杆盖侧面、主轴承盖和主轴承座侧面有无标明第几缸的顺序号和配对记号。若无记号或记号不清,拆卸时应补打记号,以保证能原样装复,拆散后,同一缸的零件应放在一起,以免弄乱。

（5）拆卸时最好使用专用工具，并应注意操作方法，避免零件的变形损坏。也就是说，用户在没有足够的经验和专门工具的情况下，一般不要乱拆柴油机，否则极易造成损坏。

4.安装注意要点

（1）安装前首先检查各零件是否完好，各配合部分的间隙应在允许值内，否则需修理或更换已损坏或已磨损的零件。

（2）当更换活塞或连杆时，要注意各活塞及连杆的重量。一般同一台发动机上的活塞重量差不应大于 10 克，连杆重量差也要求不大于 10 克，而活塞连杆总成的重量差不得大于 40 克。

（3）活塞环的安装必须按规定进行，其方向和次序都不能装错，安装前应检查活塞环和环槽是否干净，如有积炭等杂质必须清除干净，并涂上一些机油。

向活塞上安装活塞环以前，应先检查活塞环的"开口间隙"和"侧隙"是否在规定范围内（不同机型参数有所不同，具体数据参阅使用说明书）。测量"开口间隙"的方法是把活塞环装入气缸套内，相当于上止点时所处的位置，用厚薄规测量（图 1-17）。测量"侧隙"的方法是将活塞环放到环槽中，用厚薄规测量活塞环与环槽在垂直方向上的间隙（图 1-18）。

为了检查活塞环与气缸套配合的严密性，还可以进行"漏光检查"。其方法是：将活塞环平放到气缸套内，在活塞环下面放一光源，上面罩一块略小于气缸套内径的遮光板，从上面观察活塞环与气缸套之间的漏光情况（图 1-19）。一般情况下，要求活塞环与气缸套之间每处漏光的光隙不得超过 0.03 毫米，漏光弧长不大于 25°，全周长上漏光弧长总和不大于 45°，且漏光不允许在距活塞环开口处 30°以内。

活塞上一般安装三道气环和一道油环，为了保证良好的

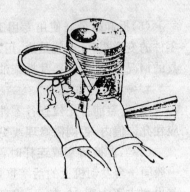

图 1-17 检查活塞环开口间隙 　　图 1-18 检查活塞环侧隙

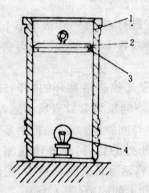

图 1-19 活塞环的漏光检查
1.气缸套 2.遮光板
3.活塞环 4.光源

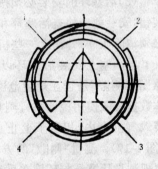

图 1-20 活塞环安装时开口分
布示意图
1.油环开口处 2.第一道气环
开口处 3.第三道气环开口处
4.第二道气环开口处

密封,活塞环装入气缸套时的开口位置应互相错开 180°或120°,不得使各相邻活塞环开口在同一直线上,同时,开口不要位于活塞销方向,也不要位于活塞销孔的垂直方向(图1-20)。

　　把装配好的活塞、活塞环及连杆往气缸套中安装时,一定要用专用工具箍住活塞和活塞环,再用木棒将活塞轻轻推入,严禁用硬物敲打,以免损坏活塞。

(4)连杆最重要的是保证它的润滑和正确装配。多缸发动机的连杆和连杆盖应始终保持原配对不变;连杆盖也不得调换方向,即应注意配对记号在同侧才能装配。连杆轴瓦及主轴瓦在装配时应注意油道的位置,以免堵塞油道。主轴瓦与曲轴轴颈配合,要保证在规定的间隙内运转,一旦间隙过大,则应及时更换。

连杆螺栓为专用螺栓,其加工精度高于普通螺栓,构造也比普通螺栓复杂,不能用其它螺拴代替,装配时,扭矩必须按要求用扭力扳手分三次均匀上紧,最后再用锁紧装置锁紧。

(5)湿式缸套下部的环槽内一定要选择尺寸正确的封水圈,一旦拆下就应更换新的。封水圈在环槽中要平整,不允许扭曲。安装时,可在封水圈圆周涂一层润滑油,使其容易滑入机体,有利于密封。气缸套压入机体后,它的凸肩上平面应高出机体上平面少许

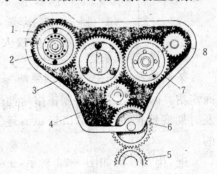

图 1-21 正时齿轮的安装记号(4125A 型柴油机)
1.正时齿轮室 2.喷油泵驱动齿轮 3.惰轮 4.曲轴齿轮 5.机油泵传动齿轮 6.机油泵传动中间齿轮 7.凸轮轴齿轮 8.风扇和液压泵驱动齿轮

(如 4125A 型柴油机要求 0.08～0.225 毫米)。这样,可保证在气缸套处的气缸垫受到更大的压紧力,有利于密封。

(6)气缸盖在使用中应防止产生"三漏",即漏气、漏水和漏油。特别是漏气,会使气缸压缩力不足,进而导致功率下降,

起动困难。所以,应严格按使用保养规程的规定,及时清除气门座密封面上的积炭;检查气缸垫有无破损,如有破损则应更换;安装气缸垫时应注意气缸垫的压边向上;按规定顺序、规定扭矩,对角交错拧紧缸盖螺母,防止气缸盖翘曲变形而导致漏气。另外,在严寒地区,停车后一定要放尽冷却水,防止因水结冰而导致气缸盖等产生裂纹。

(7)安装齿轮室内齿轮时,必须对准啮合记号。安装的任何错误都会严重影响柴油机的正常工作,甚至会造成无法起动或机械事故。因此,安装时一定要注意位于齿轮端面上用数字等表示的安装记号。图 1-21 为 4125A 型柴油机正时齿轮的安装记号。

三、进、排气系统和配气机构

(一)进、排气系统

柴油机在工作中,靠压燃柴油与空气形成的可燃混合气而作功。因此,工作中必须供给柴油机足够而新鲜的空气,并及时彻底地把废气排除出去,进、排气系统就是为此而设立的。

进、排气系统如图 1-22 所示,主要由空气滤清器 1、进气管 2 和 3、配气机构 4、排气管 7 和 9、消声灭火器 8 等组成。发动机工作时,空气先经过空气滤清器过滤,再经进气管、进气门而进入气缸;燃烧所产生的废气在排气过程中经排气门、排气管和消声灭火器而排至机体外面。

1.空气滤清器 空气滤清器的功用是清除空气中的灰尘杂质,将干净的空气送入气缸。

空气中含有大量的灰尘,灰尘中含有大量的无机杂质,其中有些杂质的硬度比柴油机零件的硬度还高。这些杂质一旦

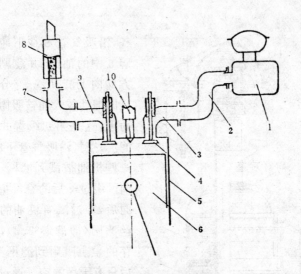

图 1-22 进、排气系统简图

1. 空气滤清器 2. 进气管 3. 进气歧管 4. 气门式配气机构 5. 气缸 6. 活塞 7. 排气管 8. 消声灭火器 9. 排气歧管 10. 喷油器

随空气进入气缸,就会加剧气缸内零件的磨损。试验表明,拖拉机发动机如果不装空气滤清器时,将使发动机内的主要零件的磨损量加快 3～10 倍。所以,必须重视空气滤清器的作用。

空气滤清器的结构型式很多。按其工作原理可分为惯性式、过滤式和复合式三种;按其结构型式可分为干式与湿式两种。湿式空气滤清器又分为油浴式和油浸式两种。下面介绍两种典型的空气滤清器。

(1)4125A 柴油机空气滤清器:4125A 柴油机的空气滤清器属于复合式湿式滤清器。其结构如图 1-23 所示。工作时,由于气缸内的真空吸力,空气以高速顺导流板 9 进入,产生高速旋转运动,较大的尘土被甩向集尘罩 11 上,然后落入集尘杯 1 内,这就是第一级离心惯性滤清;经过离心惯性滤清的空

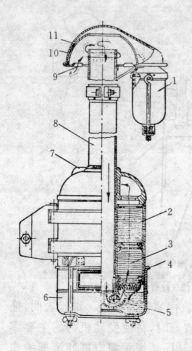

图 1-23　4125A 柴油机空气滤清器
1.集尘杯　2.上滤芯　3.下滤芯　4.托
盘总成　5.油碗　6.底壳　7.清洁空气
出口　8.吸气管　9.导流板　10.外壳
11.集尘罩

气,沿吸气管 8 往下冲击油碗 5 中的油面,并急剧改变方向向上流动,一部分尘土又因惯性较大而被吸附在油面上,这是第二级湿式惯性滤清;空气沿吸气管下冲时,一些机油被溅到滤网上,经前两级过滤后的空气折转方向后,穿过溅有机油的金属丝滤网(即滤芯 2、3),把残存的尘土吸附到滤网上,最后只有干净的空气通过清洁空气出口 7 进入气缸,这就是第三级湿式过滤滤清。

(2)495 柴油机空气滤清器:这种空气滤清器为复合式、干式滤清器,其结构如图 1-24 所示。空气通过滤网 7 除去较大的杂质后,经进气管 8 顺切向方向流入上壳 2 并产生旋转,再沿导流片 6 形成向下的急剧旋转运动。在离心力的作用下,空气中的一些灰尘被甩向四周,沉积在下壳 4 里。初步过滤后的空气再通过纸质滤芯 3 的中心室,滤除细小的灰尘而经出气管 1 进入进气管道。

该空气滤清器的下部装有排尘器 5,由两片膜片组成。当空气滤清器内的气压与外界相等时,膜片即张开,灰尘可自动排出。工作时,由于吸力作用使空气滤清器内气压低于外界大气压力,膜片即合拢,可防止空气直接由排尘器吸入空气滤清器内。

2.进、排气管道 进气管道由进气管、进气歧管和气缸盖上的进气道组成;排气管道由排气管、排气歧管和气缸盖上的排气道组成。

进、排气管道的功用是将新鲜空气分别送到各个气缸,并排出废气。为了保证高的充气效率和小的排气损失,要求进、排气管道应具有较小的流通阻力。

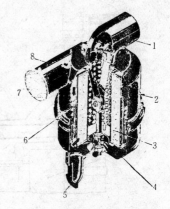

图1-24 495柴油机空气滤清器
1.出气管 2.上壳 3.滤芯 4.下壳 5.排尘器 6.导流片 7.滤网 8.进气管

进、排气管一般由铸铁制成。它们都用螺栓固定在气缸盖上,在接合面处装有密封衬垫,以防止未经过滤的空气进入气缸。

柴油机的进气管和排气管一般分别布置在机体两侧,以避免进气受到排气管高温的影响而降低充气密度。图1-25为4125A柴油机的进气管。该进气管相邻两缸的进气管合并为一个,进气歧管为上置式,气道口朝上,因而使进气管及进气歧管的通道截面积增大,拐弯少,减少了进气阻力。

3.消声灭火器 柴油机作功后从排气管排出的废气,由于高压高温的作用,会产生强大的气流波动,形成排气噪声,且往往带有火星,容易引起火灾。为此,在排气管出口处常装有消声灭火器,以减小噪声和消除废气中的火星。

消声灭火器内部装有多孔管和隔板,废气从排气管进入

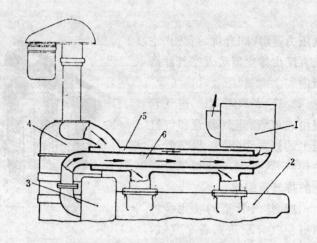

图 1-25 4125A 柴油机进气管
1. 起动机消声器 2. 气缸盖 3. 起动发动机 4. 空气滤清器
5. 进气管 6. 起动发动机排气管

消声灭火器后,曲折地经过孔板和隔板,使气流的方向改变,其速度、温度和压力随之降低,从而消除火星,降低排气噪声,改善工作条件和确保安全。

(二)配气机构

1. 配气机构的功用及布置型式　配气机构的功用是按照柴油机各缸的工作过程和顺序,定时开启和关闭进、排气门,及时吸进新鲜空气和排出废气;当气缸处于压缩和作功冲程时,气门应具有足够的密封性。

拖拉机用柴油机转速很高(大约 1500～2000 转/分),每个冲程相对于曲轴又只转半圈,这样,气缸中进、排气的过程持续时间极短。因此,配气机构的零件都是在运动速度高、速度变化大的情况下工作的,其中有些零件,如气门还承受着燃烧气体高温的影响和很大的惯性力和热负荷,而且润滑条件差,零件容易磨损,使正确的配合遭到破坏。因此,对柴油机配气机构的要求是:保证气缸排气干净;进气充足;密封严密;尽量减少震动和噪声;配合正确;便于调整。

现代柴油机广泛采用顶置气门式配气机构,即气门布置于气缸顶部,利用气门来实现进气和排气。这样燃烧室结构紧凑,有利于提高压缩比,减少进、排气系统的流体阻力。除顶置气门式外,还有侧置气门式和气孔式等型式的配气机构,多用于二冲程发动机,少量汽油机上也有使用。

2.配气机构的构造 配气机构由气门组、驱动组和传动组三部分组成。

(1)气门组(图 1-26)

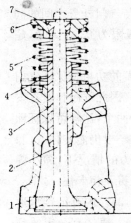

图 1-26 气门组零件
1.气门座 2.气门 3.气门导管 4.内弹簧 5.外弹簧 6.气门弹簧座 7.锁夹

①气门和气门座:高速柴油机完成一次进气或排气过程不到 0.02 秒,气门频繁开启和关闭,承受着巨大的冲击力;同时,排气门和气门座还直接承受 400~700℃高温气体的冲刷;气门在气门导管内滑动,经常处于半干摩擦状态。所以,气门和气门座是工作条件恶劣而润滑困难的重要易损件。一般采用经过热处理的耐高温、耐磨和强度高的合金结构钢制成,以提高其耐磨性。

气门由头部、杆身和尾部组成。气门头部是一个具有 45°圆锥面的圆盘,锥面上有宽度约为 1.5 毫米的密封环带("凡尔线"),与气门座上相应的密封环带紧密配合,保证密封。它们的密封性对柴油机的性能影响很大,一般都要经过配对研磨。密封不良时,会导致气缸内的气体漏出,造成起动困难,功率下降。严重时,甚至发动机不能工作。

为了多吸进新鲜空气,进气门头部直径通常比排气门大一些。

气门尾部有锥形(或矩形)凹槽,用来安装气门锁夹,以固定气门弹簧座和弹簧。

气门座为一圆形单体零件,一般由耐热的铜铬钼合金铸成,镶入气缸盖的气门座孔内,磨损后可以更换,以提高气缸盖的使用寿命。

②气门导管:气门导管起导向作用,用以保证气门作直线运动。气门杆身在气门导管内不能摆动,以保证气门与气门座的良好配合和密封性能。为此,气门导管与气门杆身之间的间隙较小,一般为 0.05~0.10 毫米,磨损极限为 0.30 毫米,超过磨损极限,即应更换新的气门导管。

③气门弹簧、弹簧座及锁夹:气门弹簧的功用是保证气门能自动关闭,使之与气门弹簧座紧密贴合。因此气门弹簧在安装时都有较大的预紧力,气门弹簧有内外两个,这样可保证即使在高速剧烈震动下一根弹簧断裂后,另一根仍能支住气门;同时,采用两根弹簧,可以在保持同样弹力的情况下,缩小弹簧尺寸。内外两根弹簧旋向相反,防止弹簧互相卡住。

气门弹簧座为一台阶式圆柱体(图 1-27),内有倒锥形通孔,外圆上的台阶与弹簧接触,并压缩弹簧,使之有一定的预紧力。中间的倒锥形通孔可以使气门尾部穿过,并与外圆和内孔都是锥形的两片气门锁夹配合。

装配时,弹簧的一端贴在气缸盖上,另一端压上气门弹簧座,再把两片锁夹装在气门尾部锥形槽和气门弹簧座内,以保证连接可靠。

(2)驱动组(图 1-28):驱动组由凸轮轴和凸轮轴齿轮等组成。

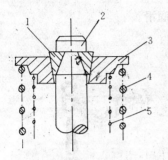

图 1-27 气门弹簧座及锁夹安装示意图

1.锁夹 2.气门 3.气门弹簧座 4.外弹簧 5.内弹簧

①凸轮轴:由凸轮和凸轮轴两部分构成,二者通常制成一体,一般由曲轴通过正时齿轮驱动。凸轮轴上制有进、排气凸轮和轴颈,有的还制有驱动输油泵的偏心轮等。凸轮之间的相互位置决定于配气相位和工作顺序。

凸轮轴以轴颈支承在机体轴承上,一般四缸柴油机的凸轮轴都采用三道轴承来支承。凸轮轴的三个轴颈都采用不可分的,安

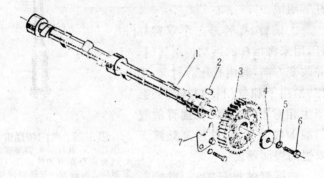

图 1-28 495柴油机的凸轮轴

1.凸轮轴 2.键 3.凸轮轴齿轮 4.垫圈 5.弹簧垫圈 6.螺栓 7.止推片

装时,凸轮轴从机体的一端插入轴承内,因此支承轴颈的尺寸必须大于凸轮外形的尺寸。为了防止凸轮轴产生轴向窜动,应进行轴向定位,保持一定的轴向间隙。

柴油机工作时,凸轮轴上的凸轮凸尖断续地顶起传动杆,进而开闭气门。所以,凸轮的表面要耐磨,一般采用中碳钢或

合金钢等制成。在机体中靠飞溅润滑。

②凸轮轴齿轮：凸轮轴齿轮
安装在凸轮轴上，靠平键传递动
力。凸轮轴齿轮与正时齿轮室的
正时齿轮相啮合，其啮合位置必
须正确，即记号必须对准，否则，
气门开闭时间一错乱，发动机就
无法工作，甚至会使活塞与气门
相撞，损坏机件。

（3）传动组（图1-29）：传动
组主要由摇臂、摇臂轴推杆和挺
柱等组成。

①摇臂：摇臂是一个双臂杠
杆，用来将推杆的运动传给气门，
并改变方向，其内孔压有衬套，工
作时，由于和气门杆端接触处会
产生相对滑动，所以将摇臂的气
门端做成圆弧面，并经高频淬火
以提高表面硬度。

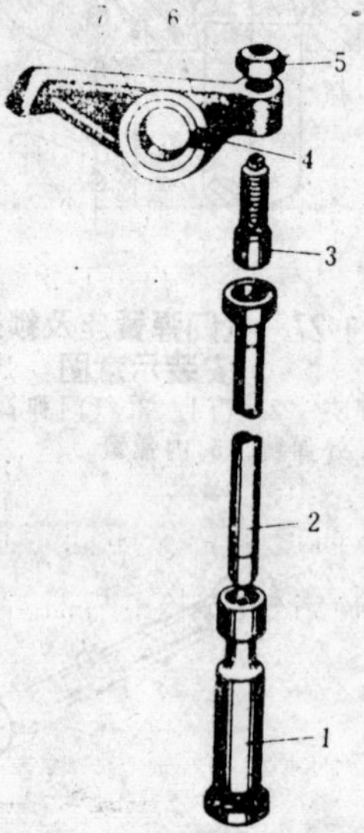

图1-29 气门传动组
1.挺柱　2.推杆　3.调整螺钉
4.润滑调整螺钉的喷油孔　5.锁
紧螺母　6.摇臂　7.摇臂衬套

在摇臂的推杆端（短臂端），
装有调整螺钉，用来调整气门间隙（即摇臂和气门杆端部之间
的间隙），可以防止因传动零件受热膨胀而将气门顶开，保证
气门的密封。

摇臂内通常钻有油孔，以润滑它的两端。

②推杆：推杆的功用是将挺柱上、下往复运动传给摇臂，
变成摇臂绕摇臂轴的摆动。工作时，推杆与挺柱和摇臂接触部
位都将产生相对滑动，因而接触部分均做成球面连接，推杆的

下端做成球头,上端做成球座。为减少工作时的惯性力,推杆一般采用钢管,并在两端分别焊以球座和球头。

③挺柱:用来将凸轮的运动传给推杆。挺柱的底面与凸轮接触,顶面呈凹球形与推杆接触,其型式有平面挺柱、滚子挺柱和摇臂挺柱等,常用的是平面挺柱。

挺柱一般用碳钢制成,表面经过热处理。为了使挺柱的圆柱导向面与底面磨损均匀,有的将挺柱中心线与凸轮中心线偏离一定距离(图 1-30a),有的则将底面做成球面而凸轮做成略带锥形(图 1-30b),使挺柱在工作时不仅上下运动,还能缓慢转动。

④摇臂轴:用来支承摇臂,并兼作油道。摇臂轴都是空心轴。通过摇臂支座固定在气缸盖上。为了防止摇臂在轴上产生轴向移动,相邻两摇臂间装有弹簧。

 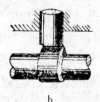

a   b

图 1-30　挺柱自转结构

3.配气机构的工作过程　配气机构的工作过程如图 1-31 所示。柴油机工作时,曲轴旋转带动曲轴正时齿轮 6,并通过调速齿轮(惰齿轮)7 带动凸轮轴齿轮 5,使凸轮轴 4 转动,当凸轮的凸尖不与挺柱 3 接触时,气门在弹簧 9 的作用下,紧压在气门座上,即气门处于关闭状态(图 1-31a)。此时在相应的气缸内即可进行压缩或作功。凸轮轴继续旋转,凸轮的凸尖逐渐转向挺柱 3,并推动挺柱 3、推杆 2 和气门摇臂 10 的一端向上运动,此时,在摇臂轴的作用下,气门摇臂的另一端推压气门杆,压缩气门弹簧 9,使气门开启。当凸轮的凸尖正对挺柱 3 时,气门 8 被完全打开(图 1-31b)。凸轮轴继续转动到凸轮的凸尖逐渐离开挺柱 3 时,在气门弹簧 9 的作用下,气门就逐渐关闭。在此过程中,完成进气或排气。这样循环往复,即可完成柴油机的配气功能。

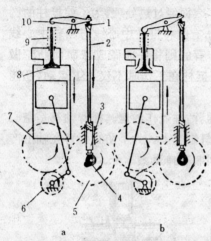

图 1-31 配气机构工作过程示意图
a.气门关闭状态 b.气门开启状态
1.调整螺钉 2.推杆 3.挺柱 4.凸轮轴
5.凸轮轴齿轮 6.曲轴正时齿轮 7.惰齿轮
8.气门 9.气门弹簧 10.气门摇臂

(三)配气相

配气相是指气门从开启到关闭这一过程所对应的曲轴转角,如图 1-32 所示。

柴油机在高速运转中,活塞完成一个冲程所经历的时间极短。为了保证进气充足和排气干净,就需要适当增加进气和排气的时间。所以,柴油机的进、排气门都是提前打开和延迟关闭的,即实际上进、排气门的开启时间所对应的曲轴转角都大于 180°。

进气相如图 1-32a 所示。进气门提前开启 α 角,可使进气冲程开始时,已有较大的气门开度,减少了进气阻力,使进气顺畅、充足,而进气门晚关(延迟关闭角 β),则是为了在压缩冲程开始时,利用进气流的惯性和气缸的内外压力差,继续进气,以增加总的进气量。

排气相如图 1-32b 所示。排气门早开(提前开启角 γ),可

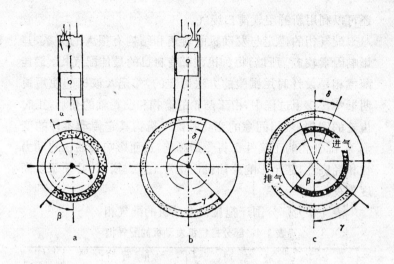

图 1-32 配气相图
a.进气相 b.排气相 c.配气相
α.进气门提前开启角 β.进气门延迟关闭角 γ.排气门提前开启角 δ.排气门延迟关闭角 α+δ.进排气门重叠角

利用膨胀气体作功终了时气缸内较高的压力,使废气自动排出。这样,虽对作功稍有影响,但可减少排气时的阻力;排气门晚关(延迟关闭角δ),也是利用排气的惯性和气缸内外的压力差,使废气排得更干净,有利于清除气缸内的废气。

由于进气门在上止点之前打开(提前α角),排气门在上止点之后关闭(延迟δ角),这样,就出现在一段时间内两个气门同时开启的现象。这种现象称为气门重叠,相应的曲轴转角则称为气门重叠角(图 1-32c 中的 α+δ 角)。虽然在气门重叠时,进、排气门都是打开的,但进气门刚打开,排气门趋于关闭,开度都不大;加之进、排气流都有各自的流动方向和很高的流动速度,所以两者不会相混,不会产生废气倒流进入进气管和新鲜空气随废气排出的可能性。合理地选择气门重叠角,还可以利用新鲜空气清扫废气。

配气相的确定与发动机的转速和结构有很大的关系,其影响因素较多。所以,每种机型都有自己的最佳配气相。最佳配气相是设计时用试验的方法确定的,并记入该机的使用说明书中。使用过程中,由于凸轮的磨损和凸轮轴的变形,正时齿轮的磨损、气门间隙的变化和配气机构其它传动零件的变形等,配气相的正确性都将受到影响,进而影响柴油机的动力性和经济性,甚至影响柴油机的正常工作。所以,必须予以高度重视。

表1-4为部分国产拖拉机发动机的配气相。

表1-4 部分拖拉机发动机的配气相

发动机型号	进 气 门			排 气 门			进排气门重叠 $\alpha+\delta$
	开	闭	持续角	开	闭	持续角	
	α	β		γ	δ		
485	10.5°	37.5°	228°	45.5°	10.5°	236°	21°
490	6°	50°	236°	50°	6°	236°	12°
495	17°	43°	240°	43°	17°	240°	34°
4125A	8°	22°	210°	46°	14°	240°	22°
4115T	10°	46°	236°	56°	10°	246°	20°

(四)减压机构

减压机构的功用是在柴油机预热、起动或进行技术保养时,使气门打开,以减小曲轴旋转的阻力。减压机构有多种型式,下面介绍几种典型结构。

1. 4125A 柴油机的减压机构 4125A 柴油机减压机构的原理是抬高挺柱,使气门打开,而不受配气凸轮的控制,以达到减压的目的。

如图 1-33 所示,四根挺柱上各有一环槽 8,四根减压轴 4

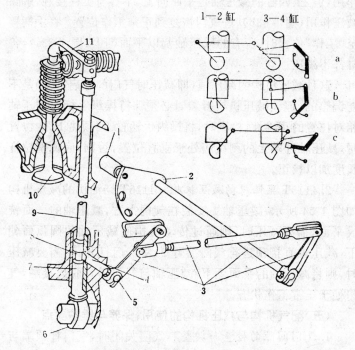

图 1-33 4125A 柴油机的减压机构

a.工作 b.预热Ⅱ c.预热Ⅰ

1.手柄 2.扇形板 3.传动杆件 4.减压轴 5.刻线 6.凸轮 7.挺柱
8.环槽 9.推杆 10.气门 11.摇臂

分别插入环槽8中。其中一、二缸的减压轴内端各有一个平
面;三、四缸的减压轴内端各有两个互成130°的平面。减压轴
通过传动杆件3与穿过扇形板2上的手柄1连接。当手柄1
放在"预热Ⅰ"位置时,所有减压轴的圆柱面都向上,将挺柱顶
起(图1-33c),再通过推杆9及摇臂11将进气门顶开,此时四
个气缸都减压。当手柄移至"预热Ⅱ"时,四根减压轴同时转动
一个角度,一、二缸的减压轴仍然是圆柱面朝上,继续起减压

作用,但三、四缸的减压轴是平面向上,不再与挺柱接触,解除减压作用(图1-33b),进气门恢复到正常工作位置。将手柄移至"工作"位置时,所有的减压轴都以平面朝上(图1-33a),各缸都不减压。

这种减压机构的减压值(即减压时气门的开启高度)是不能调整的,但该减压机构拆装时必须保持操纵手柄与减压轴相对位置的正确性。检查时,将操纵手柄置于"预热 I"的位置时,减压轴外端上的刻线应处于垂直位置,否则,应调整拉杆长度加以校正。

2.4115T柴油机的减压机构 4115T柴油机的减压机构如图1-34所示,减压轴1安装在气门上方,减压轴的一面铣成平面,需要减压时,则通过传动机构使减压轴的圆弧面朝下,减压轴直接顶进排气门摇臂2,使气门打开;不需要减压时,则将减压轴的平面朝下,减压轴与气门摇臂脱离接触,气门处于正常工作状态。

(五)配气机构与减压机构的使用、保养与维护要点

1.气门间隙的检查与调整 气门关闭时,气门杆顶端与摇臂长臂头之间应保留一定的间隙,此间隙称为气门间隙。其作用是:使气门及其传动零件在受热膨胀时留有余地,保证进、排气门关闭严密。若气门间隙过小,零件受热膨胀时,就会顶开气门,使气门不能严密关闭,造成漏气,使发动机功率下降;同时,高温燃气从气门与气门座之间的缝隙中漏出,会造成气门过热,甚至会烧坏气门。若气门间隙过大,则会使气门开启延迟,关闭提前,开启持续时间缩短,气门的开度缩小,还会造成进气不足,排气不净,也会使柴油机功率下降;同时,若气门间隙过大时,还会在传动零件之间及气门与气门座之间产生撞击,加速磨损。

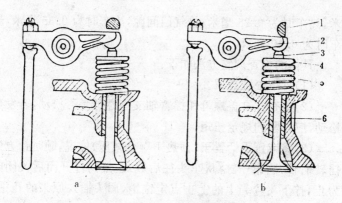

图 1-34 4115T 柴油机减压机构
a.工作状态 b.减压状态
1.减压轴 2.气门摇臂 3.气门
4.气门弹簧座 5.气门弹簧 6.气门导管

在使用过程中,由于零件磨损、调整螺钉松动、气缸盖经过拆装、更换气缸垫或重新拧紧缸盖螺母等原因,都会使气门间隙发生变化,因此,要定期检查和调整气门间隙。

摇臂短臂上的调整螺钉,是用来调整气门间隙的,其原理是通过把调整螺钉拧出或拧入,改变摇臂短臂头与推杆上端的距离,进而使摇臂长臂头与气门杆顶端距离(即气门间隙)发生变化。

柴油机使用说明书中推荐的气门间隙有"冷间隙"与"热间隙"两种。"热间隙"是发动机工作到正常工作温度后停车检查调整的数据;"冷间隙"是发动机在常温条件下检查调整的数据。下面以 4125 型柴油机为例,具体说明气门间隙的检查与调整方法。

4125 型柴油机规定在三号保养时进行气门间隙的检查与调整,这是定期保养的内容之一,平时如有必要,亦应进行检查与调整。其具体间隙值为:进气门间隙,冷车时为 0.30 毫米,热车时为 0.25 毫米;排气门间隙,冷车时为 0.35 毫米,热车时为 0.30 毫米。

具体的检查调整方法如下:

(1)拆下气缸盖罩。

(2)检查气缸盖螺母和摇臂轴支座螺母是否松动,若发现松动,应拧紧到规定扭矩。

(3)将减压手柄置于"预热Ⅰ"(全减压)位置,顺时针方向摇转曲轴,到第一缸(从车头往后数)进气门打开而后关闭时为止,拧下飞轮壳上的上止点定位销,调头插入原来的孔中,继续缓慢地摇转曲轴,使定位销落入飞轮轮缘上的上止点定位孔中,此时第一缸活塞正处于压缩冲程上止点位置。

(4)将减压手柄放回"工作"位置,用规定厚度的厚薄规插片插入 1、2、3、5 四个气门(即第一缸排气门、进气门,第二缸进气门和第三缸排气门)的气门摇臂与气门杆顶端间,来回抽动几次。当插入或抽出时手感略有阻滞(即无间隙滑动),或用手转动气门推杆也略有阻滞感时,则气门间隙符合要求。若用规定厚度的厚薄规插不进去或插进去后仍有较大间隙,则需对气门间隙进行调整。

(5)调整时,先松开气门间隙调整螺钉的锁紧螺母,再用螺丝刀拧动气门间隙调整螺钉(图1-35)。可以边拧边测,直到合适。气门间隙调整合适后,在保持螺丝刀不转动的情况下,拧紧锁紧螺母,以防松动。拧紧锁紧螺母后,要用厚薄规校验一遍,如不合适则重新调整。

(6)拔出上止点定位销,再摇转曲轴一整圈,按上述方法把定位螺钉插入飞轮的定位孔内,此时即为第四缸活塞的压缩冲程上止点位置,按上述(4)、(5)的方法,检查和调整第 4、6、7、8 气门(即第二缸排气门,第三缸进气门和第四缸进气门、排气门)的气门间隙。

(7)拔出上止点定位销,减压,摇转曲轴数圈后,按上述方法重新再检查一遍。无误则可将缸盖罩装好,否则重新调整。

4115型柴油机的气门间隙调整方法及数据与4125型柴油机相同。其它机型请参阅有关使用说明书。

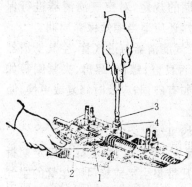

图 1-35　气门间隙调整
1.气门摇臂　2.厚薄规
3.调整螺钉　4.锁紧螺母

2.减压机构的检查与调整　对使用者来说,减压机构最重要的是保持减压轴与摇臂头等之间的间隙。该间隙过大,减压机构不起作用;间隙过小,气门关不严及与活塞有相撞的危险。使用中,由于配气机构有关零件的磨损,调整螺钉的松动以及气门间隙不合适等,减压机构的间隙都有可能发生变化。因此,对减压机构必须经常检查并在必要时进行调整。

调整减压机构应注意的问题是:

(1)有些柴油机的减压机构是不可调的,如 4125A、4115T 等柴油机。

(2)对可调式减压机构的调整通常是在气门间隙调整之后进行。

(3)每一种减压机构的调整部位和调整方法都不太相同,调整时,应根据具体的结构进行。

减压机构的检查方法是:扳动减压手柄后,曲轴能轻松转动,且气门不与活塞相碰撞,则说明减压机构有减压作用;当减压手柄恢复到工作位置,转动曲轴,柴油机的压缩情况良好,则表明减压机构作用正常,否则就应进行调整。

3. 空气滤清器的使用、维护与保养要点 正确地使用、维护和保养空气滤清器是延长柴油机寿命、防止柴油机动力性、经济性下降的重要措施之一。因此,必须经常检查空气滤清器的工作情况,严格按保养周期的规定,对空气滤清器进行保养,在含尘量多的地方工作时,还应适当缩短保养周期。

在使用中,应经常检查空气滤清器与进气管、空气滤清器本身各管路连接处的密封是否良好;螺栓、螺母、夹紧圈等如有松动,应及时紧固;各零件如有破损,应及时修复或更换,防止空气不经过滤直接进入气缸。

保养空气滤清器应注意的事项:

(1)干惯性滤清部分的保养:集尘罩、集尘杯等应定期拆下刷净,排尘口应保持畅通。凡带集尘室或旋风除尘管的空气滤清器应定期用刷子或干布清除管内、室内的尘土,注意不能沾上油或水,如沾上机油,应用汽油洗净。

(2)湿惯性滤清部分的保养:注意油盘(碗)中的油面高度。油面过高,容易吸入气缸燃烧,造成积炭,甚至发生飞车事故;油面过低,又会影响滤清效果。一般在油盘上都有油面标记,加油时应加以注意。

(3)过滤式滤清部分的保养:湿过滤的金属网滤芯可用煤油或柴油清洗。装复时先用机油浸润,待多余机油滴尽后再装入。纸质滤芯的保养方法是:取出滤芯,轻轻敲击其端面,再用软毛刷沿折缝方向刷动,以清除尘土。

四、燃油供给系统

(一)柴油机燃油供给系统的功用与组成

柴油机燃油供给系统的功用是根据柴油机的负荷,将一定数量的清洁柴油,在一定的时间内,按一定的规律,以雾状喷入燃烧室内,使柴油与空气迅速而良好地混合并燃烧。柴油机燃油供给系统的工作,对柴油机的工作性能有直接的影响。

柴油机燃油供给系统一般由柴油箱、油管、柴油滤清器、输油泵、喷油泵、调速器和喷油器等组成。图 1-36 所示为 50 型拖拉机 495 柴油机的燃油供给系统。其基本工作过程如下:

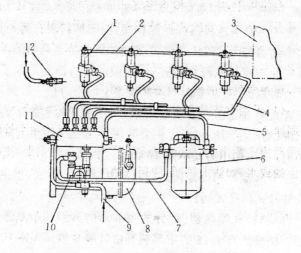

图 1-36 495 柴油机燃油供给系简图

1. 喷油器 2. 回油管 3. 柴油箱 4. 高压油管 5. 喷油泵进油管 6. 柴油滤清器 7. 柴油滤清器进油管 8. 调速器 9. 输油泵进油管 10. 输油泵 11. 喷油泵 12. 预热塞

柴油自油箱 3 在输油泵 10 的吸力作用下经输油泵进油管吸入输油泵(图中未画出从油箱到输油泵的连接管),并压至滤清器 6,经过滤清后的清洁柴油通过喷油泵进油管 5 被送入喷油泵 11,再经过油泵提高压力后经高压油管 4 送到喷油器 1 而喷入燃烧室中。从喷油器泄漏出来的柴油,经回油管

2 流回柴油箱。因输油泵的供油量超过喷油泵的用量而多余出来的柴油则经单向回油阀送回输油泵。

根据柴油机燃烧过程的特点,为了保证柴油机获得好的动力性、经济性以及减少污染,燃油供给系应满足供油量、供油时间及喷油质量的要求。

(二)喷油器

喷油器的功用是将柴油雾化,并按一定的要求(油束形状、喷入燃烧室的相应位置等)将柴油喷射到燃烧室中。

喷油器具有各种不同的结构型式。归纳起来有两大类,即开式喷油器与闭式喷油器。开式喷油器的特点是喷油器内部通过喷孔与燃烧室经常相连;闭式喷油器的特点是除了喷射柴油的时刻外,喷油器内部与燃烧室之间平时被一针阀隔开。由于开式喷油器存在着喷射质量差、喷射开始和终了的时刻不准确、易产生滴油和形成积炭等缺点,故在现代柴油机上很少采用。广泛使用的是闭式喷油器。

1. 喷油器的构造 闭式喷油器也有很多型式,但主要可分成轴针式和孔式两种。

(1)轴针式喷油器:轴针式喷油器的典型构造如图 1-37 所示。在喷油器体 11 的下部装有由针阀 8 和针阀体 10 组成的喷油嘴,喷油器体内装有挺杆 12、弹簧 14 和调整螺钉 3。调整螺钉在工作时由锁紧螺母 2 锁定。喷油器不喷射时,针阀 8 通过挺杆 12 而被弹簧 14 紧压在针阀体 10 的阀座上。弹簧 14 的预紧力可由调整螺钉 3 来调节。

喷油嘴为精密偶件。其针阀与阀体之间的间隙只有 0.0015～0.0025 毫米。针阀密封锥面处与阀体互相研磨后,形成一条密封线,称为阀线,其宽度不大于 0.3 毫米。针阀头部的轴针圆柱部分与喷孔间的间隙一般为 0.005～0.025 毫

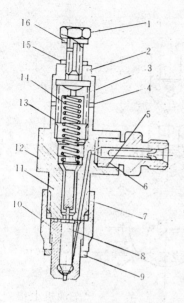

图 1-37　轴针式喷油器
1.回油接头　2.锁紧螺母　3.调整
螺钉　4、9、13、15、16.垫圈　5.油道
6.进油管接头　7.螺帽　8.针阀
10.针阀体　11.喷油器体　12.挺
杆　14.弹簧

米。因此,这一偶件应成对使用而不能互换。

(2)孔式喷油器:孔式喷油器的构造与轴针式喷油器基本相同,只是喷油嘴的结构有所不同。按喷孔的数目可以把孔式喷油器分为单孔、双孔和多孔喷油器。

图 1-38 所示为 90 系列柴油机的双孔喷油嘴结构示意图。它的主要特点是针阀不能伸出针阀体外,并在针阀体下部开有两个直径为 0.35 毫米的喷孔。喷孔的位置和方向与燃烧室形状相适应。有的 90 型柴油机,为防止喷孔过小而堵塞,将喷孔改为 0.5 毫米直径的单孔型的。

多孔式喷油器结构与上述类似。

2.喷油器的工作过程　以轴针式喷油器为例,其工作过程如图 1-39 所示。当喷油泵供油时,高压柴油经高压油管进入油道 5(图 1-37),流入喷油器体并进入针阀体的环形槽内,再经针阀体内油道而进入喷油器下部油腔中(图 1-39a),进入该油腔的高压柴油对针阀的锥面产生向上的推力,当此推力克服了弹簧 14(图 1-37)的预紧力时,针阀向上升起(图 1-39b),针阀的密封锥面离开阀座,高压柴油便通过轴针圆柱部分与喷孔之间所形成的环形缝隙而喷射到燃烧室中。当喷

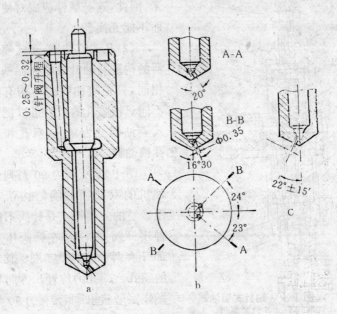

图 1-38　90 系列柴油机的喷油嘴
a.喷油嘴偶件　b.双喷孔的结构　c.单喷孔的结构

油泵停止供油时,油腔内油压迅速下降,针阀便在喷油器弹簧
14(图 1-37)的作用下迅速下落而关闭喷孔,停止喷射。

工作中,由于柴油压力很高,而喷孔直径又很小,所以,喷
出的柴油呈均匀细密的雾状油束。同时,由于针阀下端的密封
锥面与针阀体中的内锥面贴合严密,所以不会产生滴油现象。

喷油器工作时,由于喷油压力很高,免不了有少量柴油通
过针阀与针阀体、针阀体与喷油器体之间的间隙渗入挺杆上
部。为了将这部分柴油引出,在调整螺钉 3(图 1-37)的中部开
有一轴向孔,柴油可由此小孔穿过并经回油接头 1(图 1-37)
和回油管送回到柴油细滤器或油箱中等。这样,可防止针阀背

面形成高压,影响喷射压
力,同时可防止柴油浪费。

(三)喷油泵

喷油泵又称高压油泵或燃油泵。其

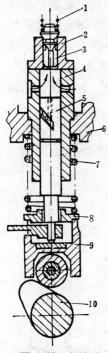

**图 1-40 柱塞式
喷油泵**
1.出油阀弹簧 2.出
油阀座 3.出油阀
4.柱塞套 5.柱塞
6.喷油泵体 7.柱塞
弹簧 8.弹簧下座
9.滚轮体总成 10.
凸轮轴

组成。

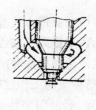

a   b

图 1-39 喷油器工作过程示意图
a.进油 b.喷射

主要功用是:将经过滤清的柴油由低压变
成高压,并根据柴油机的负荷大小,将一定
量的洁净柴油,在规定的时间内输送到喷
油器,要求供油开始准时,供油结束迅速,
供油过程干脆,供油量适当。

常用的喷油泵有柱塞式和转子分配式
两种,尤以柱塞式最为常见,故本书主要介
绍柱塞式喷油泵。

1.柱塞式喷油泵的构造 多缸柱塞式
喷油泵由分泵、油量控制机构、传动机构和
喷油泵体组成。

(1)分泵:分泵是喷油泵的泵油机构,
多缸喷油泵的数量与柴油机气缸数相等。

分泵的基本结构如图 1-40 所示。主要
由柱塞偶件 4、5,出油阀偶件 2、3,柱塞弹
簧 7,出油阀弹簧 1,弹簧下座 8,出油阀紧
座(也称高压油管接头——图中未绘出)等

①柱塞偶件:柱塞偶件由柱塞5与柱塞套4组成,是一副精密配合的偶件,用来提高柴油压力,以满足喷油器喷射压力的要求,并控制供油量和供油时间。

柱塞偶件对喷油泵的工作性能有直接影响。要求它具有高的精度和光洁度,好的耐磨性,加工时,一般都采用优质钢材,并经过磨削加工和多次研磨,最后经过分级配对互研。柱塞偶件的径向间隙大约在 0.0018～0.003 毫米,与喷油器中的针阀偶件一样,也应成对使用,不允许互换。柱塞偶件的构造参见图 1-41。

柱塞套:柱塞套上一般加工有两个径向孔。其中与柱塞斜槽相对应的为回油孔7,另一个为进油孔9;在柱塞套上还开有定位槽(与回油孔在同侧),柱塞套装入喷油泵后,定位螺钉即插入此槽内,以保证正确的安装位置,并防止在工作中柱塞套发生转动。

柱塞:柱塞2为一圆孔体,与柱塞套有同样的加工要求。在靠近柱塞头部的地方加工有斜槽空腔4,为适应不同机型的要求,该斜槽有左旋和右旋之分;在柱塞顶部开有轴向孔6,并在斜槽中有径向孔5与之相通,作回油之用。有的柱塞没有开轴向油道而加工成一直槽,其作用也相同;柱塞中部开有一环形油槽3,在工作中贮存

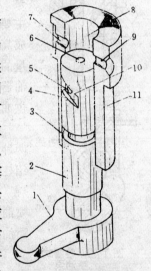

图 1-41　柱塞与柱塞套
1.调节臂　2.柱塞　3.油槽　4.斜槽空腔　5.径向孔　6.轴向孔　7.回油孔　8.空腔　9.进油孔　10.斜槽边　11.柱塞套

部分柴油供润滑用;柱塞的下部接有一调节臂1,可以与油量控制机构相连接,以改变供油量。

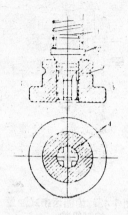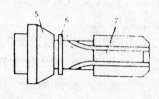

图1-42 出油阀偶件
1.出油阀弹簧 2.出油阀 3.出油阀座 4.油槽 5.密封锥体 6.减压环
带 7.导向部

②出油阀偶件：出油阀偶件包括出油阀和出油阀座。如图
1-42所示，它实际上是一个单向阀。出油阀座装在泵体的柱
塞套上部，并用出油阀紧座固定在泵体上，出油阀2套入出油
阀座3内。上面用出油阀弹簧1使出油阀2与出油阀座3严
密配合。出油阀偶件用来保证供油开始和结束能够准确、迅
速，防止在柴油机熄火后，高压油管中的柴油从喷油泵的回油
孔中漏出，增加重新起动的困难。

出油阀偶件也是喷油泵的精密偶件之一，要求较高的精
度和光洁度，好的耐磨性，同其它精密偶件一样，也是采用优
质钢材经过精细加工，同时，也经过选配互研，其工作表面径
向间隙（导向面、减压环带与出油阀座内圆柱面之间）约为
0.006～0.016毫米，应成对使用而不许互换。

（2）油量控制机构：喷油泵油量控制机构的作用是为了适
应柴油机工作负荷的经常变化，对各缸供油量进行控制和调·

整。

油量控制机构的原理是:转动柱塞,使柱塞斜槽上的不同位置对应回油孔,使柱塞上端面至回油孔所对斜槽边缘的距离改变(即柱塞的供油行程改变),从而达到调节供油量的目的。

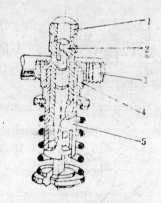

①齿圈齿条式油量控制机构:如图 1-43 所示,在柱塞套 1 外面套有一个油量控制套 5,其下部开有两个纵向切槽,柱塞 2 下部的两个凸耳就嵌在切槽中,齿圈 4 用螺钉紧固在油量控制套 5 上并与齿

图 1-43 齿圈齿条式油量控制机构
1.柱塞套 2.柱塞 3.齿条 4.齿圈 5.油量控制套

条啮合。当齿条作往复运动时,便可转动柱塞改变供油量。

②拨叉拉杆式油量控制机构:如图 1-44 所示,柱塞 2 下部调节臂 1 的小端插入拨叉 5 的槽内,拨叉 5 用锁紧螺母 4 紧固在供油拉杆 6 上,移动供油拉杆 6 便可转动柱塞,改变供油量。

如果多缸喷油泵对某一缸供油量不合适时,即可松开相应柱塞的拨叉,按需要方向将调节拨叉在供油拉杆上移动一个距离;或者拧松齿圈紧固螺钉,改变齿圈与油量控制套的相对位置,然后固紧,即可使供油量均衡。

(3)传动机构:多缸合成式喷油泵的传动机构主要由凸轮轴和滚轮体总成组成。如图 1-40 中的 9 和 10。

凸轮轴的功用是保证喷油泵按一定的顺序和规律向柴油机各缸供油。凸轮轴上的凸轮数目一般与分泵数相同,另设有一个驱动输油泵的偏心轮。

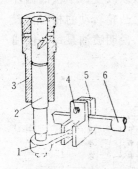

图 1-44 拨叉拉杆
式油量控制机构
1.调节臂 2.柱塞 3.柱
塞套 4.锁紧螺母 5.拨
叉 6.供油拉杆

滚轮体总成也称随动柱或挺柱。其功用是将凸轮的运动传给柱塞。在装配时,应保证其正常工作高度以获得要求的凸轮廓线工作区段。对于多缸柴油机,可利用它来调整各缸供油间隔角的均匀性。常用的滚轮体有垫块调节式和螺钉调节式两种,如图1-45所示。

(4)喷油泵体:喷油泵体是喷油泵各部件组装的骨架。目前国产喷油泵的泵体可分为两种:一种是由上体和下体组成的分体式结构;另一种是整

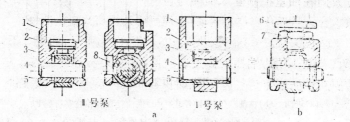

Ⅱ号泵   1号泵
a   b

图 1-45 喷油泵滚轮—挺柱体总成
a.垫块调节式 b.螺钉调节式
1.挺柱体 2.调整垫块 3.滚轮 4.滚轮轴 5.滚轮套 6.调整螺钉 7.
锁紧螺母 8.导向槽

体式结构。

2.柱塞式喷油泵的工作原理及工作过程 柱塞式喷油泵利用柱塞在柱塞套内作往复直线运动,使进入柱塞套内的柴油压力升高,并克服出油阀弹簧的阻力,高压柴油沿高压油管进入喷油器,完成供油过程。同时,根据负荷的大小,拨动调节

臂或齿轮齿杆,使柱塞在柱塞套内转动,以改变每个供油循环的供油量。多缸柴油机中则由凸轮轴上凸轮转动的相对位置控制该哪缸供油。下面以一个分泵为例,说明喷油泵每一供油循环的工作过程(图1-46)。

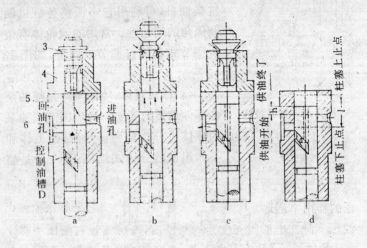

图 1-46　分泵工作过程

(a)进油　(b)供油　(c)供油停止　(d)供油行程 h 和柱塞行程 l_T

1.出油阀　2.出油阀座　3.柱塞套　4.柱塞

(1)进油(图1-46a):喷油泵凸轮轴由曲轴正时齿轮带动旋转,凸轮的凸尖部分转过最高位置后,在柱塞弹簧的作用下,柱塞向下移动。柱塞套内柱塞顶上部的容积增大,压力降低。当柱塞下移到柱塞套上的进油孔被打开时,柴油便从泵体上体的油室经进油孔进入柱塞顶上部的柱塞套内。进油一直延续到柱塞的下止点为止。

(2)供油(图1-46b):喷油泵凸轮轴继续转动,凸轮的凸起部分顶起滚轮体,并推动柱塞向上运动。当柱塞上端面将进、回油孔都封闭时，由于柱塞与柱塞套的精密配合，以及出油阀在弹簧作用下紧紧关闭，柱塞套内的柱塞上部便形成密封油腔，随着柱塞继续向上运动，该密封油腔内的柴油受到压缩，压力迅速升高。当油压升高到足以克服出油阀弹簧压力和高压油管内的柴油压力时，便推开出油阀开始向高压油管供油。由于高压油管中的柴油一直保持较高的压力，由喷油泵喷出的柴油便会从喷油器的喷孔中喷入燃烧室。供油一直延续到柱塞斜槽边缘与回油孔相通时为止（图1-46d中的供油行程h）。

（3）回油（图1-46c）：柱塞继续上行，直到柱塞上的斜槽边缘与回油孔相通时，柱塞顶上部剩余的高压柴油便经柱塞上的轴向孔、径向孔、斜槽，从回油孔流回到低压油路。此时，柱塞顶上部的油压急剧下降，出油阀1在弹簧和高压油管内油压的作用下迅速落入阀座，同时带回少量柴油，使高压油管内油压下降。出油阀完全落入阀座后，高压油管内油压不再下降。供油切断。柱塞继续上移，直到喷油泵凸轮的凸起部分越过最高点，即柱塞达到上止点后，在柱塞弹簧的作用下，柱塞又向下移动，开始了下一个进油循环。如此周而复始，不断地进油、供油和回油，维持柴油机的正常工作。

3. 柱塞式喷油泵的循环供油量　柱塞在柱塞套内往复运动，从最低处（柱塞下止点）到最高处（柱塞上止点）的距离叫柱塞行程l，从柱塞上移到封住进油孔开始到柱塞上的斜槽与回油孔相通为止的这一段距离叫柱塞的供油行程（也叫有效行程）h（见图1-46d和图1-47）。柱塞行程l取决于喷油泵凸轮的外形轮廓，因而是一定的；而供油行程h的大小却可以通过转动柱塞，用柱塞上斜槽的不同位置去对准回油孔来改变。喷油泵每一供油循环供油量的改变正是通过油量控制机构使柱塞在柱塞套内转动来实现的。

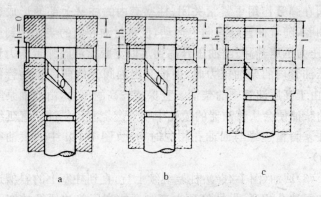

图 1-47　柱塞供油量的改变
a.不供油　b.小油量　c.大油量

当柱塞在柱塞套内转动时,可以获得不同的柱塞供油行程 h。图 1-47a 为柱塞转到某一角度后,斜槽的最顶端与回油孔相对,当柱塞封闭进油孔时,斜槽就已与回油孔相通。柱塞虽然向上压油,但柴油全部从回油孔漏出。柱塞行程 l 不变,而供油行程 h=0,这种情况下循环供油量为零,是喷油泵停供位置。

当柱塞转过一个小的角度,柱塞向上运动封闭了进、回油孔后,就开始压缩柱塞套中的柴油。压力升高后顶开出油阀供油,直到斜槽边缘上升到打开回油孔为止。柱塞的供油行程 h>0,实现了部分供油(图 1-47b),循环供油量的大小,取决于柱塞供油行程 h 的大小,即取决于柱塞相对于不供油时转过的角度,或者说,取决于正对回油孔的斜槽位置。

当柱塞斜槽的最低部位正对回油孔时,斜槽与回油孔相通的时间在一个柱塞行程中最晚,即柱塞的供油行程 h 最大,每一循环供油量也最大(图 1-47c)。

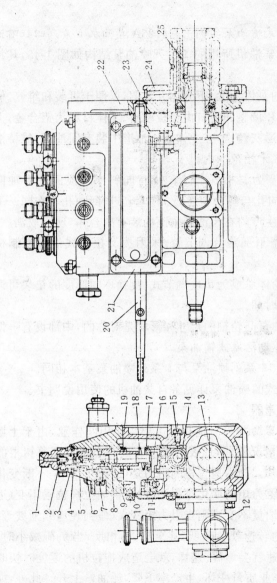

图 1-48　4125A 柴油机 II 系列喷油泵

1. 出油阀紧座　2. 减容体　3. 出油阀　4. 橡胶圈　5. 铜垫　6. 出油阀座　7. 定位螺钉　8. 柱塞　9. 柱塞套　10. 喷油座　11. 拨叉　12. 输油泵总成　13. 定位销　14. 凸轮轴　15. 滚轮体　16. 调节臂　17. 弹簧座　18. 柱塞弹簧　19. 喷油体　20. 供油拉杆　21. 检查窗盖板　22. 喷油泵固定板　23. 调整垫片　24. 定位接盘　25. 花键轴套

4.柱塞式喷油泵实例——4125A 柴油机 Ⅱ 系列四缸喷油泵　4125A 柴油机所用的 Ⅱ 系列喷油泵结构如图 1-48,其特点是:

(1)喷油泵体为上、下分体开式的,以便于拆装和维修.侧面用于检查和调整的窗口由盖板密封.下体材料为铝合金,上体材料为普通灰铸铁,在上体低压油道中装有回油阀,维持油压在 49～98 千帕范围内.

(2)柱塞为斜槽式(开有 50°右向斜槽),顶面钻有轴向孔.通过径向孔与斜槽相连通.柱塞套进、回油孔不在同一平面上.早期生产的在出油阀紧座内装有减容体,现已取消.

(3)柱塞下部装有调节臂,采用拨叉拉杆式油量控制机构.

(4)滚轮体总成为垫块调节式.更换不同厚度的垫块可调整分泵供油时间.

(5)喷油泵凸轮轴的尺寸和形状是对称的,中部设有一偏心轮,用来驱动活塞式输油泵.

国产 Ⅰ、Ⅲ 系列喷油泵与 Ⅱ 系列喷油泵基本相同.

其它型式的喷油泵详见各自柴油机的使用说明书.

(四)调速器

1.调速器的功用　拖拉机主要用于田间作业,由于土壤的软硬干湿情况不同,地表的坡度有大有小以及杂草树根的覆盖有疏有密,因此,拖拉机的阻力矩(或称负荷)是不断变化的.假定在阻力矩的变化过程中,油泵供油拉杆位置不变(近似于循环供油量不变),则当阻力矩变大(碰到硬地或上坡等)时,柴油机的转速就会降低,甚至熄火;相反,当负荷减小时,柴油机的转速就会增高.这样,就会造成拖拉机的速度时快时慢,因而使作业质量变坏,生产率下降,耗油量上升.此外,如果负荷突然卸去,柴油机的转速就可能升高到超过允许的范围,形成所谓的"飞车",损坏发动机的零件,导致严重事故。即使是在公路上跑运输,也会遇到这种负荷大小不一的情况。因此,必须根据负荷的变化情况,相应地改变柴油机的循环供油量,即改变喷油泵油量控制机构的位置,才能在负荷变化的情况下,均能维持柴油机的稳定运转。拖拉机在进行各项作业时,负荷会经常发生变化,机手不可能随着外界负荷的频繁变化而不停地改变调速手柄的位置,更不可能恰当地确定调速手柄的位置。所以,需要一个能适应负荷变化的需要、自动调节供油量的装置。这种装置就是调速器。

调速器的功用就是在柴油机工作时,随着外界负荷的变化自动调节供油量,使柴油机的转速保持相对稳定,以保证作业质量和改善机手的工作条件;另外,在柴油机无负荷时,调速器还能使柴油机保持低速运转而不熄火(即怠速运转),并能限制柴油机的最高转速。

2.调速器的类型　按照调速器的作用原理,可分为机械式、气力式和液力式三种。由于机械式调速器结构简单,工作可靠,因而应用得最为广泛。

机械式调速器按其作用特性又可分为单程式、两极式、全程式与极限式等四种。

(1)单程式调速器:只能在一个规定的转速下起作用,一般用于要求恒定转速工况的柴油机(如发电机组)。

(2)两极式调速器:能在两个规定的转速下起作用,它可以保持柴油机低速运转的稳定,又能限制柴油机的最高转速。

(3)全程式调速器:它不仅能保持低速稳定运转和限制最高转速,而且还能使柴油机在全部工作转速范围内的任何转速下稳定运转。

（4）极限式调速器：用来限制柴油机的最高转速，作为主调速器之外的超速保护装置，常用于大、中型船舶柴油机。

拖拉机上使用的大部分为全程式调速器。

3.Ⅱ系列喷油泵的调速器　Ⅱ系列喷油泵的ТⅡ型调速器应用于东方红-75、铁牛-55、东方红-40等拖拉机的柴油机上。它属于机械式、全程调速器，并带有校正和起动装置，是我国拖拉机柴油机上应用最多的调速器。下面以它为例，说明全程式调速器的具体结构及工作过程。

（1）Ⅱ系列喷油泵的ТⅡ型调速器的构造：调速器作为一种自动控制装置，主要由输入、感应、执行和控制等四部分组成。Ⅱ系列喷油泵的ТⅡ型调速器的结构如图1-49所示。

①输入部分：传动盘1为调速器的主动件，它压配在传动套25上，传动套25的内表面呈锥形，套在喷油泵凸轮轴端部的锥面上并用螺母压紧。这样，传动盘1由凸轮轴驱动着，共同以一半的曲轴转速旋转。所以，柴油机转速的任何变化都直接输入给传动盘1，故将其称为输入部分。

②感应部分：传动盘1的内侧表面上有六条径向的45°斜角的半圆形凹槽，用来带动装有12个钢球2的六个球座3一起旋转。12个钢球2每2个一起成对地装在锌合金制成的球座3内，钢球可在球座内自由转动。球座3则由圆盘支架4支承，圆盘支架4上开有6个等分的径向槽，球座3则可分别沿此槽作径向往复运动。这样，该感应部分和输入部分在一同转动的同时"感受"着柴油机曲轴转速的变化。当曲轴的转速增高或者降低时，感应部分便在圆盘支架4的径向槽内作外移或内缩的往复运动。

③执行部分：钢球的另一面与推力盘5接触，推力盘的另一端则装有一个滚动轴承，它压在轴承座上，传动板21紧贴

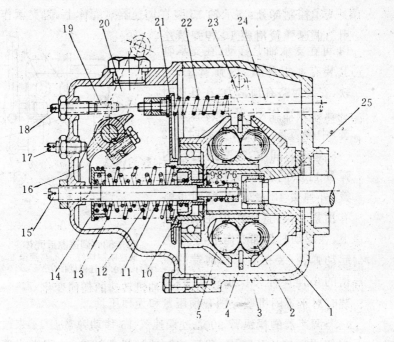

图 1-49　Ⅱ系列喷油泵的 TⅡ型调速器

1.传动盘　2.钢球　3.球座　4.圆盘支架　5.推力盘　6.校正弹簧调整螺
母　7.校正弹簧前座　8.校正弹簧　9.校正弹簧后座　10.调速弹簧滑座
11.内弹簧　12.中弹簧　13.外弹簧　14.弹簧座　15.支承轴　16.调速叉
17.低速限制螺钉　18.高速限制螺钉　19.拉杆停供挡钉　20.操纵臂
21.传动板　22.停供弹簧　23.停供转臂　24.供油拉杆　25.传动套

于轴承内圈,使传动板 21 与推力盘 5 组成一个部件,可以一
起移动。传动板 21 的上端有一圆孔,供油拉杆 24 穿过此孔并
由螺母锁紧,传动板的另一边被停供弹簧 22 顶住。因此,当推
力盘 5 移动时,供油拉杆 24 也会随着移动。

　　当球座 3 在离心力的作用下径向移动时,推力盘 5 受离
心力轴向分力的推动而作轴向移动,并通过滚动轴承和传动

板带动供油拉杆,"执行"改变供油量的任务。

④控制部分:支承轴 15 装在调速器后壳体上,起支承作用。调速弹簧滑座 10 和弹簧座 14 可在支承轴上移动。在支承轴上装有 4 根弹簧:内弹簧 11 较软,安装时略有预紧力,在低速时单独起调速作用,又称为怠速弹簧;中弹簧 12 较硬,安装时有 2 ～3 毫米的间隙,在高速时与内弹簧 11 共同工作,又称为高速弹簧;外弹簧 13 最软,安装时也略有预紧力,它直接作用在轴承座上,在起动时起加浓作用,又称为起动弹簧;装在支承轴前端的较硬的小弹簧称为校正弹簧 8,安

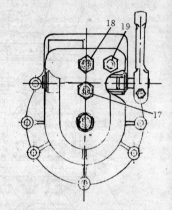

图 1-50　调速器后壳体
17.低速限制螺钉　18.高速限制螺钉　19.拉杆停供挡钉

装时对于不同机型分别有预压量和无预压量。

调速器的操纵臂 20 通过调速叉 16 移动弹簧座 14 来改变调速弹簧的预紧力,即可控制柴油机的转速,故称操纵臂 20、调速叉 16 以及中弹簧 12、内弹簧 11 等为控制部分。

此外,在调速器后壳体上,除支承轴外,还装有 3 个调整螺钉(参见图 1-50):高速限制螺钉 18(当操纵臂 20 转动并带动调速叉 16 碰上此螺钉时,调速弹簧的预紧力最大,调速器所控制的发动机转速最高);低速限制螺钉 17(当操纵臂 20 转动并带动调速叉 16 碰上此螺钉时,调速弹簧的预紧力最小,控制发动机的最低转速);拉杆停供挡钉 19(用来限制供油拉杆停止供油后继续移动,以防止柱塞调节臂因拉杆移动过多而从拨叉中脱出,失去控制)。

调速器后壳体上方有加油螺塞,下部有放油螺塞。调速器前壳体的两侧则根据供油拉杆的安装位置,设有停供转臂23(图1-49),向后扳动它,可迫使供油拉杆压缩停供弹簧22,使之移动到停止供油位置。

　　(2)工作过程

　　①起动:TⅡ型调速器的起动装置是自动控制的。柴油机起动后达到一定转速时,其加浓作用自动停止。图1-51表示调速器起动时的工作过程。图中虚线表示起动时的加浓位置,实线表示起动后的供油位置。

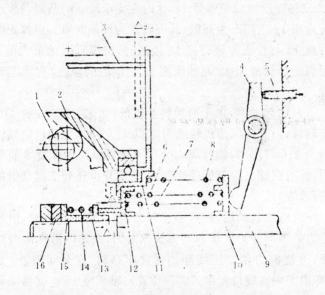

图1-51　TⅡ调速器起动装置工作示意图

1.钢球　2.推力盘　3.供油拉杆　4.调速叉　5.高速限制螺钉　6.中弹簧
7.内弹簧　8.外弹簧(起动弹簧)　9.支承轴　10.弹簧座　11.轴承座
12.调速弹簧滑座　13.校正弹簧后座　14.校正弹簧　15.校正弹簧前座
16.校正弹簧调整螺母

起动前,传动盘不旋转,钢球的离心力等于零。

起动时,驾驶员使操纵臂带动调速叉转动到与高速限制螺钉相接触的最大位置,此时调速器内的状况是:起动弹簧 8 与调速弹簧 6、7 均被压缩,而且预紧力达到最大值。此时,起动弹簧 8 的预紧力直接作用在推力盘 2 上,因此在静止状态时,钢球处于靠近支承轴位置(离心半径为 r_1),供油拉杆 3 则处于起动供油量位置(最大极限位置)。而中弹簧 6 和内弹簧 7 虽被压缩,但其预紧力并不直接作用在推力盘 2 上,而是作用在调速弹簧滑座 12 上。在此预紧力作用下,调速弹簧滑座 12 左移而压缩校正弹簧 14,这时在支承轴 9 的凸肩与校正弹簧后座 13 之间产生间隙,此间隙称为校正间隙。当校正弹簧后座 13 与校正弹簧前座 15 接触时,校正行程达最大值 $\triangle_1$,而调速弹簧滑座 12 与轴承座 11 之间的间隙 $\triangle_2$ 称为起动行程。

开始起动时,由于曲轴转速较低(如东方红-75 的 4125A 柴油机,当起动汽油机转速为 3500 转/分时,柴油机曲轴转速约为 210 转/分),钢球离心力还不能克服起动弹簧 8 的作用力,此时钢球仍处于最低位置,供油拉杆也还处于起动供油位置(加浓)。

柴油机起动后,转速迅速升高,当达到一定值时,钢球离心力的轴向分力大于起动弹簧预紧力,钢球便沿锥面向外分开,迫使推力盘 2 压缩起动弹簧而移动,直至间隙 $\triangle_2$ 消除(即由图中虚线位置回到实线位置)。轴承座 11 也就移动到与调速弹簧滑座 12 相接触,起动加浓作用停止。

②柴油机正常工作时调速器的工作:调速器的作用原理就是利用输入部分传动盘与曲轴同时转动,通过感应部分"感受"曲轴转速的相应变化,并通过控制部分和执行部分使供油

拉杆发生相应的移动,以改变循环供油量,维持柴油机的稳定运转。

拖拉机在工作中,如需要改变柴油机转速时,驾驶员通过转动操纵臂至不同位置,以改变调速弹簧的预紧力,使调速器起作用的转速发生改变,下面以操纵臂处于最大位置时的情况来说明调速器在正常工作时的调速作用。

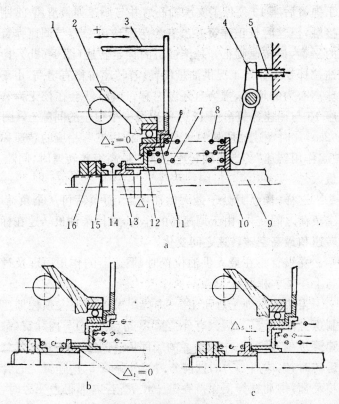

图 1-52　调速器的工作
(图中零件序号与图 1-51 相同)

如图 1-52 所示，操纵臂处于最大位置，调速叉碰上高速限制螺钉，此时，调速弹簧的预紧力最大。柴油机起动后，如起动过程所述，随着转速的升高，首先消除间隙 $\triangle_2$（起动行程），见图 1-52a，轴承座 11 碰到了调速弹簧滑座 12。转速进一步升高时，推力盘 2 在钢球离心力的轴向分力作用下右移，间隙 $\triangle_1$（校正行程）便逐渐减小。当转速升高到 $\triangle_1$ 全部消除时，校正弹簧后座 13 顶住了支承轴凸肩并与调速弹簧滑座 12 刚好接触，但这时校正弹簧并没有参与钢球离心力与调速弹簧力的平衡，该转速则正好是柴油机的标定转速（图 1-52b），即供油拉杆处于标定工况供油量位置。若转速再稍有增高，由于钢球离心力的增加，推力盘还要右移，这样，就会在校正弹簧后座 13 与调速弹簧滑座 12 之间出现一个很小的间隙 $\triangle_5$（图 1-52c），此时调速器所处的状态叫作"作用点"，相应的转速称为"起作用转速"。当曲轴转速增加到最高空转转速时，间隙 $\triangle_5$ 最大。

这样，操纵臂处于最大供油位置，而负荷可从全负荷 到空负荷之间变化，由于调速器的作用，维持柴油机转速在标定转速和最高空转转速之间变化。

操纵臂不在最大供油位置时，调速器的作用原理及过程与上述基本相同。

当柴油机处于怠速工况，即操纵臂使调速叉顶住低速限制螺钉（图 1-53）时，只有外弹簧 8（起动弹簧）与内弹簧（怠速弹簧）7 有预紧力，中弹簧 6 的端部仍有间隙 $\triangle_3$。柴油机怠速运转时，钢球离心力的轴向分力与外弹簧 8、内弹簧 7 的合力相平衡，供油拉杆便保持在某一位置；若内部阻力变大时，柴油机转速便会降低，钢球的离心力减小，调速弹簧滑座 12 在弹簧 7、8 的作用下带动供油拉杆 3 向增大供油量方向移动，柴油机的转速就会增加;若柴油机的内部阻力变小时,柴油机转速升高,钢球的离心力增大,推力盘便会迫使供油拉杆向减小供油量的方向移动。不管是供油拉杆向供油量变大或变小的方向移动,总之要变化到钢球离心力的轴向分力与内、外弹簧 7、8 的预紧力平衡时为止,而内、外弹簧 7、8 由于调速叉的作用都处于怠速工况下,所以,柴油机便会在怠速下稳定运转而不熄火。调速器在怠速范围内工作时,在校正弹簧后座 13 与调速弹簧滑座 12 之间存在着间隙△₄。

③校正作用:T Ⅱ 型调速器的校正装置如图 1-54 所示,由调整螺母 16、校正弹簧前座 15、校正弹簧后座 13、校正弹簧 14 等组成。它实际上是一个在超负荷时相应增加供油量、以维持柴油机转速相对稳定的加浓装置。

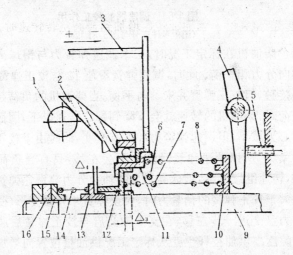

图 1-53　调速器的怠速工作

(图中零件序号与图 1-51 相同)

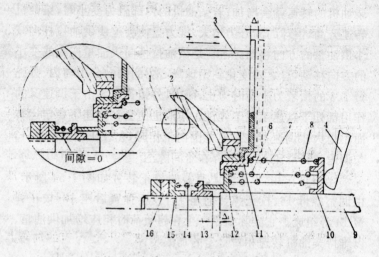

間隙＝0

图 1-54　调速器的校正作用

（图中零件序号与图 1-51 相同）

　　柴油机在标定工况时,三个调速弹簧力与钢球离心力的轴向分力相平衡。此时,调速弹簧滑座 12 与校正弹簧后座 13 刚接触,但校正弹簧并未参与平衡。当柴油机的负荷超过标定负荷时,柴油机的转速就会下降到标定转速以下,因而钢球的离心力减小,但调速弹簧力却没有改变,此时由于校正弹簧有预紧力,所以调速弹簧滑座并不会左移,只有当负荷继续增加,转速继续下降,钢球离心力的轴向分力与调速弹簧力的差值大于校正弹簧的预紧力时,校正弹簧才开始变形（受压缩）,推力盘 2 进一步左移,在支承轴凸肩与校正弹簧后座间出现间隙 $\triangle_1$。供油拉杆也就从标定工况供油量位置向增加供油量方向相应移动一段行程 $\triangle_1$,此行程称为校正行程,即起到了校正加浓的作用。

　　柴油机超负荷愈大,转速下降就愈多,对校正弹簧的压缩量就愈大。当校正弹簧后座 13 的前凸肩与校正弹簧前座 15 的后凸肩接触时,校正行程达到最大。其大小要根据柴油机扭矩贮备的大小而定,可用调整螺母 16 进行调节。

其它类型的调速器请参阅该发动机的使用说明书。

(五)柴油箱、柴油滤清器和输油泵

1. 柴油箱　柴油箱用来贮存柴油。柴油箱的结构根据其整体布置而有所差异,但一般均由薄钢板冲压后焊接而成,在加油口往往设有滤网,可清除大的杂质和杂草,同时消除加油时产生的静电。底部则装有放油螺塞。油箱加油口上盖有油箱盖,上有通气孔,使油箱内部与大气相通,防止油面下降时形成真空度,保证油流畅通。

油箱下部还有出油口、出油管和油箱开关等。有的油箱上还有一个回油口,以便使喷油器回油管的柴油流回油箱。

2. 柴油滤清器　柴油滤清器的功用是清除柴油中的机械杂质和水分。柴油在运输和贮存过程中,容易混进杂质和水分,加之柴油中一些不饱和烃缩合成胶质,成为有机杂质,如果让含有这些杂质和水分的柴油进入柴油供给系统和气缸中,将破坏柴油机的工作。因为柴油机喷油泵、喷油器的主要零件都是精密偶件,柴油中即使含有极细微的机械杂质,都将引起这些精密偶件的加速磨损和配合间隙变大,引起喷油时间、喷油压力、喷油量及喷油质量的变化,使柴油机功率下降,油耗增加。机械杂质和水分还可能使偶件卡死、堵塞和锈蚀。如进入气缸还会加速气缸、活塞和活塞环等零件的磨损。有机杂质进入气缸燃烧后,会产生积炭,堵塞喷孔,降低散热能力。所以柴油机除保证应加入清洁的柴油外,在柴油供给系统中还要采取措施,对柴油进行滤清。拖拉机柴油供给系统一般采用粗、细两级滤清器。

(1)柴油粗滤器:柴油粗滤器一般为沉淀过滤式的,图1-55为东方红-75拖拉机4125A柴油机所用的柴油粗滤器结构;图1-56为铁牛-55拖拉机4115柴油机所用的柴油粗滤器结构。其工作过程如图1-55所示,4125A柴油机粗滤器的壳体3是一个灰铸铁铸件,从柴油箱来的柴油经进油管1和管接头螺栓2进入壳体3,柴油中的杂质和水分经过再次沉淀并可定期从放油口放出。柴油经过缝隙式粗滤芯5的过滤,从出油管8流出。粗滤器端面螺塞7通过弹簧6将粗滤芯的法兰端面压紧在壳体的相应端面上,以保证柴油只有经滤芯滤清后方能流入进油管。

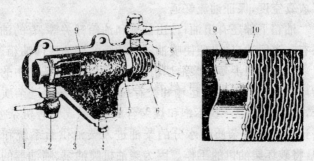

图1-55 4125A柴油粗滤器
1.进油管 2.管接头螺栓 3.粗滤器壳体 4.放油螺塞 5.粗滤芯 6.弹簧 7.端面螺塞 8.出油管 9.波纹筒 10.黄铜带

如图1-56所示的柴油粗滤器一般固定在输油泵上,工作时,柴油经转向管接头螺栓9进入玻璃杯5,通过滤网4清除掉较大的机械杂质,经过初步过滤的柴油然后进入输油泵。

(2)柴油细滤器:滤清器结构一般相差不大,所不同的是滤芯材料。图1-57为4125A柴油机上所用的棉纱滤芯滤清器,细滤器壳体2为灰铸铁件,其下侧面有一法兰,通过法兰,细滤器被固定于柴油机缸体分水管的加工平面上。法兰的内

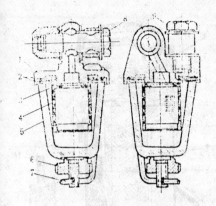

图 1-56 4115T 柴油粗滤器
1.壳体 2、3.密封圈 4.铜丝滤网 5.
玻璃杯 6.螺母 7.钩环 8.固定接头
螺栓 9.转向管接头螺栓

腔与缸体水套相通,使通过细滤器的柴油可得到冷却水的加热,冬季可增加柴油的流动性。

细滤器壳体内装有四个棉纱滤芯 3。每个滤芯内部都有一个铜丝网管 16,外面包着一层滤纸 17,过滤棉纱 18 则按特定方式缠绕在滤纸外面,形成一个长圆柱形的滤芯。滤芯套在支承杆 8 上,支承杆下端铆接有支承垫圈。上端穿过滤芯固定板 4,细滤器弹簧座 7 通过插销 6 被挡于支承杆的上端,弹簧 5 则以一定的预压缩量被安装在弹簧座和滤芯固定板之间,借弹簧力通过滤芯支承杆下部的支承垫圈,将滤芯紧压在滤网固定板的下端面。

在固定板与细滤器顶盖 9 之间和固定板与细滤器壳体之间,都夹有胶质石棉垫密封。

从输油泵来的具有一定压力的柴油,经油管和转向进油管接头螺栓 11 进入细滤器壳体,经过棉纱、滤纸的过滤,柴油中含有的细微有机和无机杂质被滤掉,水分则在壳体中沉淀下来。清洁的柴油渗入网管内部,沿着网管与支承杆之间的间隙进入滤芯固定板上部空间,并由此再往下,通过壳体中的深孔出油道 1,进入通向喷油泵的出油管 15。在细滤器底盖 13 的中间有一放油螺塞 14,用来定期排放沉淀物和水分。

在 4125A 柴油机供给系的低压部分中,以该细滤器的安装位置最高,所以进入柴油供给系低压部分的空气,都聚集于细滤器顶盖内。因此，顶盖的侧面装有放气开关 10，当开关 10 向左旋时，在压力作用下，放气开关的球阀被顶开，空气通过孔道和放气管 12 被排出。当有柴油流出时，再将开关右旋拧紧。

图 1-58 为 4115 等柴油机上所用的纸质滤芯细滤清器结构，其工作过程是：从柴油粗滤器流出的柴油经输油泵加压后，从进油管管接螺栓 10 进入壳体 17 和滤芯 18 之间，柴油穿过滤芯即得到过滤，过滤后的柴油从滤芯内腔沿中心孔向上，经滤座内孔、出油管管接螺栓

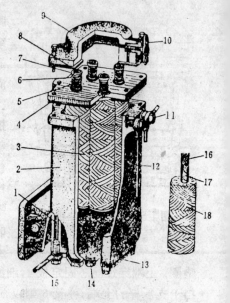

图 1-57 柴油棉纱滤芯细滤器
1. 出油道 2. 细滤器壳体 3. 棉纱滤芯 4. 滤芯固定板 5. 弹簧 6. 弹簧座插销 7. 弹簧座 8. 滤芯支承杆 9. 细滤器顶盖 10. 放气开关 11. 进油管接头螺栓 12. 放气管 13. 底盖 14. 放油螺塞 15. 出油管 16. 铜丝网管 17. 滤纸 18. 过滤棉纱

13 和油管进入喷油泵。从喷油器渗漏出来的柴油沿回油管经回油管管接螺栓 5、单向阀回到滤腔。

3. **输油泵** 输油泵的功用是将柴油从油箱中吸出，并适当增压，以克服滤清器和管路中的阻力，保证连续不断地向喷油泵输送足够数量的柴油。

常用的输油泵有活塞式、膜片式和滑片式，其中尤以与柱塞式喷油泵配套使用的活塞式输油泵应用得最多。膜片式和滑片式输油泵只在少量采用分配器式喷油泵的柴油机上采

用。在此仅介绍活塞式输油泵。

（1）活塞式输油泵构造（图 1-59）：输油泵用螺钉固定在喷油泵泵体上，并由喷油泵凸轮轴上的偏心轮驱动。输油泵主要由手油泵 5、活塞 10、活塞弹簧 14、推杆 13、阀门 2 和 6 以及阀门弹簧 3 和 7 等组成。装在输油泵壳体内的活塞 10 将泵体内腔分隔为前后两个工作腔 17、16。当凸轮轴转动时，活塞 10 在推杆 13 和活塞弹簧 14 的作用下作往复运动。

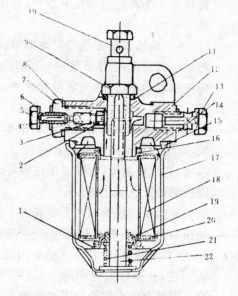

图 1-58 柴油细滤器
1.托盘 2.阀座 3、21.弹簧 4.钢球 5、10、13.管接螺栓 6、14.垫圈 7.单向阀座 8、20.垫片 9.拉杆螺母 11、15、16、19.密封圈 12.滤座 17.壳体 18.滤芯 22.拉杆

（2）活塞式输油泵的工作过程：喷油泵凸轮轴转动时，偏心轮 15 的凸起部分转到图 1-59a 位置时，推动推杆 13，克服弹簧力迫使活塞 10 前移，使前腔 17 的油压增高，进油阀 6 关闭，同时推开出油阀 2，柴油便经上出油道 11 流入后腔 16，为下一次压油作好准备。当偏心轮 15 转到图 1-59b 位置时，活塞 10 在弹簧 14 的作用下被推向后腔 16，后腔 16 的油压升高，使出油阀 2 关闭，柴油经上出油道 11 被压出。与此同时，由于活塞后移，前腔 17 油压降低，于是进油阀 6 打开，柴油自进油道 8 被吸入前腔 17。偏心轮继续转动，活塞在推杆和弹

簧作用下不断地前后往复运动,柴油便不断地被压送到滤清器中去。

(3)输油泵输油量的自动调节:柴油机工作时,根据实际耗油量的变化,活塞式输油泵还有自动调节输油量的作用。当柴油机轻负荷工作、耗油量较少时,在后腔 16 内便存留有较多柴油,油压相对增高,此时弹簧 14 便不能将活塞推到底,而只能推到弹簧力与后腔油压相平衡时为止,使活塞实际行程减小,因而自动减少输油量,如图 1-59c 所示。反之,如果负荷增加,耗油量增大,后腔油压也相对降低,活塞实际行程增大,因而输油量也随之增多。

输油泵的输油压力主要取决于活塞弹簧的弹力。一般输油压力为 147～245 千帕(1.5～2.5 公斤力/厘米²)。

(4)手油泵:手油泵 5 的作用是为了在起动前,使柴油充满油道,并排除油道中的空气(可与细滤器上的放气开关配合)。手油泵装在输油泵进油阀的上方。当手油泵手柄上提时,手油泵活塞随之上移,在活塞下方形成一定真空度,使进油阀打开,柴油进入手油泵泵腔,压下手柄时,活塞下移,进油阀关闭,柴油便经进油道 8 和下出油道 1,推开出油阀,被压送到油道中去。

另外,有的输油泵在壳体上钻有泄油道 12,由推杆和导孔间隙处渗出的少量柴油可沿此泄油道排出,以免流入喷油泵下泵体内稀释机油,加速凸轮轴和滚轮体等零件的磨损;下泵体油面过高,流入调速器壳体后,甚至可能引起飞车。故使用中必须保持泄油道的清洁和畅通。有的输油泵没有泄油道,当推杆和导孔磨损后,也可能引起上述事故,使用中需加以注意。

(六)柴油供给系与调速器的使用保养要点

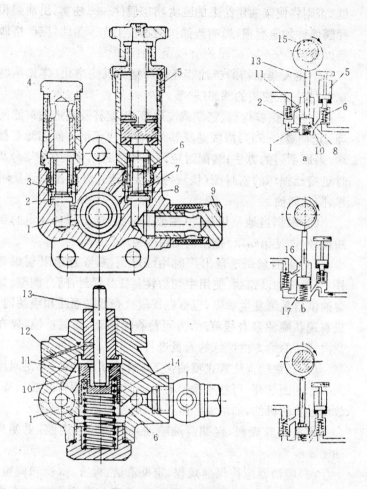

图 1-59 活塞式输油泵

1.下出油道 2.出油阀 3.出油阀弹簧 4.出油接头 5.手油泵 6.进油阀 7.进油阀弹簧 8.进油道 9.进油接头 10.活塞 11.上出油道 12.泄油道 13.推杆 14.活塞弹簧 15.偏心轮 16.后腔 17.前腔

(1)保证柴油高度洁净,这是柴油供给系正常工作的关键。否则将使柴油供给系的三大精密偶件——柱塞、出油阀和针阀偶件加速磨损，影响柴油机的正常工作。为此，应严格做到以下两点：

①注入柴油箱的柴油要经过严格的沉淀净化（详见第四章中"拖拉机使用的油料"一节）；

②按照保养规程，定期清洗油箱、沉淀杯及其进油口滤网等。定期更换滤芯，清洗滤清器。保养中应根据不同的滤芯材料，采取不同的方法；装配时应注意各密封结合处的密封，及时更换已损坏的密封圈（垫）；各螺栓等连接处要注意连接可靠，防止漏油。

（2）根据当地使用条件（主要是气温）选用符合规定的柴油牌号（详见第四章"拖拉机使用的油料"一节）。

（3）喷油泵调速器出厂时均经过调整，除急速限制螺钉外，一般都加以铅封，使用中切勿轻易打开铅封，随意调整。如柴油供给系统发生故障，应首先逐段检查低压油路和喷油器，只有确认喷油泵有故障时，方可检查喷油泵，如需拆检，应在室内清洁的地方由熟练的人员进行。

（4）经常检查柱塞式喷油泵下泵体内机油油面，不足时添加。如油面过高，可拧松调速器盖下面的放油螺钉或放油塞，放出过多的机油，如油面经常过高，应查明原因并排除。

应按保养规程，定期清洗喷油泵和调速器内腔，更换机油。

（5）喷油器应按保养规程，定期清洁、检查、试验和调整。调试后的喷油器向柴油机上安装时，注意勿漏装垫圈。两个螺钉要均匀拧紧，以免喷油器歪斜。安装后要检查有无漏气现象。

（七）喷油器、喷油泵及调速器的检查与调整

1.喷油器的检查与调整　喷油器的喷雾质量与喷油压力有很大关系。喷油压力过低，会造成雾化不良，柴油机不易起动，耗油量增加，排气冒黑烟，针阀体下端易积炭，功率下降；喷油压力过高，则会加速喷油器和喷油泵零件的磨损。所以，喷油压力要合适。各种不同的柴油机的喷油器要求不同的喷油压力，以适应燃烧室形状对雾化及油束的要求，具体数值应参阅该机型的使用说明书。

喷油器的检查与调整一般应在喷油器试验台上进行，包括喷油压力与雾化质量两项内容。

(1)喷油压力的检查与调整：将喷油器安装在试验台上之前，应首先进行检查，要求达到：

①喷油器的针阀与针阀体的工作表面应十分光洁、完好，不应有积炭、黑斑和凹陷等缺陷。

②针阀与针阀体应活动灵活，可将针阀与针阀体用柴油蘸湿，然后装在一起，先将针阀体倾斜至 45°，再将针阀略微抽出，针阀应在自身重力作用下缓慢下落而没有卡滞现象。

③喷油器接头螺纹、喷油器壳体贴合端面以及弹簧等应完好正常。

装配好的喷油器，应在试验台上进行试验和调整（图 1-60）。均匀缓慢地压动泵油手柄到喷油器开始喷油时，观察压力表上的读数是否符合规定（如东方红-75 拖拉机上所用的喷油器的喷射压力为 12250＋490 千帕/125＋5 公斤力/厘米^2，铁牛-55 拖拉机喷油器数据与之相同），若不符合规定，则需进行调整。调整时，拧松喷油器调压螺钉的锁紧螺母，用螺丝刀拧动调节螺钉，拧入则喷油压力升高；退出则喷油压力降低。调好后应将锁紧螺母拧紧，并再次校对一次喷油压力。多缸柴油机上各喷油器的喷油压力应保持一致。

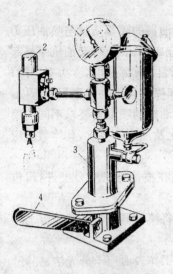

图 1-60 检查喷油器
1. 压力表 2. 喷油器
3. 喷油泵 4. 手柄

(2)喷雾质量的检查：喷雾质量的检查主要是检查喷油器在规定的压力下，能否把柴油喷射成细散均匀的雾状油束。它也应在喷油器试验台上进行。首先将喷油压力调整到规定值，然后以每分钟 80～100 次的速度压动泵油手柄，对喷油量进行检查，要求达到：油束呈细雾状，没有可见的油滴；无偏射、散射；断油干脆、利落，声音清脆；多次喷射后喷油器喷口处应无油滴；喷雾锥角应符合规定；用一涂有薄层润滑脂的细目铜网（或用纸代替），平放在距喷口 200 毫米处，检查喷油后的油痕。油痕应在喷油器的正下方，基本为圆形，直径根据喷雾锥角的大小而不同，如喷雾锥角要求 4°，则油痕直径应为 10 毫米左右，若喷雾锥角为 13°～17°，则油痕直径应为 45～60 毫米。

(3)压降试验：除喷油压力和喷雾质量应进行检查和调整外，还应进行压降试验，以检查喷油器导向部分的严密性。检查时，先将喷油器喷射压力调到 19600 千帕（约 200 公斤力/厘米^2）以上，然后观察并测定压力自 19600 千帕（200 公斤力/厘米^2）下降到 17640 千帕（180 公斤力/厘米^2）时所经历的时间，正常应大于 10 秒，否则表明配合间隙太大。为了节省时间，此项检查可在检查喷油压力前进行。

(4)用经验法检查与调整喷油器：若没有喷油器试验台，

也可凭经验在柴油机上直接检查调整喷油器,即用对比法进行检查和调整。如图 1-61 所示,用一个三通管把需要检查的喷油器和标准的(或新的)喷油器并联紧固在高压油管接头上,摇转曲轴或用泵油扳手泵油,用对比的方法检查调整喷油压力及雾化质量。

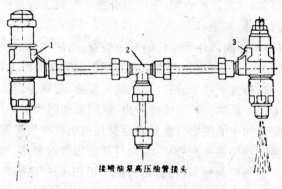

接喷油泵高压油管接头

图 1-61 用对比法检查喷油器
1.标准(或新)喷油器 2.三通管 3.待查喷油器

检查喷雾质量时,如发现喷油器有滴油、雾化不良、偏射、散射等现象时,可用研磨膏研磨针阀偶件的密封环带,以恢复其封闭的严密性。研磨时,要注意不要让磨料粘到针阀圆柱面和针阀体之间。研磨后要在柴油中刷洗干净。如研磨后仍达不到要求,则应换用新的针阀偶件(成对更换)。

2.喷油泵与调速器的检查与调整 喷油泵与调速器总成,是柴油供给系的重要部件,其工作性能的好坏,对柴油机的工作影响极大。所以,除一般的检查外,有关喷油泵和调速器的工作性能参数的检查与调整,均应在专门的试验台上进行。机手不要随便拆卸和调整。

喷油泵及调速器检查和调整内容包括:出油阀偶件严密

性检查、柱塞偶件严密性检查、供油开始角的检查与调整、调速性能的检查与调整(起作用转速和停止供油转速等)、供油量(标定工况油量、怠速工况油量、起动油量和校正油量)及各缸供油均匀性的检查与调整、供油提前角的检查与调整等。其中有关必须在专用试验台上进行的项目(即用户不应自行调整的项目)在此不作介绍,下面只介绍一些机手可自行检查与调整的项目。

(1)出油阀偶件严密性的车上检查:出油阀严密性的检查应在停车时进行。首先把喷油泵的高压油管接头拆下,把调速手柄(油门)置于停车位置,用手油泵泵油,观察是否从出油阀紧座中往外渗油。若有柴油渗出,说明出油阀密封不严,其原因可能是油中的脏物将密封锥面磨伤或垫在密封锥面上。若是因为脏物垫在密封锥面上,则可拧松出油阀紧座,利用油流冲洗出油阀密封锥面;若确属出油阀损伤,则应更换新的出油阀偶件。如果在观察时,没有柴油渗出,则说明密封良好。

(2)柱塞偶件严密性的车上检查:当确认出油阀密封良好后,即可装上高压油管,将调速手柄放到最大供油位置,转动曲轴或用泵油扳手泵油,使喷油泵工作,待高压油管充满柴油时,装上一个喷油器,喷油压力调整到 19600 千帕(200 公斤力/厘米^2)。也可用车上原有的喷油器,然后摇转曲轴,观察喷油器的喷油情况,假如喷油泵能喷油,说明柱塞工作正常;假如喷油泵不喷油,说明柱塞磨损,需要更换。

也可用压力表代替喷油器,看是否各分泵的最大供油压力不低于 24500 千帕(250 公斤力/厘米^2)。

(3)供油提前角的检查与调整:柴油喷入气缸后,需经过着火准备阶段,短时间内与空气混合、吸热、升温。所以,喷油器一般都不是在活塞到达上止点时才喷油,而是在活塞到达上止点之前就喷油。这样,就要求喷油泵在活塞到达上止点之前就供油。喷油器开始喷油到活塞抵达上止点时所对应的曲轴转角,称为喷油提前角。在柴油机上检查喷油提前角比较困难,所以通常采用检查供油提前角以代替喷油提前角。供油提前角是指喷油泵开始供油到活塞抵达上止点时所对应的曲轴转角。由于从喷油泵开始供油到喷油器开始喷油,要经历喷油器升压过程,所以喷油提前角要比供油提前角要小。

供油提前角是由柴油机制造厂经试验确定的,不同的柴油机机型,不同的燃烧室构造,供油提前角是不同的。供油提前角过大(喷油过早),则柴油机工作时有敲击声,机件容易损坏,起动时也容易发生倒转;供油提前角过小(喷油太迟),则柴油机起动困难,燃烧不完全,排气冒烟,机件温度过高,功率也不足。

最佳供油提前角与柴油机转速有关,通常按柴油机标定转速选择供油提前角,在结构上借助曲轴正时齿轮、惰齿轮和喷油泵驱动齿轮之间的啮合记号,来确定喷油泵开始供油与曲轴间的相对位置,即“供油正时”。在需要调整供油提前角时,一般不需变动齿轮间的相对位置,只改变喷油泵与喷油泵驱动齿轮间的相对位置即可。调整方法和喷油泵与喷油泵驱动齿轮的连接结构有关。

柴油机经长时期工作后,因喷油泵和喷油泵驱动齿轮磨损等原因,会使最佳供油提前角发生变化,当喷油泵经检修后,也需按规定的最佳供油提前角向柴油机上安装。

下面以 4125A 柴油机所用的 Ⅱ 系列喷油泵为例加以说明:

如图 1-62 所示,喷油泵凸轮轴以花键轴套 9、花键盘 7 与喷油泵驱动齿轮 3 连接在一起,其中花键轴套 9 与凸轮轴前端锥面配合,并以半圆键定位,由螺母 10 固定,而花键轴套 9 与花键盘 7 之间以盲键(花键中有一个大键齿)安装定位。驱动齿轮 3 轮毂上有两组共 14 个螺孔,相邻两螺孔所夹的圆心角为 22°30′,而花键盘 7 上也有相应的两组 14 个孔,只是其相邻两孔所夹的圆心角为 21°。正常工作时,用两个固定螺钉(每组一个)将驱动齿轮 3 与花键盘 7 连接起来。若需改变供油提前角时,则可拧出两个固定螺钉,将花键盘 7 按其上的"＋""－"符号方向微作转动,当转过 1°30′后,才能重新用固定螺钉在相邻的另二个孔内将两者固定。这样,供油提前角将增大或减小 3°曲轴转角;如仍不符合要求,应继续拨动花键盘 7,直到调整合适为止。

供油提前角的车上检查方法如下:

①松开全部高压油管,将油门放到最大供油位置,用手油泵排出供油系统中的空气。

②在喷油泵第一缸高压油管接头上装上定时管(图 1-63b),定时管是由一段内径为 1.5～2 毫米的玻璃管,通过一段塑料管与一段高压油管连接而成(图 1-63a)。

③在正时齿轮室盖上,对着风扇驱动皮带轮的螺栓上,夹上一根铁丝指针(图 1-63c)。

④将减压手柄放在"预热Ⅰ"的位置(全减压),转动曲轴,直到玻璃管中出现不带泡的柴油为止。

⑤松开高压油管接头,使玻璃管中的柴油油面稍往下一些(以便于观察),然后再将高压油管接头拧紧。

⑥继续缓慢转动曲轴(也可将小起动机接合上,用手转动小起动机飞轮——对用小起动机起动的柴油机),仔细观察玻璃管中柴油油位的变化。当察觉到油位刚刚开始升高时,立即停止转动曲轴,并在风扇驱动皮带轮上对正铁丝指针处划一

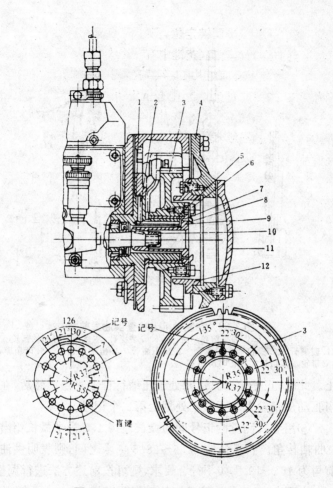

图 1-62　用花键盘调整供油提前角

1.定位接盘　2.润滑油道　3.喷油泵驱动齿轮　4.前盖　5.齿轮衬套　6.螺钉　7.花键盘　8.锁紧垫片　9.花键轴套　10.螺母　11.盖　12.托盘记号。

　　⑦拧出飞轮壳上的定位销,调头插入原来的孔中,再接着慢转曲轴,直到定位销落入飞轮轮缘上的上止点定位孔中为

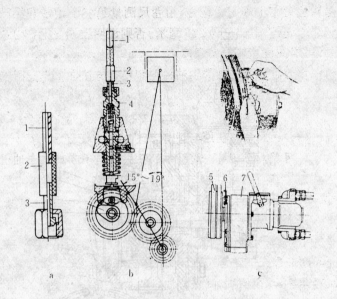

图 1-63　在发动机上检查供油提前角

a. 定时管　b. 供油提前角示意图　c. 安装提针、测量两记号间的弧长
1. 玻璃管　2. 橡胶管或塑料管　3. 高压油管　4. 出油阀紧座　5. 风扇驱动
皮带轮　6. 指针　7. 正时齿轮室

止。此时,正是第一缸活塞处于压缩行程上止点。然后,在风扇驱动皮带轮上对正铁丝处划上第二个记号。

⑧用卷尺测量两记号间的弧长。每 1.5 毫米弧长相当于 1°曲轴转角。若弧长在 22.5～28.5 毫米之间,则表明供油提前角为 15°～19°。如不符合要求,则可按前述方法进行调整。

由于 4125A 柴油机各缸的工作顺序是 1—3—4—2,故可在第一缸供油提前角检查完毕后,直接进行第三缸供油提前角的检查,方法是将定时管装在第三缸高压油管接头上,用泵油扳手泵油至同前位置,缓慢转动曲轴,当察觉到定时管内油位刚刚开始上升时,停止转动曲轴,在风扇驱动皮带上铁丝记号对应处划上第三个记号;用卷尺测量第一个记号和第三个记号之间的弧长,应为 270 毫米。否则说明喷油泵挺柱总成磨损,可增减调整垫片来调整。

第四缸和第二缸的供油提前角检查方法同上。

五、润 滑 系

(一)润滑系的功用与润滑方式

1.润滑系的功用　润滑系的功用就是不断地向柴油机各运动件的摩擦表面供给一定数量的润滑油(俗称机油),使零件的表面形成一层油膜,以减少摩擦阻力和零件的磨损。

具体地说,润滑系有以下功用:

(1)润滑作用:也叫减摩作用。利用相对运动零件摩擦表面间润滑油之间的分子滑移,代替机械零件的直接摩擦,可以减轻摩擦,减少磨损,降低柴油机的功率损失。

(2)冷却作用:通过润滑油的流动,带走零件所吸收的和表面摩擦所产生的热量,使零件的温度不致过高。

(3)清洗作用:利用润滑油的流动,冲走由于摩擦而产生的金属磨屑和其它杂质,维持摩擦面的清洁。防止运动零件表面间的金属磨屑和其它杂质继续刮伤零件表面。

(4)密封作用:利用润滑油的粘性,附着于运动零件表面,提高零件的密封效果,减少泄漏。

(5)保护作用:润滑油粘附于零件表面上,可以防止零件表面与水分、空气及燃烧气体直接接触,从而防止和减缓零件的氧化锈蚀。

(6)减震降噪作用:润滑油粘附于相对运动零件表面间,当零件受到冲击载荷时,零件不会直接接触,可以减轻震动、降低噪音。

2.润滑方式　根据柴油机的工作条件与运动情况,润滑方式主要有以下两种:

(1)压力润滑:润滑油在机油泵的作用下以一定的压力输送到摩擦表面。这种润滑方式润滑可靠、润滑效果好,具有一定的清洗和冷却作用。一般柴油机中承受负荷较大及相对运动速度较高的曲轴主轴颈与主轴承之间、曲轴连杆轴颈与连杆轴瓦之间以及凸轮轴与轴承间等均采用压力润滑。

(2)飞溅润滑:由柴油机的运动零件激溅起来的或由压力润滑零件表面间挤压出来的润滑油滴或油雾,直接落在摩擦表面或经过收集后从油孔流到摩擦表面进行润滑。这种润滑方式比较简单,但可靠性较差,一般用于承受负荷较小、相对运动速度较低以及一些难以实现压力润滑的零件,如气缸壁与活塞、活塞环之间,凸轮与挺柱之间,凸轮轴与轴承之间,传动齿轮之间,活塞销与活塞销座及连杆小头衬套之间,摇臂与摇臂轴之间,气门导管与气门杆之间等,均采用飞溅润滑。

柴油机由于其构造特点,一般同时采用压力润滑和飞溅润滑两种方式。这种润滑系统叫综合式润滑系统。

(二)润滑系的组成与润滑油路

1.润滑系的组成　一般综合式润滑系统见图1-64,主要由以下几部分组成:

(1)机油供给装置:包括油底壳 13、机油泵 2、油管和油道。

(2)滤清装置:包括集滤器 1、机油滤清器 7、8(有的仅有一级滤清器),用来滤除机油中的各种杂质。

(3)仪表和机油标尺:包括机油压力表 10、机油温度表 11和机油标尺 12,用来指示和检查润滑系统的工作状况。

(4)各种阀门:包括限压阀 3、旁通阀(安全阀)5 和回油阀

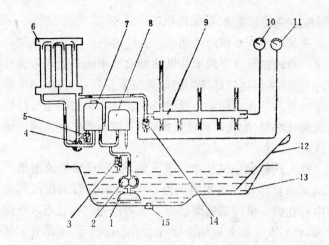

图 1-64 4125A 柴油机润滑系统

1.集滤器 2.机油泵 3.限压阀 4.转换开关 5.旁通阀 6.机油散热器
7.机油粗滤器 8.机油细滤器 9.主油道 10.机油压力表 11.机油
温度表 12.机油标尺 13.油底壳 14.回油阀 15.放油螺塞

14。

（5）机油散热器:其目的是降低机油温度,防止由于机油温度过高而影响润滑性能。

2.润滑油路及工作过程 仍以图 1-64 所示的 4125A 柴油机的润滑系为例,工作时,油底壳中的机油经集滤器 1 吸入机油泵 2 中。被机油泵 2 增压后,由缸体油道和出油管进入滤清器壳体,并在这里分成两路。少部分机油经细滤器 8 转子的离心作用滤清以后回到油底壳 13;大部分机油则进入缝隙式机油粗滤器 7,滤清后的机油在油温高时经过转换开关 4(一种三通转换装置),当转换开关 4 处于图示位置时,机油经油管进入机油散热器 6,冷却后的机油经油管进入主油道 9;当机油温度低(冬季)不需要散热时,即可将转换开关 4 转动 90°(逆时针),这样,从粗滤器 7 流出的机油则不经过机油散热器

6 而直接进入主油道 9。

　　进入主油道 9 中的机油经各分油道进入曲轴各主轴承及配气凸轮轴轴承。主轴承的机油经曲轴中的斜孔进入连杆轴承，一部分再经连杆杆身中的油道流至连杆小头，以润滑活塞销与衬套。从各主轴承、连杆轴承、连杆小头衬套流出的机油飞溅到气缸壁、配气凸轮及挺柱，以飞溅润滑的方式润滑这些机件。

　　进入凸轮轴前轴承中的部分机油，经前轴颈的切槽间歇性地流入缸体和缸盖中的油道，再通过前摇臂轴座流到摇臂轴中心孔内。机油从摇臂轴中心孔内沿径向钻孔进入各摇臂衬套，然后有一部分机油沿摇臂上的油道流出，滴落在配气机构其它一些零件表面上。主油道中还有一部分机油流至正时齿轮室，润滑各正时齿轮等。

　　该润滑系统中分别装有限压阀 3、旁通阀 5 和回油阀 14。用来限制和调节机油压力。限压阀在油压为 637～686 千帕（6.5～7 公斤力/厘米^2）时开启；旁通阀在粗滤器中滤芯前后压力差达到 343～441 千帕（3.5～4.5 公斤力/厘米^2）时开启；回油阀则调整到该柴油机处于标定转速（1500 转/分）时，使主油道内机油压力为 196～294 千帕（2～3 公斤力/厘米^2）。润滑系统中还设有机油温度表 11 和机油压力表 10，分别用来指示机油温度和主油道机油压力。

（三）润滑系的主要机件

　　1. 机油集滤器　机油集滤器一般由集滤部件和集滤管等组成。集滤部件用来过滤机油，防止杂质进入机油泵；集滤管是集滤部件与通机油泵的机体油道的连接管件。经集滤部件过滤后的机油沿集滤管进入机油泵，提高压力后输送到机油滤清器。

机油集滤器安装在油底壳中,集滤管与机体油道相通。安装时应注意集滤器在油底壳机油中的位置不要过高或过低,低了容易将沉淀在油底壳底部的杂质吸入滤网;高了又可能将润滑油油面上的泡沫吸入,使油路中存有空气。同时,整个油路应保持密封,不允许有破裂、缝隙和螺栓松动、垫片破裂等现象出现。

2.机油泵 机油泵的功用是提高机油压力和保证足够的循环流量。常用的有齿轮式和转子式两种。

(1)齿轮式机油泵:齿轮式机油泵的构造如图 1-65 所示。它主要由主动齿轮 1、从动齿轮 3、限压阀 6 等组成。机油泵常由正时齿轮驱动。

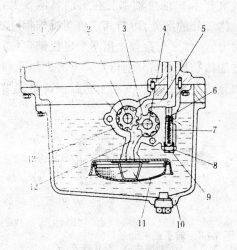

图 1-65 齿轮式机油泵
1.机油泵主动齿轮 2.主动齿轮轴 3.机油泵从动齿轮 4.从动齿轮轴 5.出油腔 6.限压阀 7.弹簧 8.锁紧螺母 9.调整螺钉 10.油底壳 11.集滤器 12.油泵进油腔 13.机油泵壳体

机油泵壳体 13 的下端接集滤器 11,在壳体的后方装有机油泵盖,有定位销保证两者相对位置的准确性。机油泵主动齿轮 1 压配于主动齿轮轴 2 上,两者一起旋转于机油泵壳体和机油泵盖的衬套内。机油泵从动齿轮轴 4 被压配于机油泵壳体,机油泵从动齿轮 3 由主动齿轮 1 驱动在从动齿轮轴上旋转。当齿轮如图示方向旋转时,在进油腔 12 处,由于轮齿逐渐脱离啮合使容积增大而产生吸力,机油便通过集滤器被吸入进油腔。随着齿轮的转动,充满于轮齿齿槽与壳体间的机油被带到出油腔 5。在出油腔,轮齿则逐渐进入啮合,使容积变小,机油受挤使油压升高。齿轮不断地旋转,机油便不断地由进油腔被带到出油腔,并从出油口进入缸体油道。

齿轮式机油泵结构简单,容易制造且工作可靠,工作性能对机油粘度变化的敏感性小,能产生较高的油压,故应用较广。

(2)转子式机油泵:转子式机油泵的结构如图 1-66 所示。内转子 3 套在机油泵轴 2 上,并用圆柱销 4 固定,外转子 5 套在内转子 3 上,内、外转子和机油泵轴都装在机油泵体 8 上,机油泵轴伸出机油泵体 8 外的部分,可与其它传动机构相连,最后从曲轴处获得动力。泵体 8 与泵盖 1 用两个定位销定位,以保证泵盖内侧的进油槽和出油槽分别与泵体上的进油孔和出油孔相通。泵体和泵盖之间的垫片 6 用于密封和调整转子的轴向间隙。

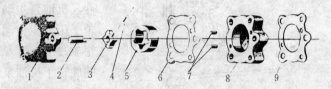

图 1-66 转子式机油泵

1.机油泵盖 2.机油泵轴 3.内转子 4.圆柱销 5.外转子 6.9.垫片
7.定位销 8.机油泵体

转子式机油泵的工作原理如图 1-67 所示。主动件内转子 2 接受曲轴传来的动力而转动,并带动外转子 1 同方向转动。内、外转子之间有一定的偏心距(即泵体上的轴孔与转子座孔不同心）。内转子有四个凸齿,外转子有五个齿槽,内转子每转一圈,外转子只能转 4/5 圈。要求内、外转子转到任何角度时,各齿形之间总有接触点。这样,内外转子之间便形成了四个工作腔,由于存在偏心距和转速差,内、外转子之间形成的油腔容积会逐渐变化。当内、外转子构成的某一油腔转到进油槽部位时,容积逐渐由小变大,产生一定的真空度,机油便经进油孔被吸入机油泵内;当油腔转到出油槽部位时,容积又逐渐由大变小,进行压油,使油压升高,机油经出油孔被压出。这样,随着柴油机的运转,机油泵不断地吸油—压油,并输送出去。

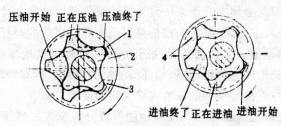

图 1-67　转子式机油泵工作原理
1.外转子　2.内转子　3.进油槽　4.出油槽

转子式机油泵结构紧凑,重量轻,吸油真空度大,供油均匀,因此 ,也得到了广泛的应用。

(3)限压阀:机油泵在工作中,可能会遇到油路某处发生堵塞,或由于刚起动时,机油温度低,粘度大,机油泵转速较高而造成机油压力过高等情况。机油压力过高,会引起管道破裂,密封件损坏,影响润滑油膜的形成,并使机油泵发生过载。为此,润滑油路中一般在机油泵出口附近都设有机油压力调节装置——限压阀(图 1-65 中的 6),以限制润滑油路的最高压力,防止由于润滑油路中机油压力过高而损坏机件。

限压阀的结构虽然各异,但其基本工作原理完全相同,以

图 1-65 为例,当油路中压力过高时,油压推动限压阀 6,克服弹簧 7 的弹力而下移,露出泄油口,使一部分机油流回油底壳。拧出或拧紧调整螺钉 9,可以改变弹簧 7 的预紧力,达到控制限压阀开启压力的目的。使用中一般不允许随意调整限压阀。

3. 机油滤清器 柴油机在工作中,金属磨屑和大气中的尘土以及柴油燃烧不完全所产生的炭粒会渗入机油中,机油本身也会因受热氧化而产生胶状沉淀物。机油中含有这些杂质,会使零件加速磨损,引起油道堵塞及活塞环、气门等零件胶结。因此必须在润滑系中设置机油滤清器以滤除杂质,防止它们进入主油道,堵塞润滑油路以及由此而引起的烧瓦、抱轴等严重事故。机油滤清器性能的好坏,对减少机械零件的磨损,延长机油的使用期限,保证柴油机的正常运转有着重要的作用,并直接影响柴油机的大修间距和使用寿命。

机油滤清器按其在油路中的位置分为全流式滤清器(与主油道串连)和分流式滤清器(与主油道并联);按能滤去杂质的大小分为粗滤器和细滤器;按机油过滤方式又可分为过滤式和离心式两种。

拖拉机用柴油机的机油滤清器有的只有一个粗滤器,有的粗、细两种都有。下面介绍铁牛-55 和东方红-75 拖拉机上两种典型的机油滤清器。

(1)纸质滤芯式机油滤清器:在铁牛-55 等拖拉机柴油机上使用,其构造如图 1-68 所示。

该机油滤清器属粗滤器,一般串联在润滑系主油道中。从机油泵泵出的压力油,经滤座上的进油通道进入滤清器外壳内,经滤芯过滤后进入中心管,再从滤座的出油道流入机体的主油道。

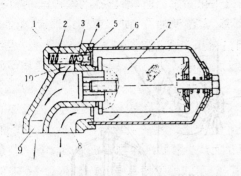

图 1-68 纸质滤芯式机油滤清器
1.滤座 2.弹簧 3.钢球 4.螺堵 5.密封圈 6.外壳 7.机油滤芯部件 8.进油通道 9.出油通道 10.旁通道

旁通阀是为当滤芯脏堵又未及时清洗,机油不能通过滤芯时而设置的机件。当机油不能通过滤芯时,通过钢球压缩弹簧,旁通阀打开,让机油不经过滤芯而直接进入主油道,以免机件缺油,造成烧瓦等严重事故。实际上,旁通阀是一种保险机构,在万不得已的情况下才使用。若机油不经过滤,长时间地从旁通阀通过,势必加剧运动件的磨损。所以,不应因有旁通阀而疏忽大意,机油滤清器必须按规定及时进行清洗保养,如发现滤芯或密封垫圈损坏,应及时更换。旁通阀的开启压力可通过螺堵 4 来调整。出厂时压力已调好,一般不要随便调整。

(2)金属片缝隙式粗滤器和离心式细滤器:东方红履带式系列拖拉机上均采用这种粗、细机油滤清器结构。其中粗滤器与润滑系主油道串联,细滤器与主油道并联。其构造见图 1-69。

①缝隙式机油粗滤器(图 1-69 右边部分):这种滤清器以滤芯为金属带缠绕于波纹筒制成而得名。在此典型构造中,滤芯分成内筒 14 和外筒 13 并以并联的方式套装在一起,增大了过滤面积。从机油泵来的压力油,经油道 1 进入粗滤器,经内外滤筒过滤后的机油汇合在一起,从滤芯内腔向下,通过

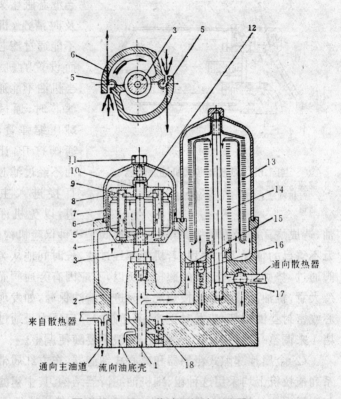

图 1-69　4125A 柴油机机油滤清器

1.油道　2.底座　3.转子轴　4.下轴承　5.钢管　6.转子壳体　7.罩　8.转子盖　9.进油口　10.上轴承　11.固定螺塞　12.止推环　13.粗滤器外筒　14.粗滤器内筒　15.节流孔　16.旁通阀　17.转换开关　18.回油阀

"冬"、"夏"转换开关 17，夏季时机油经过油道进入机油散热器，经过冷却后的机油再回到滤清器左边的油道；冬季则将转换开关 17 转到不通散热器，机油可直接进入滤清器左边的油道，并由此进入主油道。

在该粗滤器中,也装有旁通阀16,其构造和原理同前。

②离心式细滤器(图1-69左边部分):转子由壳体6和盖8组成,壳体和盖之间有密封垫并在其中心分别压入青铜衬套4和10作为轴承,安装在转子轴3上。转子内装有两根钢管5,钢管上端有进油口9并装有滤网,下端与水平方向喷孔相通。柴油机工作时,从机油泵来的机油进入油道1后,大部分(75%~80%)流入粗滤器,小部分(20%~25%)经转子轴3的中心孔流入转子内腔,从钢管5的进油口9进入钢管,再从喷孔高速喷出。由于喷出的机油对转子的反作用力,使得转子高速旋转,当机油压力为400~500千帕(约4~5公斤力/厘米^2)时,转子的转速可达5000~7000转/分。转子内腔机油中的杂质在离心力作用下被甩向四周,沉积在转子内壁上。由于转子的进油口9靠近转子中心部分,因此从喷孔喷出的机油是经过离心净化的,这部分净化机油流回油底壳。

4.机油散热器　粘度是润滑油的主要性能之一(详见第四章"拖拉机使用的油料"一节)。粘度高时虽易形成较厚的油膜(有利于润滑),但机油摩擦阻力大,柴油机用以克服内部阻力的功率消耗也大;粘度低则不易形成足够厚度的油膜。润滑油的粘度与柴油机的温度有很大关系,温度低,粘度大;温度高,则粘度小。所以,在润滑系中的机油如何保持在合适的温度范围,对柴油机的工作影响极大。夏季柴油机大负荷作业时,为了防止油温过高使粘度下降,影响柴油机的润滑,有的发动机上设置了机油散热器,以保持机油的温度,也就是保持润滑油的粘度在一个合适的范围内。

机油散热器一般装于水散热器的前方,也依靠风扇鼓动的空气流使机油冷却。其结构和工作原理与水散热器完全相同(参阅本章冷却系)。

5.加油管、油标尺和通气管 加油管用来将机油加入油底壳,一般位于缸体侧面,加油管口设有加油管盖及简单的过滤装置。

油标尺一般位于缸体侧面下部,用来检查油底壳中机油的油面高度。在油标尺上刻有两条刻线。正常时,油底壳中的机油油面应位于两条刻线中间。

油标尺是发动机上一个简单而重要的部件,若油底壳中的机油油面过高(可能的原因有:加油过多,冷却水从密封不严处漏入油底壳,或未完全燃烧的柴油进入油底壳等),油面超出油标尺的上刻线,则容易引起机油上窜进入燃烧室,造成活塞环结炭、排气管冒蓝烟等不正常现象,严重时还会引起"飞车"事故;如果油量过少,油面低于下刻线时,则将使集滤器露出油面,使润滑系供油不足,特别是当拖拉机处于倾斜(上、下坡)和颠簸状态下工作时,会造成烧瓦事故。同时,由于机油的循环加快,还容易造成机油提前氧化而失去润滑性能。因此,要注意经常检查机油油面。检查时,要使柴油机位于平坦地面,且有较长时间不工作后再检查,因为,柴油机正常工作时,在机油油路中会积存部分机油,只有当这部分机油完全回到油底壳,所检查的油面才是正确的油面。之所以把检查油面高度规定为每次出车前的必要工作之一,道理就在于此。

柴油机工作时,燃烧室内的高温、高压气体或多或少地总有一些会窜入曲轴箱,当曲轴箱内压力升高,对活塞的运动造成阻力,还容易引起机油从各密封面处向外渗漏。此外,漏入曲轴箱的水汽、一氧化碳、二氧化碳、氧化氮、硫等,会污染机油,导致机油变质、老化,影响润滑性能和使用寿命。为此,柴油机上一般都装有通气管(或称曲轴箱通风装置),当曲轴箱内压力升高时,使气体能排放出去。

各种不同的柴油机，加油口、油标尺和通风管的结构和安装位置均不同，机手应根据使用说明书的规定，正确使用和保养这些装置。

6.机油压力表和机油温度表 润滑系工作状况的好坏，主要表现在主油道油压是否正常，其次是机油温度的高低。为了监测润滑系的工作状况，一般在拖拉机驾驶室的仪表板上装有能反映柴油机主油道油压的机油压力表和机油温度表。机手在操纵拖拉机时应随时注意观察机油压力和温度是否在正常的范围之内。

(四)润滑系的使用、保养与维护要点

(1)起动发动机前必须检查油底壳油面。如油面低于油标尺下刻线，应添加至规定范围内；若检查时发现油面超过油标尺刻线的上限范围，说明有水或柴油渗漏到油底壳中。柴油或水渗漏到油底壳，除使油面上升外，还会稀释机油，使粘度降低，影响润滑效果。所以必须及时找出原因并排除之。

柴油漏入油底壳的原因：一是喷油泵漏油，使柴油经齿轮室等直接流入油底壳；二是喷油器严重漏油或喷油压力过低，柴油不能完全燃烧，沿缸壁流入油底壳。

冷却水漏入油底壳的原因：一是气缸垫损坏，水道与推杆室相通；二是缸套下部封水圈损坏；三是缸体或气缸盖有铸造缺陷或裂纹等，使冷却水直接渗入油底壳。

(2)机油滤清器的滤芯在使用过程中会因逐渐粘附杂质而堵塞，使机油流通阻力增大，流量减少。粘附杂质过多而阻力过大时，滤清器旁通阀打开，部分机油不经过滤而直接进入主油道，使零件磨损增加。因此要定期清洗滤芯或更换(纸质滤芯)。更换滤芯时要清洗壳体。

(3)按规定定期更换机油。更换机油一般应在热车后刚停车时进行,这样可使杂质随机油一道排出。由于机油在使用过程中生成的胶质,一部分会沉积在油道表面,引起油道堵塞,而且在放出旧机油时也不可能全部放净。因此,在换油时应根据制造厂的规定清洗润滑油道。方法是:待机体内的旧机油排放完后,将由机油、煤油和柴油混合而成的洗涤油(也可单用柴油)加入油底壳内,起动发动机,低速空车运转 3～5 分钟,再将洗涤油放尽。然后加入新机油。拧松机油散热器出油管靠滤清器端的转向管接头螺栓,转动曲轴以排尽残存于散热器内的洗涤油,直到流出新机油时为止,装复转向管接头。

(4)添加或更换机油时,应选用规定牌号的机油。加入的机油必须保持清洁并经过过滤。同时,机油牌号应符合季节气温的要求(详见第四章"拖拉机使用的油料")。

(5)柴油机起动后及工作中,应随时注意机油压力,如发现机油压力过低,应立即停车排除;应经常检查所有油路及连接部分是否有漏油现象,出现故障要及时排除。

(6)随时注意并检查通风管的工作情况,发现不正常现象时,要及时排除。

六、冷 却 系

(一)冷却系的功用和组成

1.冷却系的功用 柴油机工作时,燃烧气体的温度高达 2000℃左右,使直接与燃气接触的零件如气缸盖、气缸套、活塞、活塞环、气门等受到剧烈加热,正常工作时,将分别达到 120～260℃。在高温下,这些受热零件的机械强度和刚度会显著下降,甚至会因高温而发生变形或出现裂纹。柴油机上的零件受热后,会产生膨胀,由于各个零件的材料、结构以及所承受的温度不同,膨胀程度也不一样,这就会破坏零件与零件之间正常的配合间隙,严重时还会出现卡死等现象;机油受高温作用后,粘度降低,润滑能力显著下降,甚至会变质或被烧掉,并产生积炭,使零件的磨损加剧;同时,由于进入气缸的空气在进入气缸前强烈受热而膨胀,使实际进入气缸的空气量减少,造成燃烧不良等。因此必须对柴油机进行冷却。但如果冷却过度,柴油机的工作温度过低,会使热效率降低,工作过程进行得不完善,柴油机工作时粗暴性增加;此外,温度过低还会使缸套腐蚀性磨损加剧。对柴油机各受热零件进行适当的冷却,使柴油机保持在合适的温度范围内工作,这就是冷却系的功用。

2.冷却方式及其组成 发动机的冷却方式一般分为水冷却式和风冷却式两种。水冷却式是以水作为冷却介质对发动机进行冷却,再把热量散发到大气中去。风冷却式是以风作为冷却介质对发动机进行直接冷却。水冷却方式的优点是均匀可靠,而且便于调节冷却强度,故目前多数发动机均采用水冷却方式;风冷却式虽有结构简单,使用维护方便、故障少和重量轻等优点,但由于它有难以保证强化发动机和大排量发动机的正常冷却以及工作噪音大、机油温度高、消耗量大等缺点。故大中型拖拉机上一般均采用水冷却方式。

大中型拖拉机发动机所采用的冷却系,都是循环冷却式,而且尤以强制循环冷却式用得最多。循环冷却式是使冷却水在冷却系中不断循环对机体中的高温零件进行冷却,并把热量散到大气中去。强制循环冷却系中,冷却水的循环是在水泵作用下实现的。图1-70为强制循环式冷却系简图。它主要由散热器2、风扇1、调温器6、水套8、配水管9等组成。风扇皮带轮与水泵叶轮固定在同一根轴上,由曲轴前端的皮带轮通过皮带传动。发动机工作时,水泵及风扇旋转,冷却水在水泵作用下,自配水管 9 的各出水孔分别进入各气缸水套 8。吸收热量后,经缸盖水套出口处的调温器 6 进入散热器 2 上部并流向下部。当冷却水从散热器流过时,把热量传给散热器芯,然后被风扇所造成的气流带走。柴油机正常工作水温应在 75～95℃范围内。

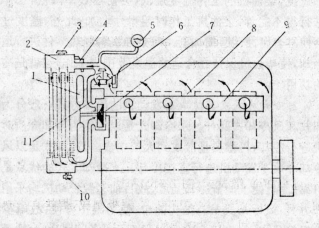

图 1-70　强制循环式水冷却系简图

1.风扇　2.散热器　3.散热器上水室　4.溢水管　5.水温表　6.调温器
7.水泵　8.水套　9.配水管　10.放水栓　11.旁通管

(二)水冷却系的主要机件

1.**散热器**　散热器亦称水箱,其功用是将来自发动机水套的冷却水加以冷却,把热量传到大气中去。散热器的结构如图 1-71 所示,主要由上水室 2、下水室 7 及散热器芯 5 等组成。

散热器的上水室 2 上设有进水管 4 和加水口,进水管 4 通过耐热橡胶管与气缸盖水套相连;加水口上盖有水箱盖 3 (空气—蒸汽阀),用来封闭加水口并调整水箱内部与外界的

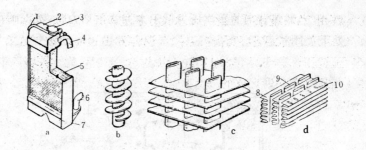

图 1-71　散热器与散热器芯

a.散热器总成　b.圆管式散热器芯　c.管片式散热器芯　d.管带式散热器芯
1.溢水管　2.上水室　3.水箱盖　4.进水管　5.散热器芯　6.出水管　7.下水室　8.散热片　9.散热管　10.缝孔

压力差。散热器的下水室设有出水管6,通过耐热橡胶管与气缸体下部的水管相连。下水室用螺钉固定在机架上,为了减少震动,二者之间加有橡胶垫或弹簧。

散热器芯5由散热管9和散热片(带)8组成。它有圆管式(图 1-71b)、管片式(图 1-71c)和管带式(图 1-71d)三种。目前广泛采用的是管片式结构,由铜板制成,焊接在散热器的上、下水室之间。在散热管的外面套有铜制散热片,以增大散热面积,并把散热管连在一起,以增加强度和刚度。散热管交错布置,散热片间隔布置,以利冷空气吹过。散热管与散热片应牢固地焊接在一起。

2. 空气—蒸汽阀　空气—蒸汽阀实际上是一个单向蒸汽阀和一个单向空气阀的组合体。它被安装在水箱盖内。空气—蒸汽阀的结构如图 1-72 所示。蒸汽阀主要由大弹簧2和由耐热橡胶制成的大密封圈组成。当散热器内蒸汽压力高于大气压力 24.5～37.3 千帕(0.25～0.38 公斤力/厘米²)时,蒸汽压力克服大弹簧的预紧力,推开蒸汽阀,水蒸汽即从通气管逸出(图 1-72a),防止由于散热器内蒸汽压力过高而胀坏散热器。当散热器内的蒸汽压力低于大弹簧预紧力时,蒸汽阀则处于关闭状态。

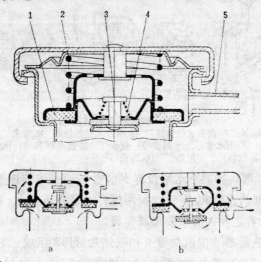

图 1-72　空气—蒸汽阀
1.蒸汽阀　2.大弹簧　3.空气阀　4.小弹簧　5.通气管

空气阀主要由小弹簧 4 和小密封圈组成。柴油机停转后,水温降低,散热器内的蒸汽压力下降,当蒸汽压力低于外界气压 0.98～3.92 千帕(0.01～0.04 公斤力/厘米²)时,空气阀的小密封圈被从通气管 5 进来的外界气压压开,此时,空气阀的小弹簧被压缩,空气进入散热器(图 1-72b),防止外界气压将散热器压坏。

3.水泵　水泵的功用是强制冷却水在冷却系统中循环流动。柴油机冷却系中,均采用外形尺寸小、结构简单的离心式水泵。图 1-73 为离心式水泵示意图,它由外壳 2 和叶轮 3 等组成。工作时,冷却水随水泵叶轮一起旋转,并在本身离心力的作用下,向叶轮边缘甩出,进入与叶轮呈切线方向的出水管

1,被压送到柴油机的水套中去冷却机体零件。与此同时,叶轮中心部分形成真空,散热器下水室的冷却水便经水泵进水管4被吸入叶轮中心处。

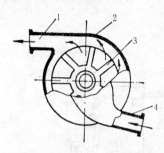

图 1-73　离心式水泵示意图
1.出水管　2.水泵外壳　3.叶轮
4.进水管

在柴油机上,水泵和风扇一般用同一个皮带轮传动。图1-74 为 495 柴油机风扇水泵总成。水泵体 6 用螺钉固定在柴油机机体前端的上方,水泵轴 8 用两个滚珠轴承 17 支承,水泵叶轮用键 13 和螺母 14 固定在水泵轴 8 上。皮带轮用半月键 4 和带槽的螺母 2 与水泵轴 8 连接。风扇总成 1 用 4 个螺钉紧固在皮带轮 7 上,在水泵叶轮的前端装有水封总成10,安装在水泵壳体与水泵轴之间,用以防止水泵漏水。水封主要由水封体 20、塑料环 21 和弹簧 22 等组成。靠近后端滚珠轴承处装有甩水圈 9,泄漏出来的水被甩水圈甩散并从轴承座下方的缺口处漏出,以免流入轴承。

4.风扇　风扇的功用是提高通过散热器芯的风速和风量,以提高散热器的散热能力。同时要求效率高、消耗功率小、工作噪音低。水冷式柴油机多采用轴流式风扇,它旋转时产生的气流由前向后通过散热器芯。为了提高散热效率,在散热器后面装有引导气流方向的导向罩,以增强冷却效果。

风扇的转速都比柴油机转速高,如 4125A 柴油机,当柴油机以标定转速(1500 转/分)运转时,风扇的转速为 2100 转/分。为了减少打滑,一般均采用三角皮带传动。在有的柴油机上为了增强其传动的可靠性,采用两根三角皮带传动(如

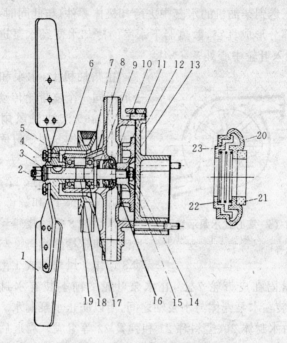

图 1-74 495 柴油机风扇水泵总成

1.风扇总成 2.带槽螺母 3.垫圈 4.半月键 5.挡圈 6.水泵体 7.皮带轮 8.水泵轴 9.甩水圈 10.水封总成 11.叶轮 12.水泵座 13.键 14.螺母 15.垫圈 16.调整垫圈 17.轴承 18.定位套 19.三角皮带 20.水封体 21.塑料环 22.弹簧 23.弹簧座

4125A 柴油机）。皮带的张紧度可以调整。

5.调温器 调温器也称节温器。其功用是自动调节进入散热器的水量，以调节冷却强度。调温器在汽车发动机上应用广泛，在一些新型的拖拉机发动机上也有使用。调温器装在缸盖水套出水口特设的壳体内，有液体式和蜡式两种。

水冷却系中还设有水温表，以监视冷却水的温度。水温表的感温器装在缸盖水套或缸盖出水管内。

（三）冷却系的使用与保养要点

(1)工作前,应检查冷却水位,不足时添加,工作中应注意冷却水有无漏失。不允许在水量不足的情况下工作,否则极易造成水温过高和缸盖破裂等故障。工作中,若需向过热、缺水的柴油机水箱中加水时,应在柴油机冷却后再添加(可低速运转 10~15 分钟使机体冷却),否则,由于骤冷,机体收缩不匀,可能引起气缸盖、气缸体产生裂纹。

(2)加入冷却系的冷却水应为洁净的软水,如河水、雨水、雪水以及以这些水为水源的自来水等。不要用硬水,如井水、泉水和以这些水为水源的自来水等。这是因为硬水受热后易形成质硬且难以清除的水垢。水垢的传热性能很差,且容易积聚于气缸套、气缸体、气缸盖等过水零件表面,使热量不易传出,引起发动机过热。

若没有软水,则需对硬水进行软化处理。处理的简单方法是把硬水煮沸,或在 60 升水中加入 40 克纯碱,经过沉淀后再加入水箱。

(3)柴油机在长期使用中,即使使用软水,冷却系中仍难免产生一些水垢。因此,应视冷却系中水垢沉积的多少,或以柴油机每工作 500~1500 小时为周期,清除水垢。清除时,先放掉冷却水,再在冷却系中灌入浓度为 25% 的盐酸溶液,停放 10 分钟,水垢便会脱落、溶解,然后放出清洗液,再用清水冲洗干净。如水垢过多,一次清洗不干净时,可重复清洗。

注意! 配制盐酸溶液时,应将盐酸慢慢倒入水中,搅匀后方可使用。另外,盐酸溶液有腐蚀性,使用中不要溅到皮肤或衣服上,万一溅上应马上用清水冲洗干净。

也可用 60 升水、4.5 公斤烧碱和 1.5 公斤煤油混合后作为清洗液注入水箱,静置 2 小时,起动柴油机运转 10 分钟。这样间隔运转 5~6 次或柴油机空负荷连续运转 10~12 小时后,趁热放出清洗液。等柴油机冷却后,再用清水冲洗干净。

(4)冬季使用时,应注意保温。使用后,应放尽冷却水,以免结冰胀坏机体。也可在冷却水中加入防冻液防止冷却水结冰。

(5)水泵和风扇的三角皮带的张紧度应适当,皮带过紧则加速机件、皮带磨损;皮带过松,则风扇和水泵的转速不够,影响冷却效果;同时,三角皮带在皮带轮上打滑,也会加速皮带的磨损。因此,应经常检查皮带轮的张紧度,必要时,按使用说明书规定进行调整。

(6)柴油机工作时,必须随时注意水温表读数,如果超出正常范围,要查明原因并及时处理。

(7)注意不要磕碰散热器,以免损坏后漏水。

七、 柴油机的起动装置

柴油机是靠压缩气缸中柴油与空气的混合气,使混合气升压升温后,达到柴油的自燃温度(约 330℃)而燃烧作功的。因此,柴油机起动时,必须借助外力来克服起动阻力(包括运动副零件间的摩擦力,气缸内气体的压缩力等),使曲轴达到一定的起动转速,使连接在曲轴上的飞轮贮存足够的能量。

目前,大中型拖拉机上的起动方式主要有两种,电力式和小汽油机式,其中以电力式应用最为广泛,有关电力式起动的方式,见第三章"电气设备"。在此主要介绍小汽油机起动方式。

由于起动用的小汽油机由磁电机点火,不需要蓄电池,电动机等部件及小汽油机具有体积小、起动阻力小、起动速度低等特点。所以,在寒冷地区及充电条件困难的情况下,就可用小汽油机起动主柴油机。

国产拖拉机中,装配有 4125A 柴油机的东方红-75 拖拉机和装配有 4115T 柴油机的铁牛-55 等拖拉机均用小汽油机起动。其起动机的型式为 AK-10 和 AK-10-1 型单缸、二冲程曲轴箱换气的汽油机。下面以 AK-10 型起动汽油机为例,说明起动装置的基本构造和工作情况。

(一)AK-10 型起动机

1. AK-10 型起动机的工作过程　AK-10 型起动机属于单缸二冲程汽油机,即活塞运行两个冲程、曲轴旋转一圈,就可完成一个工作循环。在一个工作循环中,同样包括进气、压缩、作功和排气四个阶段。

如图 1-75 所示,AK-10 型起动汽油机由曲轴箱 5、气缸体 6、气缸盖 9、活塞 8、连杆 1、曲轴 4 和火花塞 10 等构成。它没有专门的配气机构,但在气缸壁的不同高度位置上开有排气口 11、进气口 13 和换气口 7,其中进气口 13 将化油器与曲轴箱 5 连通,而换气口又将曲轴箱与气缸连通,排气口将气缸与排气管连通。利用活塞 8 上、下移动时先后关闭这些窗口,以达到配气的目的。它的曲轴箱是密封的,在气缸盖上装有火花塞,定时以电火花点燃气缸中的混合气。

其工作过程如下:

第一冲程(图 1-75a):活塞 8 由下止点向上止点移动,密封的曲轴箱 5 空间增大,压力减小。当活塞 8 上移到使进气口 13 开启时,化油器 12 内形成的可燃混合气被吸入曲轴箱。活塞继续上行,先后关闭换气口 7 和排气口 11。当活塞将排气口 11 关闭后,活塞上部即成为密封空间,气缸内的混合气受到压缩。在活塞接近上止点时,火花塞发出电火花点燃混合气。混合气燃烧后受热膨胀,压力和温度都将急剧上升,压力可达 1960～3430 千帕(20～35 公斤力/厘米²),温度可达

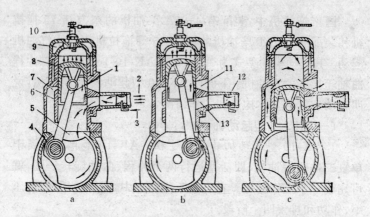

图 1-75　单缸二冲程汽油机的工作过程简图

1.连杆　2.空气　3.燃油　4.曲轴　5.曲轴箱　6.气缸体　7.换气口　8.
活塞　9.气缸盖　10.火花塞　11.排气口　12.化油器　13.进气口

1800～2000℃。

第二冲程(图 1-75b、c)：活塞 8 在燃烧气体的膨胀压力作用下，向下止点移动而实现作功冲程，此时曲轴箱 5 内的混合气受到压缩。当活塞 8 下行到排气口 11 打开时，燃烧后的废气在自身压力的作用下从排气口 11 冲出，作功阶段结束。活塞 8 继续下移，换气口 7 打开，这样，曲轴箱 5 内受到压缩的混合气经换气口 7 进入气缸，并在活塞顶的导流作用下驱赶废气。

当活塞 8 越过下止点上行时，第一冲程又开始，如此循环工作。

2.AK-10 型起动机的构造

(1)曲柄连杆机构：与单缸四冲程发动机不同的是：

①气缸体为整体式，设有气缸套。缸体上有三对配气孔，即与化油器相通的进气口 6，与排气管相通的排气口 3，与曲轴箱相通的换气口 5，如图 1-76 所示，其相对位置是排气口

在上,换气口稍低,进气口在最下面。

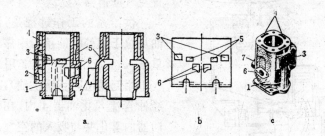

图 1-76 AK-10-1A 型汽油机缸体
a.剖视图 b.展开图 c.立体图
1.气缸体 2.铸造工艺孔 3.排气口 4.水套 5.换气口 6.进气口 7.进水口

曲轴箱为剖分式,其内腔形成封闭的换气室。

②活塞顶为凸起球面,换气时起导向作用,有利于驱赶废气。由于没有专门的润滑机构,故活塞上没有油环,只安装三道气环。同时为了防止活塞环开口与气缸壁上的配气口相重,每道环槽上都有防止气环转动的销钉。活塞销的轴向孔没有钻通,以防止进、排气口的气流经活塞销孔相串通。

③连杆大端为整体式,相应的曲轴为组合式。连接在曲轴上的飞轮位于起动机机体外面,以便用手拉起动绳带动飞轮旋转而实现起动机的起动。

(2)供给系:供给系包括油箱 1、沉淀杯 3、油管、化油器 4 及调速器(图 1-77)。因供给系的燃油流动阻力小,故把油箱 1 放置在较高位置,靠汽油的自重就可向化油器供油;因汽油易挥发,而且形成可燃混合气的时间比柴油机长,故采用 223 型化油器 4 将空气与汽油加以混合(其结构见后);因汽油粘度小,杂质易沉淀分离,对燃油清洁度要求较低,工作时间又很短,所以只装一个沉淀杯 3,以清除杂质;因拖拉机原地起动,

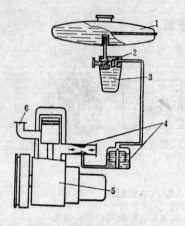

图 1-77 供给系
1.油箱 2.开关 3.沉淀杯 4.化油器 5.起动机 6.排气管

起动机工作时间短,故没有设置空气滤清器。

供给系的工作过程是:汽油从位于高处的油箱 1 中靠自重流入沉淀杯 3(开关 2 用来在不用起动机时切断供油),再经油管流入化油器 4 内,在化油器内雾化并与吸入的空气混合后进入曲轴箱。

(3)点火系:起动汽油机的可燃混合气靠燃烧室内产生的电火花点燃,所以与柴油机相比,它多了一套产生电火花的设备,称为点火系,它由磁电机、火花塞和高压线等组成。

(4)机油和冷却系:由于起动机只作短时起动之用,为了简化结构,没有专门的润滑系,只在汽油中掺入少量的柴油机油(汽油与柴油机油的体积比为 15∶1)。利用吸入曲轴箱和气缸中的可燃混合气中的雾状油,对运动零部件进行润滑。

由于机油粘重,很容易粘附在气缸、活塞、连杆及曲轴箱内各运动零件表面进行润滑。为了确保主轴承、连杆轴承、活塞销等处的润滑,在这些地方都设有专门的油道和油孔。起动机工作一段时间后,曲轴箱内会积存机油过多,使起动困难,应及时拧开曲轴箱下部的放油螺塞,将积存的机油放出。

起动机的冷却系与主发动机的冷却系相通,不设专门的水泵。当起动机单独工作时,冷却水靠温差进行对流循环,同时由起动机流出的热水进入主发动机水套,对其进行预热,而主发动机水套中的冷却水则由下部流入起动机水套使起动机得到冷却。起动机带动主发动机后,在发动机水泵的作用下,冷却水被强制循环,使起动机得到有效冷却。

(二)223型化油器及调速器

1.223型化油器

(1)构造:化油器的功用是形成可燃混合气。AK-10 和 AK-10-1 型起动机均采用 223 型化油器,其结构如图 1-78 所示。

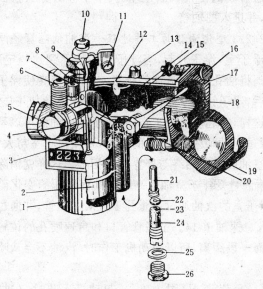

图 1-78 223型化油器

1.浮子室 2.浮子 3.针阀 4.针阀座 5.进油管接头螺栓 6.进油管接头 7.加浓按钮 8.外伸臂 9.节气阀操纵手柄 10.节气阀轴 11.最低转速限制螺钉 12.节气阀 13.急速螺钉 14.浮子室盖总成 15.喉管 16.带弹簧之圆柱销 17.阻风阀手柄 18.阻风阀 19.进气口盖 20.化油器体(与浮子室连成为一个整体) 21.主喷管 22.垫片 23.主量孔 24.急速量孔 25.垫片 26.放油螺塞

(2)基本工作原理:化油器安装在起动机的进气口处,当活塞上行时,曲轴箱容积增大,压力降低(低于大气压力),在曲轴箱与外界气压的压力差作用下,空气经化油器进气管流入曲轴箱,当空气经过喉管处(参见图 1-79)时,由于通道截面积变小,喉管处的空气流速便增大而压力降低;浮子室内油面压力与外界气压相同。这样,在外界气压与喉管处压力的压差作用下,浮子室的汽油便由量孔喷出进入喉管处,并在此处被高速流动的空气吹散,形成大小不等的雾状颗粒而与空气混合,并进入曲轴箱。

2.223 型化油器的工作过程 汽油从油管经浮子针阀孔进入浮子室,浮子升起,当浮子室的油面到达一定高度时,浮子针阀将油孔关闭,汽油停止流入。当因消耗使浮子室内油面下降后,浮子针阀下落使油孔重新开启,汽油即随之流入浮子室。这样,在起动机的工作中,浮子室内油面可以基本保持不变。通过起动加浓按扭 12 的间隙,可使浮子室与大气相通,使浮子室油面气压始终与外界气压相等。这样就消除了主喷管 3 的喷油量受浮子室油面高度和油面气压的变化而带来的影响。浮子室的汽油通过主量孔 1 进入主喷管,并通过怠速量孔 2 进入怠速油道 14。主喷管管口和怠速喷孔的位置高出浮子室油面一段距离,所以起动机工作时,汽油不会从喷孔自动流出。

(1)负荷 工况(图 1-79a):起动机运转时,在曲轴箱真空吸力的作用下,空气进入化油器,当空气流经喉管 10 时,由于通道截面积小、空气流速高导致压力下降且低于浮子室内油面压力。而主喷管 3 的喷管位于喉管的最小通道处,在压力差的作用下汽油经主量孔 1 进入主喷管 3 并被喷出,同时被喉管处的高速气流吹散成雾状,加大了与空气的接触面积,促进了汽油的蒸发及其与空气的均匀混合,然后经过节气阀 4 进入起动机曲轴箱。节气阀 4 的作用是控制吸入发动机的可燃混合气量,以控制起动机的转速。

当节气阀 4 开度较小时,喉管真空度也小,从主喷管喷出的油量不大,从主量孔流出的汽油流量可以满足主喷管喷出油量的需要,因而怠速油道 14 内的油面下降不多。当节气阀开度增大,使喉管处空气流速进一步增加而真空度随之增大到一定值时,由于主喷管口 3 比主量孔 1 大,主量孔的流量满足不了主喷管喷油量增加的需要,所以怠速油道 14 的油面迅速下降直到被吸完为止。这时,空气经由空气孔 9、调节量孔 8、怠速油道 14、怠速量孔 2 进入主喷管 3,同主量孔 1 流出的汽油混合成泡沫状乳剂,从主喷管喷口喷出,加速了汽油的蒸发、雾化及与空气的混合。由于从怠速油道 14 流入了部分空气,降低了主喷管中的真空度,减少了主量孔的流量,混合气中油的比例减小,即混合气变稀,这样可保证起动机能发出更大的功率同时又降低了油耗。

(2)怠速工况(图 1-79b):起动机怠速时,阻风阀 11 全开,而节气阀 4 开度最小,节气阀前面喉管处的空气流速很低,真空度很小,主喷管 3 喷不出汽油。但由于曲轴箱内的吸力,节气阀后面的真空度却很大,由于怠速喷孔 5 位于节气阀 4 的后面,浮子室的汽油就经主量孔 1、怠速量孔 2、怠速油道 14 和调节量孔 8 上升,并和从空气孔 9 和过渡喷孔 6 进入的空气混合成泡沫状乳剂,从怠速喷孔 5 喷出,被从节气阀旁边沿缝隙流过的高速气流吹散,和空气混合后形成可燃混合气。转动怠速调节螺钉 7,就可改变通过调节量孔 8 的油量,调节怠速混合气的浓度,保证起动机怠速的稳定运转。

起动机由怠速向小负荷过渡时,节气阀 4 逐渐开启,怠速喷孔 5 处的真空度迅速降低,喷油量很快减小。这时,主喷管

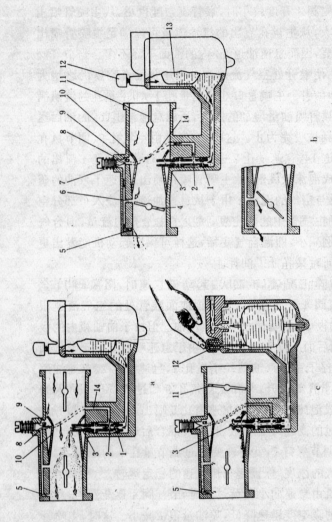

图 1-79 223 型化油器工作原理

(a)负荷工况 (b)急速工况 (c)起动工况

1. 主量孔 2. 急速量孔 3. 主喷管 4. 节气阀 5. 急速喷孔 6. 过渡喷孔 7. 急速调节螺钉 8. 调节量孔 9. 空气孔 10. 喉管 11. 阻风阀 12. 起动加浓按钮 13. 带针阀的浮子 14. 急速油道

3处的真空度还不够大,喷油量也不多,混合气的浓度过稀,甚至会使起动机熄火。为此,专门设置了过渡喷孔6,当节气阀4逐渐开大时,过渡喷孔6也位于节气阀后面,急速喷孔5和过渡喷孔6将同时喷出泡沫状汽油,使混合气浓度不致过稀,保证起动机能平稳过渡到大负荷工作。

(3)起动工况(图1-79c):起动机起动时,气流速度低,真空度小,主喷管3的喷油量也小,加上起动机温度低,汽油汽化程度差,会使混合气浓度过稀而不能着火。因此,应进行起动加浓,以便于起动。

起动加浓有两种方法:第一,在化油器进气口设有阻风阀11,起动时,关小阻风阀,减少进入化油器的空气量。同时,由于阻风阀11后面的真空度增高,汽油由主喷管3喷口和急速喷孔5同时流出,使混合气浓度加大。起动后,应立即打开阻风阀,以免混合气过浓而冒黑烟,甚至熄火;第二,浮子室盖上设有起动加浓按扭12,起动时,按下起动加浓按扭12,迫使浮子下沉而使油面升高,汽油从主喷管喷口溢出,流淌于化油器管壁,也可使起动时的混合气浓度大大提高。

3. 调速器 化油器节气阀的开度直接控制着进入起动机的混合气量,从而控制着起动机的转速。节气阀可以由手直接操纵,但当起动机负荷减少,而由于操作不当不能及时使节气阀开度变小的话,则起动机转速将急剧升高,严重时会造成飞车。所以,为了能根据负荷的变化,自动控制起动机的最高转速,在AK-10型起动机上装有单制式调速器。

单制式调速器的工作原理与前述柴油机的调速器基本相同,只是在起动机上只用来限制起动机的最高转速,所以结构更简单一些。另外,起动机上单制式调速器的调速拉杆控制的是节气门的开度,而不是像前述柴油机上的调速器那样,调速拉杆控制着供油拉杆以改变循环供油量。

（三）磁电机点火系

AK-10 和 AK-10-1 型起动汽油机均采用磁电机点火系统，当曲轴转到一定位置时，磁电机供给高压电，通过火花塞，在气缸中形成电火花，点燃已被压缩的可燃混合气。

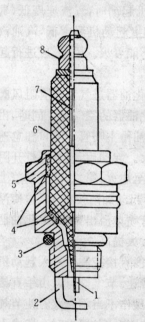

图 1-80　火花塞的构造
1.中心电极　2.侧电极　3.垫圈　4.内垫圈　5.壳体　6.绝缘体　7.金属杆　8.螺帽

1.火花塞　火花塞用来产生电火花，它由中心电极 1、侧电极 2 和绝缘体 6 等组成，如图 1-80 所示。

螺帽 8 用来连接高压线，侧电极 2 焊接在钢制壳体 5 上，由镍铬丝制成。中心电极 1 也用镍铬丝制成，其上端与金属杆 7 连结，安装在以钢玉瓷质制成的绝缘体 6 的中心孔中。紫铜制成的内垫圈 4 使绝缘体 6 和钢制壳体 5 之间密封良好，同时可增加中心电极 1 的传热作用。在钢制壳体 5 的下端制有螺纹，可旋紧在气缸盖上，并用紫铜密封垫圈 3 使壳体 5 和缸盖密封。

来自高压线的高达 1.5～2 万伏的高压电，通过中心电极，在两电极 0.5～0.6 毫米的间隙处出现高压电弧放电——"跳火"，从而点燃气缸中的可燃混合气。

2.磁电机　磁电机是一个电源，它依靠本身铁芯上的初级线圈由电磁感应获得低压电流，然后通过断电变压，在铁芯的次级线圈内产生高压点火电流。AK-10 型起动机采用 C-

210 型磁电机,其中 C 代表磁电机,2 表示二冲程,1 表示单缸,O 表示带有自动提前点火装置。另外铁牛-55 拖拉机上的起动机用 C-210B 磁电机,其中的 B 表示变型号。

(1)磁电机的构造和工作原理:磁电机是由一个永磁交流发电机和感应线圈、断电器和配电器等组成的整体,如图 1-81 所示。

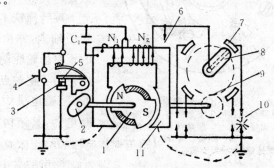

图 1-81　磁电机构造

1.旋转磁铁　2.凸轮　3.触点　4.断电按钮　5.断电臂　6.火花塞安全间隙　7.旁电极　8.配电转子　9.传动齿轮　10.火花塞　11.极掌

当旋转磁铁 1 旋转时,感应线圈 N_1、N_2 中通过交变磁通,产生感应电动势。由此形成的次级电压不足以击穿火花塞间隙,故不能产生电火花点燃可燃混合气。

触点 3 闭合时,初级电流由初级线圈 N_1 ——→触点 3 ——→搭铁——→铁芯——→初级线圈 N_1。

当凸轮 2 将触点 3 断开时,初级线圈产生约 300～400 伏的自感应电动势,而次级线圈则产生约 15000～20000 伏的感应电动势。这样高的次级电压就会击穿火花塞 10 的间隙产生电火花。次级电流由次级线圈 N_2 ——→配电转子 8 ——→旁电极 7 ——→火花塞 10 ——→搭铁——→铁芯——→初级线圈 N_1 ——→次级线圈 N_2。

次级电压的大小取决于断电器触点 3 断开时的初级电流值,并与铁芯中的磁通和初级线圈中的感应电动势有关。

旋转磁铁 1 固定在转子轴上,并由曲轴箱的正时齿轮驱动旋转。

为了使触点 3 及时断开,磁电机中有一套断电器,其结构如图 1-82 所示。

断电器盘 1 用螺钉

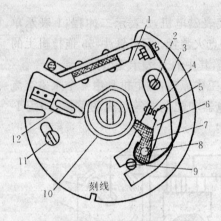

图 1-82 断电器
1.断电器盘 2.固定支架螺钉 3.断电臂弹簧 4.固定触点 5.活动触点 6.断电臂 7.顶块 8.销轴 9.偏心调节螺钉 10.凸轮 11.固定螺钉 12.油毡

11 固定在磁电机后盖上,安装时必须使断电器的刻线与后盖上的刻线对齐,防止最有利的位角发生变化。

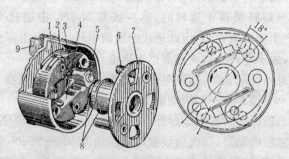

图 1-83 磁电机点火自动提前调节装置
1.主动盘 2.连接销 3.飞块 4.板弹簧 5.销轴 6.销轴 7.被动盘 8.卡簧 9.传动爪

凸轮 10 旋转一周时,活动触点 5 打开一次。触点断开时的间隙为 0.25~0.35 毫米,若此间隙不符合时,松开固定支架螺钉 2 转动偏心调节螺钉 9 即可对间隙进行调整。

汽油机高速工作时,要求点火提前角加大,低速时要求点火提前角减小。为此,在磁电机中设置了自动提前点火装置,如图 1-83 所示,它由主动盘 1、被动盘 7 和把它们联结起来的两块飞块 3 组成。

主动盘 1 通过其外端的二个传动爪 9 嵌入驱动齿轮端面的凹槽内,并由此获得动力。被动盘 7 用月牙键和螺母固定在磁电机转子轴上。两组飞块 3 的一端分别套在主动盘 1 的两个销轴 5 上,另一端套在被动盘 7 的两个销轴 6 上。把主、被动盘 1、7 连接起来。飞块 3 由两节组成,中间用连接销 2 铰接,并用板弹簧 4 使两节保持伸直状态。主动盘 1 通过其内孔套在被动盘 7 中部的圆筒上,可沿其表面旋转,并用两个卡簧限制主动盘 1 在轴向的移动量。

转速升高时,飞块 3 的离心力增大,克服弹簧 4 的弹力,使飞块 3 自连接销处向外张开,这样,使主动盘 1、销轴 5 和被动盘 7、销轴 6 之间的距离缩短,被动盘 7、销轴 6 沿弧形前移,被动盘 7 和与之联结在一起的转子轴沿着旋转方向相对于主动盘 1 向前转了一个角度,断电器触点提早断开,点火提前。转速愈高,点火提前角愈大。

(2)磁电机的点火正时:为了保证起动机有正确的点火提前角,磁电机的传动齿轮和曲轴齿轮之间必须有确定的曲轴转角位置关系。一般在曲轴齿轮、惰轮和磁电机的传动齿轮的规定位置上分别打有配对安装记号,如图 1-84 所示,安装时,对正记号并按后述点火正时的调整方法调整即可。

(四)起动机的传动机构

图 1-84 起动机正时齿轮安装记号
1.调速器传动齿轮 2.曲轴齿轮 3.加油螺塞 4.磁电机传动齿轮 5.曲轴箱前半部 6.起动机曲轴箱放油螺塞 7.惰轮

起动机传动机构的功用是将起动机曲轴旋转的动力传给主发动机飞轮,使主发动机曲轴转动,并在传动过程中,将起动机的高速、小扭矩变成起动主发动机所需的转速和扭矩。该传动机构包括:离合器—制动器、减速器和自动分离机构。其结构如图 1-85 所示。

1.离合器—制动器

离合器用来分离或接合传动机构,使起动机与主发动机平顺接合。当减速器变换排档和推挂接合齿轮与飞轮齿圈相啮合时,使传动分离,以免造成冲击齿轮而打齿。

离合器为多片、湿式、杠杆加压、非常压式离合器。由主动部分、被动部分和加压机构组成,如图 1-86 所示。

主动部分:主动部分包括离合器齿轮 3 和主动片 4。五片钢制主动片 4 外缘有四个凸起,嵌入齿轮 3 端毂的四个槽口中,与齿轮 3 一起转动,并能在槽内作轴向移动。离合器齿轮 3 与起动机曲轴上的齿轮经起动机惰齿轮常啮合(见图 1-

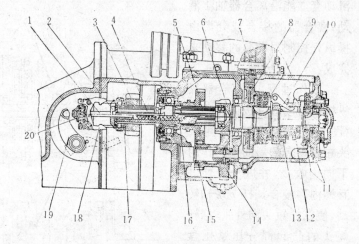

图1-85 AK-10起动汽油机传动机构

1.分离机构推杆 2.推杆套 3.接合齿轮 4.分离机构轴 5.滑动齿轮
6.减速器主动齿轮 7.起动机惰齿轮 8.离合器齿轮 9.离合器压盘 10.
接合杠杆 11.制动器 12.滑动套 13.定位销 14.中间大齿轮 15.中间
小齿轮 16.推杆弹簧 17.飞锤支架 18.飞锤 19.推压杆 20.飞锤弹簧

85)。离合器齿轮3内压有青铜衬套,它套在离合器轴1上。当
离合器分离时,离合器齿轮3可在离合器轴1上自由转动,但
离合器轴1不转动。

被动部分:包括离合器的从动支承盘2、从动片5、压盘6
和离合器轴1(即减速器输入轴)。支承盘2、从动片5和压盘
6的内孔有三个键槽,松动地套在离合器轴1的三个半月键
上,它们可以随轴转动并轴向移动。从动片间隔地装在主动片
之间。离合器未接合时,主、从动片之间有间隙,所以当主动部
分转动时,从动部分并不随之转动。

加压机构:由接合杠杆支架8、三个接合杠杆7和滑动套
9及操纵杆组成。接合杠杆7可绕固定在支架8上的小轴转
动。杠杆7的短头靠近压盘6,其长头卡入滑动套9的槽内。

滑动套 9 能沿离合器轴 1 滑动,离合器的接合或分离由操纵杆控制滑动套的移动来完成。

工作过程:用离合器操纵杆将滑动套 9 拨向左移时(图 1-86a),接合杠杆 7 的长头在滑动套的斜面槽的作用下向内收拢,并进一步伸进直槽内。接合杠杆 7 绕轴转动,使杠杆短头向外张,杠杆短头的凸起部分压紧压盘 6,把离合器的主动片和从动片紧压在一起,离合器即接合。离合器完全接合后,杠杆 7 的长头已经由滑动套的斜面槽进入直槽,即被自锁,不会自动滑出,所以可保证离合器在工作时的接合状态。

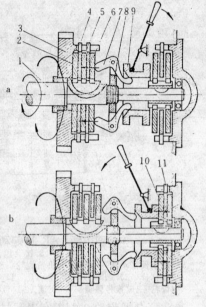

图 1-86 离合器—制动器简图
1.离合器轴 2.离合器从动支承盘 3.离合器齿轮 4.主动片 5.从动片 6.压盘 7.离合器接合杠杆 8.可调节的接合杠杆支架 9.滑动套 10.制动器摩擦片 11.制动器固定片

将滑动套 9 用离合器操纵杆向右拨动时(图 1-86b),接合杠杆 7 的长头从滑动套 9 的直槽退到斜面槽处,接合杠杆的短头凸起部就离开压盘 6,各主动片与从动片分离,动力被切断,离合器齿轮 3 在离合器轴 1 上自由转动。

制动器用来在离合器分离时,使从动部分迅速停止转动,以免变速挂档时打齿。

如图 1-86 所示,制动器的摩擦片 10 经制动器毂套在离合器轴 1 右端的键上。制动器的固定片 11 的外缘凸起部分则嵌在固定不动的轴承盖（制动器壳体）的凹槽中。离合器分离时，滑动套 9 右移，使摩擦片 10 与固定片 11 压紧。由于各片之间的摩擦力使离合器轴 1 迅速停止转动（图 1-86b）。当离合器接合时，制动器不起作用。

2. 减速器　减速器实际上是一个变速机构，用来改变起动汽油机曲轴传来的转速和扭矩，以适应主发动机起动的要求。因为 AK-10 起动机的转速为 3500 转/分，功率为 7.36 千瓦（10 马力），而其输出扭矩却只有 20 牛·米。相反，主发动机的起动阻力矩大而起动转速并不高。为了使起动机与主发动机配合好，故需要增扭减速。

减速器的基本构造与工作原理与柴油机的变速箱相同，而且结构更简单。故在此不再详述。需要注意的是，该减速器只有"高"、"低"两个档位，没有"空档"的固定装置，因为其变速叉轴上只有两道定位环槽，故起动时不可将变速杆置于所谓的"空档"位置，以免因位置不正确或震动变位而造成减速器齿轮碰撞打坏。

3. 自动分离机构　自动分离机构是用来保证起动时传动机构的接合齿轮和主发动机的飞轮齿圈完全啮合；主发动机起动后，它又能将接合齿轮与飞轮齿圈及时脱开啮合，以免主发动机反过来带动起动机，使起动机超速而造成损坏。

自动分离机构的构造和工作原理如图 1-87 所示，飞锤支架 3 用四个螺栓和接合齿轮 6 连接。接合齿轮 6 和分离机构轴 4 为花键配合，所以飞锤支架 3 和接合齿轮 6 一起随轴 4 转动，又能轴向滑移。两个飞锤用飞锤轴 9 装在支架侧面的纵槽里，可绕轴转动。每个飞锤有三个臂：里臂的端点互相啮合，并有内飞锤 5 和外飞锤 2 之分，内飞锤 5 的前臂钩爪呈钝角，主要用于分离；外飞锤2的前臂钩爪呈直角，主要用于锁止。飞锤短的后臂被装在飞锤支架孔中的飞锤弹簧1顶住。

推杆弹簧11装在推杆套12内，弹簧一端顶在分离轴孔的端面上，另一端顶在推杆13上，推杆的另一端又顶在飞锤支架的后端面上。

工作过程：起动时（图1-87a），先将分离机构的接合手柄8压下，推压杆14推动飞锤支架3和接合齿轮6右移，通过推杆13压缩推

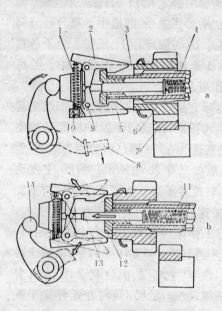

图 1-87　自动分离机构示意图

1.飞锤弹簧　2.外飞锤　3.飞锤支架　4.分离机构轴　5.内飞锤　6.接合齿轮　7.飞轮齿圈　8.接合手柄　9.飞锤轴　10.支承螺塞　11.推杆弹簧　12.推杆套　13.推杆　14.推压杆

杆弹簧11，这时飞锤前臂钩爪向右滑动，直到钩住推杆套12的凸肩为止，接合齿轮6则正好移到同主发动机飞轮齿圈7相啮合的位置，保持啮合状态。接合后，将接合手柄提到最上面的位置。

当主发动机起动后（图1-87b），在主发动机曲轴转速达到300～325转/分时，分离机构轴的转速为2000～2200转/分。飞锤在离心力的作用下，克服钩爪处的摩擦力和飞锤弹簧的预压力而向外飞开，脱出推杆套的凸肩，推杆弹簧11通过

推杆将飞锤支架 3 连同接合齿轮 6 一起推向左边,接合齿轮就与飞轮齿圈自动分离,动力被切断,保护了起动机。

(五)起动装置的调整

1. **起动机怠速的调整**　使用中,如果发现起动机怠速不稳或怠速过高,则应进行调整。

参见图 1-79,先将起动机起动进行预热,当起动机出水温度高于 60℃时,才能进行怠速调整。全开阻风阀,将节气阀开度关小到起动机仅能维持稳定运转的最低转速,调整怠速螺钉以获得最佳的混合气成分,使运转更加平稳;同时进一步拧出最低转速限制螺钉并进一步关小节气阀开度,反复交替调整上述两螺钉,并倾听起动机的运转声音,直到获得最低稳定转速为止——正常值不高于 1300 转/分。

2. **磁电机点火正时的调整**　调整步骤如下:

(1)拆下火花塞。

(2)从火花塞孔向气缸内插入一量尺,顶到活塞顶部。

(3)顺转飞轮,使活塞达到上止点(量尺处于最高位置),在量尺上对齐火花塞孔口处划一记号,向上量 5.8 毫米处再划一记号。

(4)反转曲轴,根据量尺记号,使活塞下降退回到离上止点 5.8 毫米的位置,即相当于活塞在上止点前 27°。

(5)打开磁电机后盖,按工作时的旋转方向转动磁电机轴,直到触点刚好打开。

(6)使磁电机主动套上的传动爪对准磁电机传动齿轮上的卡口,装入磁电机,并用三个螺钉固紧。

(7)装回火花塞,连上高压线。

(8)起动起动机,检查其工作是否正常。如发现点火过早或过晚,可拧松三个固定螺钉,转动磁电机外壳予以调整。

3.起动机传动机构的调整

(1)离合器的调整:调整的目的是消除因摩擦片等零件的磨损而造成的打滑现象,以保证可靠地传递起动机的动力。

参见图 1-86,由于接合杠杆支架 8 装在离合器轴 1 的螺纹上,故可通过转动接合杠杆支架,使之靠近压盘而增加压紧力。实际上,在接合杠杆支架上有孔,孔内装有一个定位销,定位销穿过接合杠杆支架插在压盘的一个孔中(压盘上共有 24 个孔)。调整时,分离离合器,连同离合器操纵杆等一起拆下离合器侧盖板,从压盘孔内拉出定位销,顺时针方向转动接合杠杆支架,使定位销落入压盘的下一个孔中,必要时可再下一个孔,直到调整合适为止。若在某一孔时离合器压紧不够,而调入另一孔又过紧时,则应返回前一孔,以免起动冷发动机时,由于调得过紧而失去离合器应有的打滑保护作用。

(2)自动分离机构的调整:自动分离机构的调整是为了保证当主发动机转速达到 300～325 转/分时,使起动机传动机构能自动地和主发动机脱开。如果分离过早,主发动机不能可靠地起动;而分离过晚,则容易产生由主发动机高速反带起动机运转使转速过高、损坏机件的情况。所以,如果查明是由于自动分离机构飞锤弹簧的预紧力调整不当而造成自动分离转速不对时,可按下述方法调整:

拆下后支座和检视口盖,拧动飞锤短臂处的支承螺塞(参见图 1-87),拧进螺塞,弹簧预紧力增加,分离转速升高;拧出螺塞,弹簧预紧力减小,分离转速降低。支承螺塞拧动一圈,分离转速改变约 100 转/分(按主发动机转速计),所以,每次调整时,只应拧动少许,以免转速过高造成危险。

(六)起动装置的使用注意事项

(1)起动机使用的燃油是汽油和柴油机油按容积比 15：

1 配制的混合油。不允许使用不加润滑油的单纯汽油或比例不对的混合油;同时,混合油应在灌入油箱前搅匀。长期停车后起动时,应将油箱存油全部放出经搅匀后,再灌入油箱,至少也应用干净的细棒插入油箱搅拌。

(2)起动时,起动拉绳不要缠在手上,以免起动机反转对人体造成伤害。

(3)如已经将主发动机起动,则应及时关闭小起动机,关闭时,应先关小节气门使起动机减速,然后再按下磁电机的断电按扭(图 1-81 中之 4),使起动机熄火。

(4)起动机为短时工作制装置,连续运转时间不应超过15 分钟。

(5)起动机熄火后应及时将油箱开关关闭,同时将化油器盖盖上,以防尘土进入。

(6)经常检查起动装置各部件的工作情况,发现问题应及时排除,必要时按上述调整方法调整各有关部位。

(7)利用减速器换档时,一定要先将离合器彻底分离,使制动器迅速制动离合器轴后,才能用减速器进行换档,以免由于冲击而使轮齿损坏。

第二章 底 盘

一、概 述

(一)底盘的功用和组成

拖拉机是一种行走式动力机械。它与各种配套的农机具组成机组,能完成预定的符合农业生产技术要求的作业。概括起来,这些作业有田间作业、农业运输作业、固定作业三大类。除固定式作业外,大部分作业都是在行驶中完成的。在这里,拖拉机底盘发挥了重要作用。具体来说,拖拉机底盘有以下功用:

(1)将发动机产生的动力转变为拖拉机行驶及带动农机具进行作业的动力。

(2)在行驶和作业中,实现行驶、停车、前进、倒退,改变行驶速度和牵引力。

(3)控制行驶方向,保证拖拉机按作业技术要求正确、安全地行驶,完成作业。

(4)固定作业时,将发动机的动力转变为所需要的扭矩和转速。

(5)在一些先进的拖拉机底盘上,还装有某些特殊机构,以提高拖拉机的工作质量,满足某些作业的特殊要求。

为实现上述功能,拖拉机上就应该具有相应的系统和机构,这些机构包括传动系、行走系、转向系、制动系和工作装置。另外还有为驾驶员操纵上述系统的座位和驾驶室。这些系统和机构是底盘的组成部分,简言之,拖拉机上,除发动机和电气设备外,其它的所有系统和装置,统称为底盘。

(二)拖拉机行走的基本工作原理

拖拉机是依靠柴油机的动力,经过传动系统降低转速和增大扭矩后传递到驱动轮上,再通过驱动轮与土壤间的相互作用实现行驶的。

下面以轮式拖拉机在水平地面上等速作业时的情况为例,说明拖拉机行驶的基本知识(图 2-1)。

1.行驶阻力 拖拉机向前行驶时,要克服各种行驶阻力,

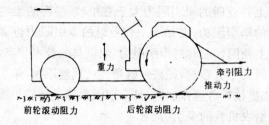

重力

牵引阻力
推动力

前轮滚动阻力　　　后轮滚动阻力

图 2-1　拖拉机在水平地面上等速作业时的受力情况

这些阻力大小取决于拖拉机的具体工作条件。一般在水平地面上牵引机具等速运动时的行驶阻力,主要包括两个部分:一部分是滚动阻力,它是前轮和后轮的滚动阻力之和;另一部分是在机具工作时所必须克服的阻力,称为牵引阻力。

滚动阻力是由地面和轮胎的变形引起的。滚动阻力的大小主要取决于地面条件(如土壤的坚实程度和潮湿程度)及作用于轮胎上垂直载荷 的大小。此外,也与轮胎的结构(直径、宽度、花纹形状等)、材料和轮胎气压等有关。同一台拖拉机在不同的使用条件下,其滚动阻力是不相等的。一般来说,在硬路面上的滚动阻力较小,约占拖拉机总质量的 2%～5%;在松软土壤上的滚动阻力较大,约为拖拉机总质量的 10%～20%。在同样的地面条件下,拖拉机的质量越大,滚动阻力也越大。所以,可以设法减小滚动阻力,进而减少功率损失。例如,在硬路面上,滚动阻力主要是由轮胎变形引起的,因此,可适当提高轮胎气压,以减少轮胎变形来降低滚动阻力;在松软土壤上,滚动阻力主要是由地面变形引起的,因此可适当降低轮胎气压,以减小轮辙深度来降低滚动阻力。

牵引阻力是带动作业机具作业时所必须克服的阻力,其大小取决于耕作的深度、宽度、土壤条件及农机具的技术状态等。耕作深度越深,耕作宽度越大,牵引阻力也越大。在干硬的土地上作业时的牵引阻力大于在松软、湿润的土地上同样作业时的牵引阻力;在粘土上作业时的牵引阻力也必然大于在沙土上相同作业时的牵引阻力。农机具的技术状态,也对牵引阻力的大小有影响,如耕地时犁钝或调整不当,牵引阻力就会增加。拖拉机等速作业时,其牵引阻力等于拖拉机通过牵引装置传给农机具的牵引力。

还需指出的是,拖拉机上坡时,其重力沿坡道的分力也是行驶阻力的一个部分。

2. 推进力 柴油机以一定转速运转时发出的旋转扭矩,经传动系传到驱动轮上后,通过驱动轮与地面间的相互作用才有可能变为拖拉机前进的推进力。

拖拉机等速行驶时,推进力与拖拉机的滚动阻力以及农机具的牵引阻力相平衡。当拖拉机下坡时,拖拉机重力沿坡道方向的分力(即下滑力),也是推进力的一个部分,但它与驱动轮和地面间的相互作用无关。

3. 最大附着力 地面对驱动轮产生水平反作用力,主要依靠两种作用:一是地面与驱动轮表面间的摩擦作用;二是土壤对压入土壤中的驱动轮胎花纹的剪切作用。这两种作用统称为附着作用,所提供的水平反作用力称为附着力。可能产生的最大水平反作用力称为最大附着力。显然,推进力决不可能大于最大附着力。实际上,在驱动轮胎花纹剪切土壤的过程中,驱动轮总要产生一定程度的滑转,即通常所说的“打滑”。在旱田茬地上作业时,驱动轮的滑转率不允许超过 15%,在水田茬地作业时,滑转率不允许超过 25%。

最大附着力的大小主要同轮胎、地面条件及作用在驱动轮上的重力(附着重力)有关。同一台拖拉机在不同的地面条件下工作时,最大附着力的数值是不同的。当拖拉机在坚实而干燥的地面及有作物残茬覆盖的旱田上作业时,最大附着力较大,而在松软、潮湿的土地上作业时,最大附着力较小。

通常在作业时,为了增大最大附着力,拖拉机上可用增加配重的方法来增加作用在驱动轮上的附着重力。但增加配重后,滚动阻力也随之增大。二者增大的程度因具体使用条件的不同而不同,总的效果是否有利,应按经验或由试验作出判断。

总的来说,限制拖拉机推进力最大值的有两方面的因素:第一,受柴油机标定扭矩的限制,超过了柴油机的最大扭矩,就会使柴油机熄火。第二,受地面与驱动轮之间的附着力的限制。如果驱动轮严重滑转,动力性和经济性将严重下降。

履带式拖拉机的附着性能大大优于轮式拖拉机,故在如耕地等重负荷作业中能充分发挥柴油机标定扭矩,使作业效率提高。

二、传 动 系

(一)传动系的功用和组成

拖拉机上从柴油机到驱动轮之间的一系列传动件称为传动系,其功用是把柴油机的动力传给驱动轮。但柴油机不能直接和拖拉机的驱动轮相连,因为柴油机的特性与拖拉机的使用要求之间存在着矛盾。解决这些矛盾就要靠传动系,具体来说,传动系有以下功用:

1. 增扭减速和变扭变速 柴油机飞轮的转速高,但所传出的扭矩却较小。如果把这样的速度和扭矩不加变更地直接传给驱动轮,那么驱动轮和地面相互作用后,只能产生很小的推进力,拖拉机将无法行进。如东风-50拖拉机柴油机在标定工况下的扭矩为 175.6 牛·米,如果将该扭矩直接传给驱动轮,则该拖拉机只能产生 256 牛的驱动力,连维持拖拉机自身前进也不可能。另外,拖拉机进行不同作业时,需要与阻力不同、作业速度要求不同的农机具配套使用。可拖拉机的发动机最好在标定工况下工作,这样发动机的功率最大而耗油率接近最低。发动机在标定工况下的扭矩和转速是一定的,为了适应不同农机具工作阻力和作业速度要求,柴油机和驱动轮之间的传动不仅应当有适当的传动比,而且该传动比应当在适当的范围内变化,即增扭减速和变扭变速,以适应拖拉机进行不同作业时的要求。

2.改变动力传递方向 拖拉机不仅要能向前行驶,有时也需要倒退,但柴油机却要求不能倒转。而且在大、中型拖拉机上,柴油机是纵向布置的,飞轮的旋转平面是横向的。因此,传动系应具有前进、倒退和将横向的飞轮旋转平面转过 90°以适应驱动轮纵向旋转要求的能力。

3.动力的传递和接合 拖拉机的行驶需要时驶时停,而柴油机的起动并不是轻而易举的事,因此不能频繁地时停时转。这样,传动系中就要有相应的机构解决柴油机不熄火的情况下短时停车的问题。

要实现上述功能,拖拉机普遍采用

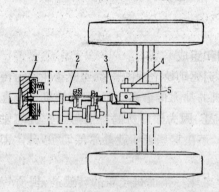

图 2-2　轮式拖拉机传动系
1.离合器　2.变速箱　3.中央传动　4.最终传动
5.差速器

机械式传动系,主要由离合器——用来切断或结合柴油机到驱动轮之间的动力传递,变速箱——用来增扭减速、变扭变速和改变旋转方向,后桥——包括中央传动(用来改变旋转平面方向)和驱动轮轴等。轮式拖拉机和履带式拖拉机的传动系简图如图 2-2、图 2-3 所示。

柴油机的动力从飞轮传出后,首先传到离合器。离合器结合时,动力经离合器传到变速箱。变速箱挂上档时,动力经变速箱传到中央传动;再由中央传动分左、右把动力传到左、右驱动轮上。拖拉机上,一般在离合器和变速箱之间有一联轴节,

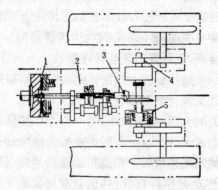

图 2-3 履带式拖拉机传动系
1.离合器 2.变速箱 3.中央传动 4.最终传动
5.转向机构

以保证离合器轴和变速箱轴安装得不完全同心时能正常传动;同时为了获得较大的传动比,在中央传动和驱动轮之间往往还有一级或二级减速,称为最终传动。这样,构成轮式拖拉机和履带式拖拉机后桥的,应包括中央传动、最终传动、车轴以及转向用的差速器(轮式)或转向机构(履带式)等部分。

(二)离合器

1.离合器的功用 离合器安装在柴油机和变速箱之间。它的功用概括来说就是分离、接合和过载保护。

柴油机起动时,为了容易起动,不能带负荷起动,所以都是空档起动。柴油机起动后,变速箱主动轴上的主动齿轮就和

曲轴一起高速旋转，当要使拖拉机行驶时，必须使变速箱从动轴上的某一齿轮与主动齿轮啮合，即所谓的"挂档"。当主动齿轮和曲轴一起高速旋转，转速达 1500～2000 转/分左右，而从动轴上的从动齿轮尚未转动时，此时挂档，不但挂不上，还会把齿轮轮齿打坏；另外，拖拉机在行驶中经常需要换档改变行驶速度或行驶方向。在以上情况下，都可以分离离合器，使曲轴与变速箱主动轮的动力传递暂时分离，以保证顺利挂档和换档，还可以实现临时停车。

拖拉机挂上档后，接合离合器，拖拉机即可起步。但拖拉机从静止到运动会产生很大的惯性力，使传动系零件受到很大的负载，容易损坏；另一方面柴油机也容易因转速急剧下降而熄火。因此，可利用离合器的滑摩过程，平顺地接合动力，使柴油机传给传动系的扭矩逐渐增加，保证拖拉机平稳起步，防止传动系零件因受冲击载荷过大而损坏。

拖拉机在工作中，常常会遇到一些负荷超过其所能承受的限度的情况，此时离合器就会自动打滑起过载保护传动系零件的作用。

2.离合器的组成和基本工作原理　拖拉机上广泛采用的是摩擦式离合器。它由四部分组成：主动部分、从动部分、压紧机构和操纵机构。摩擦式离合器依靠其主动和从动部分摩擦表面之间的摩擦力来传递扭矩。为了使两者之间有足够的摩擦力，需要有在主动部分和从动部分之间施加压力的压紧机构。由操纵机构来完成压紧或不压紧主、从动部分来实现离合器的接合和分离。其工作原理如图 2-4 所示。

当踏下踏板时(图 2-4b)，分离轴承座套 11 在拨叉 8 的拨动下左移，首先消除分离轴承 12 端面与分离杠杆 10 头部之间的间隙△，然后推压分离杠杆 10，使其绕支点摆动。通过分

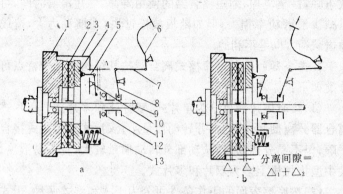

图 2-4 离合器工作原理简图
1.飞轮 2.从动盘 3.离合器盖 4.压盘 5.分离拉杆 6.踏板 7.拉杆
8.拨叉 9.离合器轴 10.分离杠杆 11.分离轴承座套 12.分离轴承
13.离合器弹簧

离杠杆 10 拉动压盘 4 而压缩离合器弹簧 13,使压盘 4 右移不再压紧从动盘 2。这时在压盘 4、飞轮 1 和从动盘 2 的摩擦面之间出现间隙$\triangle_1 + \triangle_2$,称为分离间隙,离合器处于分离状态。主动部分虽仍随飞轮一起转动,但从动部却不转动,可进行挂档、换档、临时停车等操作。

逐渐松开踏板 6,被压缩的离合器弹簧 13 随之逐渐伸展,通过压盘 4 将从动盘 2 压紧在飞轮表面上,离合器又处于接合状态(图 2-4a)。这种离合器由于经常处于接合状态,故称为常接合式离合器。

离合器的接合过程是一个随着弹簧对压盘压力的逐渐加大,从动盘摩擦表面的摩擦力矩随之逐渐加大的过程(即滑磨)。离合器接合时的这种滑磨过程,一方面可使机组能平顺起步,减少冲击,但另一方面却造成摩擦副的磨损,并产生大量的热,使离合器温度升高,弹簧退火变软,摩擦片的摩擦系数下降,甚至烧损,缩短离合器的使用寿命。缩短滑磨时间,可以减少滑磨功率损失,但如踏板放松过快,则惯性力大,造成冲击载荷,也是不利的。

3.离合器的结构 摩擦式离合器按其结构和工作特点可分类如下:

(1)按摩擦片数目分为单片式、双片式和多片式。单片式离合器分离彻底,从动部分转动惯量小;双片式和多片式接合平顺,但不易分离彻底,从动部分转动惯量较大,且不易散热。大中型拖拉机上多为双片和多片式。

(2)按摩擦表面的工作条件可分为干式和湿式两种。干式离合器是指在摩擦表面没有油,摩擦副为干摩擦;湿式离合器一般用油泵的压力油来冷却摩擦表面,带走热量和磨屑,这样可提高离合器的使用寿命。拖拉机上多为干式离合器。

(3)按压紧装置的构造分为弹簧压紧式、杠杆压紧式和液力压紧式。目前普遍采用的是弹簧压紧式。

(4)按离合器在传动系中的作用可分为单作用式和双作用式两种。双作用离合器中主离合器控制传动系的动力;副离合器控制动力输出轴的动力。主、副离合器只用一套操纵机构按顺序操纵的称为联动双作用离合器。主、副离合器分别用两套操纵机构操纵的称为双联离合器。

下面以东方红-75拖拉机和东风-50拖拉机上的离合器为例,具体说明离合器的构造。

(1)东方红-75拖拉机离合器:东方红-75拖拉机的离合器为单片、干式单作用离合器,其结构见图2-5和图2-6。

①主动部分:柴油机的动力经过飞轮2与压盘4的摩擦面传给从动盘3。飞轮上有甩油孔,以便在离心力的作用下将漏入离合器中的油甩到离合器室内,从放油孔放出。压盘由灰

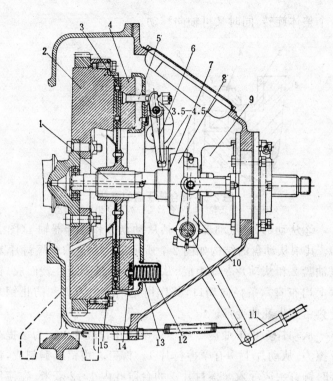

图 2-5 东方红-75 拖拉机离合器

1.离合器轴　2.飞轮　3.从动盘　4.压盘　5.分离拉杆　6.分离杠杆　7.
分离轴承　8.分离套筒　9.支架　10.分离拨叉　11.拉杆　12.压紧弹簧
13.弹簧座　14.隔热垫片　15.离合器盖

铸铁制成,有足够的刚度,可防止变形;同时,为了有效地吸收滑磨过程中产生的热量,压盘有足够的厚度和体积。压盘 4 和飞轮 2 一起旋转,并在离合器分离或接合过程中作轴向移动。在压盘 4 的圆周上均布着三个方形切口(图 2-6),在离合器盖 3 的外圆表面上铆有三个销座 5,座孔内压装着方头驱动销 4。三个方头驱动销分别插入压盘的三个切口内。离合器盖用螺钉固定在飞轮 2 上。这样压盘 1 通过驱动销与飞轮构成一个整体旋转,同时又可轴向移动。

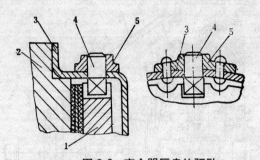

图 2-6　离合器压盘的驱动
1.压盘　2.飞轮　3.离合器盖　4.驱动销　5.销座

　　②从动部分:从动部分包括从动盘 3 和离合器轴 1(图 2-5)。其中从动盘的结构如图 2-7 所示。由轮毂 3、摩擦衬片 1、甩油盘 2 和从动片 5 等组成。从动片 5 用薄钢板冲裁而成。钢片上均布有六条径向切口,其作用是消除内应力和防止钢片受热后产生翘曲变形。

　　从动片 5 和甩油盘 2 用铆钉铆接在轮毂 3 上。为了提高摩擦力,从动片上铆有摩擦衬片 1。铆钉 4 用铝或铜制成,铆接时铆钉头应埋入摩擦衬片 1 的台阶孔内 1～2 毫米。在使用中摩擦衬片磨薄,当铆钉头快要显露时,应及时更换摩擦衬片,以免铆钉头刮伤飞轮和压盘的摩擦表面。

　　离合器轴 1(图 2-5,下同)前端用滚珠轴承支承在飞轮 2 的中心孔内,后端支承在离合器壳的轴承座中。离合器轴上有通往前端轴承的注油孔道,使用中应按规定的周期和数量加注钙基润滑脂。后端轴承和分离轴承也用钙基润滑脂润滑,都在保养方便的部位装有滑脂嘴。后轴承盖内装有自紧油封和毛毡圈,防止润滑油外漏和尘土泥沙等侵入。

　　③压紧装置:压紧弹簧 12 共有十五个(图 2-5),均布在

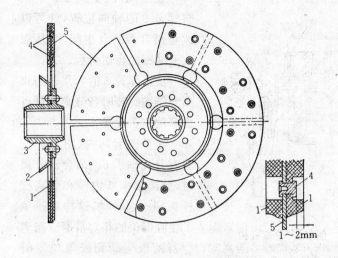

图 2-7 从动盘的结构
1.摩擦衬片 2.甩油盘 3.轮毂 4.铆钉 5.从动片

压盘 4 的两个不同直径的圆周上。弹簧的一端安置在弹簧座 13 内,另一端通过隔热垫片 14 压在压盘 4 上。隔热垫片 14 可保护弹簧不致因受热退火而使弹力降低。

④操纵机构:操纵机构由踏板、分离轴承、分离杠杆及分离拉杆等组成。图 2-8 和图 2-9 为东方红-75 拖拉机离合器分离机构和操纵机构简图。离合器盖上装有沿圆周均布的三个分离杠杆 7。在离合器分离和接合过程中,分离杠杆 7 绕销轴摆动,其杠杆的两端作圆弧运动,这样分离拉杆 3 在作轴向移动的同时,也伴随有一定范围的摆动。为避免在摆动中发生运动干涉,将分离拉杆的头部做成球面。另外为保证足够的运动自由度,在分离杠杆与压盘穿孔间留有充分的摆动间隙,以及在分离拉杆与分离杠杆的连接处设有圆柱面垫圈。

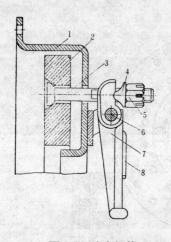

图2-8 分离机构
1.离合器盖 2.压盘 3.分离拉杆
4.圆柱面垫圈 5.调整螺母 6.
销轴 7.分离杠杆 8.反压弹簧

显然,若改变图 2-8 中调整螺母 5 的轴向位置,就可以调整离合器的自由间隙,从而改变踏板的自由行程。

反压弹簧 8 的功用是防止离合器在旋转时各分离杠杆自由窜动和造成噪音。

在分离套筒内(图 2-9)安装有分离轴承 6。离合器分离时,分离轴承 6 内圈和分离杠杆头部一起转动,这样就避免了接触部位的相对滑磨。当离合器踏板运动到极限位置时(有限位装置),便不能继续下踩。此时离合器彻底分离,即可达到规定的分离间隙。

离合器的分离是否彻底,一般在外部不易观察,可通过挂档时齿轮有无冲击来间接判断。

⑤小制动器:在东方红-75 拖拉机的离合器轴上设有小制动器。因为履带拖拉机行驶速度较低,行走装置本身的行走阻力又较大,因此当离合器分离、变速箱挂入空档时,拖拉机会很快减速、停车。但这时离合器从动盘、传动轴联轴节及变速箱第一轴在惯性作用下还在转动。这样,就造成变速箱第一轴上的齿轮与第二轴上的齿轮之间存在较大的线速度差,使挂档打齿或换档时间拖长。小制动器的作用就是在离合器分离后,立即制动离合器轴,消除挂档齿轮间的线速度差,以便迅速、无冲击地挂档。

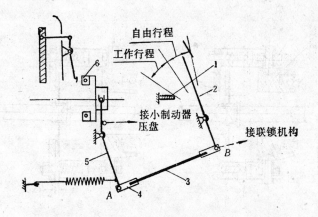

图 2-9　东方红-75 拖拉机离合器操纵机构

1.限位块　2.离合器踏板　3、4.拉杆组　5.分离拨叉　6.分离轴承

小制动器的结构如图 2-10 所示。主要由制动器主动盘 5、制动盘 6、支架 3、拉套 4、拉销 7 等组成。制动盘 6 的两个凸耳从离合器分离轴承的支架 3 的窗口伸出，并通过拉销 7、弹簧 8 和拉套 4 与分离拨叉 9 的头部相连。这样，制动盘 6 只能轴向移动，不能转动。主动盘 5 用半圆键固定在离合器轴上，为

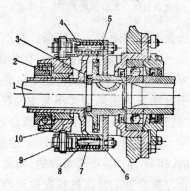

图 2-10　东方红-75 离合器小制动器

1.离合器轴　2.分离轴承　3.支架　4.拉套　5.制动器主动盘　6.制动盘　7.拉销　8.弹簧　9.分离拨叉　10.分离套筒

提高制动效果，与制动盘 6 接触的面上铆有摩擦衬片。

小制动器的工作过程如图 2-11 所示。

当离合器接合时，小制动器处于分离状态（图 2-11a），主

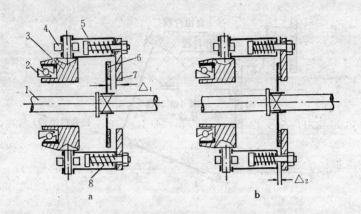

图 2-11 小制动器工作过程

a.小制动器分离　b.小制动器制动

1.离合器轴　2.分离轴承　3.分离套筒　4.分离拨叉　5.拉套　6.主动盘
7.制动盘　8.弹簧

动盘 6 与制动盘 7 之间保持有△₁ 的间隙。

在离合器分离过程中,在分离拨叉的拨动下,制动盘 7 随分离套筒 3 一起向主动盘 6 移动。在离合器彻底分离的同时,小制动器的制动盘 7 压向主动盘 6。由于主动盘 6 是用半月键固定在离合器轴上,所以离合器轴也随之停止转动。

这种制动器的压力是通过装在拉套 5 内的弹簧 8 传递的,即制动力是逐渐增加的。因此,制动比较柔和,而且可以防止与离合器的分离过程发生干涉。

装有小制动器的离合器在工作程序上应保证"先分离后制动"。为此,东方红-75 拖拉机离合器规定:在不踩离合器踏板(离合器接合)时,主动盘 6 与制动盘 7 之间的间隙△₁＝7～8 毫米;踏板踩到底(离合器分离)时,拉套后端与制动盘凸耳之间的间隙△₂＝3～5 毫米。当此间隙不合要求时,需要加以调整。

(2)东风-50拖拉机离合器:东风-50拖拉机离合器是双作用弹簧压紧式摩擦离合器。

随着拖拉机配套农具的增加和动力输出轴应用范围的不断扩大,目前拖拉机上广泛采用双作用离合器。它将两个离合器装在一起,用同一套操纵机构操纵。其中一个离合器将柴油机的动力传给变速箱和后桥,驱动拖拉机行驶,一般称为主离合器;另一个离合器将柴油机的动力传给动力输出轴,向农具提供动力,称为动力输出离合器或副离合器。

东风-50拖拉机的双作用弹簧压紧式摩擦离合器的结构如图 2-12 所示。离合器的隔板 6 将主离合器和副离合器分开。副离合器在前,主离合器在后。副离合器由碟形弹簧 1 压紧,主离合器用双螺旋弹簧 11 压紧。前、后压盘 3、8 上有凸台,分别由隔板 6 和离合器盖驱动。分离杠杆的外端与后压盘 8 驱动销上的孔铰接,并绕调整螺钉 9 的可变支点摆动,进行运动补偿。联动销 13 将前、后压盘 3、8 活动地连在一起,并在后压盘 8 与调整螺母 12 之间留有分离间隙 2 毫米。

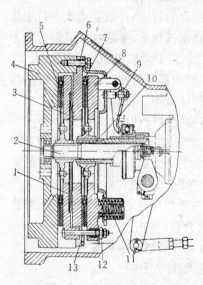

图 2-12　东风-50拖拉机双
作用离合器

1.碟形弹簧　2.副离合器轴　3.前压盘
4.飞轮　5.副离合器从动盘　6.隔板　7.
主离合器从动盘　8.后压盘　9.调整螺钉
　10.主离合器轴　11.主离合器弹簧
12.调整螺母　13.联动销

当分离杠杆拉动后压盘 8 向后移动时,首先使主离合器分离。主离合器彻底分离后,若继续踩下踏板,消除后压盘与调整螺母之间的间隙后,后压盘即通过联动销 13 拉动前压盘,使副离合器分离。

这种双作用离合器的主、副离合器不是同时分离或接合的,而是有一个先后次序。在分离过程中,首先分离主离合器,使拖拉机停车,然后分离副离合器使动力输出轴及农具工作部件停止转动;接合过程则正好相反,先接合副离合器,后接合主离合器,即农具工作部件先运转,拖拉机后起步。

这种先、后依次分离和接合的特点,在农业生产中是十分必要的。例如,拖拉机配合收割机作业,要求收割机割刀先运转,然后拖拉机起步前进,以免起步时机组惯性力矩过大,起步困难。在收割过程中,有时割刀部分堵塞,要求拖拉机停驶,而割刀不停止运转,以便清除堵塞物。但这种双作用离合器还不能满足拖拉机行驶中农具停止运转的要求。

如果将双作用离合器中的一套操纵机构改为两套完全独立的操纵机构,分别独立操纵主离合器和副离合器,这样的离合器称为双联离合器。它会给配套各种农具作业带来很大的方便,有利于改善拖拉机的综合利用性能和提高生产率。泰山-650 等拖拉机均采用双联离合器。

4.离合器的调整   离合器的调整包括离合器自由间隙的调整和操纵机构自由行程的调整两项内容。

为了保证离合器从动片与主动片之间完全接合或彻底分离,离合器在接合状态时,分离杠杆头部与分离轴承端面之间要有一定的间隙,即离合器的自由间隙(图 2-4a 中的"△")。如自由间隙过小或没有间隙,当摩擦片稍有磨损时,在弹簧压力的作用下,会使分离杠杆的端头顶住分离轴承的端面,使压盘对从动盘的压紧力减小,造成离合器打滑。同时也加剧了离合器主、从动片和分离轴承等的磨损。所以,适当大小的自由间隙是必要的。但自由间隙也不宜过大,因为操纵机构的总行程是一定的,自由间隙过大,操纵机构的自由行程增加,工作行程就减小,这样会使离合器分离不彻底,造成动力不能完全切断,将会导致换档困难,同时也会使摩擦副等的磨损加剧。

分离离合器时,当用脚踩动离合器踏板时,开始有一段行程会感到用力不大,这段行程是用来消除离合器的自由间隙。接着再踩离合器踏板,会感到所需力明显增加,说明离合器开始分离,这时应继续操作,直至离合器完全分离,在开始分离前,踏板所移动的距离(与自由间隙对应)叫离合器踏板的自由行程。自由行程消除的是离合器的自由间隙;开始分离直至完全分离时,踏板所移动的距离(与离合器的分离间隙对应)叫离合器踏板的工作行程。自由行程和工作行程之和称为踏板的总行程。

使用中,由于离合器工作频繁,不论在分离或接合过程中,摩擦面都会因滑磨而产生磨损。尤其是从动摩擦片会磨损变薄,其结果是使离合器在接合时,压盘的位置发生变化。离合器的自由间隙变小,相应的踏板自由行程也变小。所以要定期检查和调整离合器的自由间隙和踏板的自由行程。

下面以前述东方红-75拖拉机的单作用离合器和东风-50拖拉机的双作用离合器的调整为例,说明离合器调整的具体过程和方法。

(1)东方红-75拖拉机离合器的检查与调整:将变速杆放在空档位置,取下发动机罩侧板和离合器检视口盖板,进行下列检查和调整:

①检查和调整离合器踏板的初始位置:将离合器踏板拉

向最后，使联锁轴臂紧压在变速箱前部右侧铸出的定位凸块上。这时，踏板杠杆顶端后棱与转向操纵杆前棱间的距离应为20～25毫米（图2-13），如不符合则应调节联锁推杆9上的调节叉8，改变联锁推杆的长度，以满足上述要求。

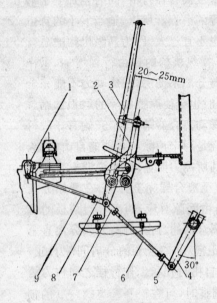

图 2-13　离合器踏板的初始位置
1.联锁轴杠杆　2.离合器踏板　3.操纵杆
4.离合器杠杆　5、7、8.调节叉　6.离合
器拉杆　9.联锁推杆

②检查和调整小制动器：也就是调整分离轴承的原始位置。小制动器主动盘与制动盘之间的间隙，在未踩下离合器踏板之前，其自由间隙$\triangle_1$应为7～8毫米；当踏板踩到底，离合器处于完全分离状态时，拉套左端与制动盘突耳之间的间隙$\triangle_2$应为3～5毫米（参见图2-10、图2-11）。可以用专用塞尺测量。若间隙不符合要求，可拧动离合器拉杆调节叉5、7（图2-13）进行调整。

③检查和调整分离杠杆与分离轴承间隙：参见图2-5、图2-8，离合器分离杠杆6下端球头端面与分离轴承7端面之间的间隙应为3.5～4.5毫米，同时要求三个分离杠杆球头端面应在同一平面上，相差不得超过0.3毫米，否则将引起偏磨。与上述自由间隙所对应的踏板自由行程为40～50毫米。若不符合要求，可拔出调整螺母5（图2-8）的开口销，拧动调整螺

母进行调整,拧出自由间隙增大,拧入则自由间隙减小。调整合适后,重新用开口销锁紧。拧转螺母时,有时螺栓会跟着一起旋转,这时可用一个 9 毫米的扳手卡住螺栓上的平台,然后再拧转螺母。

调整时,应先调整小制动器(即前述②),然后再调整分离杠杆和分离轴承之间的间隙。因为调整前一个间隙时,会破坏已经调好的后一个间隙,所以调整顺序不能颠倒。

调整时,在离合器踏板总行程为 150～160 毫米时,离合器应彻底分离;同时也应满足制动时间的要求,否则,应重新调整。

(2)东风-50 拖拉机离合器的检查与调整

①检查和调整分离杠杆的位置:此项调整在安装离合器时进行。要求分离杠杆球头端面到飞轮外端面的距离为 89^{+1} 毫米,同时,要求三个分离杠杆值应一致,相差不得大于 0.2 毫米(参见图 2-12)。若需调整时,可在松开调整螺钉 9 的锁紧螺母后,拧动调整螺钉 9,使之符合要求。调整完毕后,应将锁紧螺母锁紧。

②检查和调整主离合器的分离行程:为了获得合适的主离合器分离行程,应保证三个调整螺母 12(图 2-12,下同)的端面和主离合器后压盘 8 之间的间隙为 2 毫米。检查时,取下离合器检视口盖板,用塞尺测量,若间隙不符合上述要求,则可松开调整螺母 12 的锁紧螺母,拧动调整螺母 12 进行调整。调整完成后再将锁紧螺母锁紧。

③检查和调整离合器踏板的自由行程:踏板的自由行程的正常值应为 22～24 毫米(相当于分离杠杆和分离轴承的自由间隙为 2 毫米)。调整时松开拉杆上的锁紧螺母,转动拉杆使其长度改变,即可改变踏板的自由行程。

将上述调整复查一遍,确认无误后,上好离合器检视口盖板。

由于结构的不同,各种离合器的调整参数、调整内容和调整方法均有差异,其它机型请参阅各自的使用说明书。

(三)联轴节

联轴节用来连接两根轴之间的传动,即把一根轴上的动力通过联轴节传给第二根轴。在拖拉机的离合器和变速箱之间、变速箱与后桥之间以及四轮驱动的拖拉机上,分动箱与前、后桥之间以及前驱动桥的转向节处等都采用联轴节传动。

拖拉机上常用的联轴节大多为弹性联轴节,也有少量传动采用刚性联轴节。

1.刚性联轴节 刚性联轴节一般用在两个同心轴之间,而且在加工和装配精度较高的部位。其结构如图 2-14 所示。它是一个简单的花键套筒,依靠花键孔与轴之间较大的配合间隙来补偿由于种种原因而引起的同心度偏差。图示联轴节除起联轴作用外,还有超载保护作用。在联轴节 2 上切有两个应力集中槽 K,当传动系出现严重超载时,联轴节可被扭断,从而保护传动系零件不被破坏。

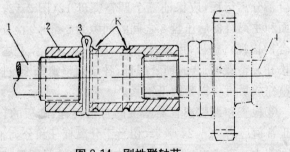

图 2-14 刚性联轴节
1.变速箱输出轴 2.联轴节 3.开口销 4.中央传动小锥齿轮 K.切槽

2. 弹性联轴节　　弹性联轴节装有弹性元件,允许两轴之间有一定的倾斜角和横向偏移量。由于这种联轴节结构简单,耐磨性好,使用寿命长,其中弹性元件还可吸收传动系中的冲击载荷,因此被广泛采用。东方红-75、铁牛-55 等拖拉机上都采用弹性联轴节。

图 2-15 是东方红-75 拖拉机的两个弹性联轴节,其中一个与离合器轴 1 相连,另一个与变速箱输入轴相连,而两个联轴节又通过传动轴 10 互相连接。

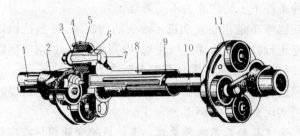

图 2-15　弹性联轴节

1.离合器轴　2、8.联轴节叉　3.钢丝网　4.橡胶块　5.传动盘　6.空心销
7.螺栓　9.联轴节叉油封　10.传动轴　11.联轴节总成

联轴节总成由两半个铆合在一起的传动盘 5 组成。盘内装有四个橡胶块 4 和空心销 6,钢丝网 3 与橡胶块 4 被制成一体,并焊接在空心销 6 上。其中两个空心销用螺栓 7 连接在联轴节叉 8 上;另两个用螺栓连接在联轴节叉 2 上。两个联轴节叉互成十字形。另一个联轴节叉与传动轴 10 制成一体,传动轴 10 与联轴节叉 8 采用花键连接,这样,既便于装配,又允许两个联轴节头有少量的轴向移动。由于橡胶块具有弹性,所以在离合器轴与变速箱输入轴轴线有某些偏差或倾斜时,仍能可靠地传递扭矩。

其它形式的弹性联轴节虽结构有所差异,但原理基本相同,机手可参阅各自机型的使用说明书。

（四）变速箱

1.变速箱的功用　变速箱的主要功用有以下四个方面：增扭减速,变扭变速,空档停车,倒退行驶。

如前所述,拖拉机的发动机的转速高,扭矩小,而拖拉机作业时却需要低速、高扭矩。所以为了适应拖拉机作业的需要,要进行增扭减速,使传到驱动轮上的扭矩增大,转速降低。同时要有合适的档位,使拖拉机具有不同的扭矩和转速,以适应各种条件下不同作业的不同需要。

空档停车是指在发动机不熄火的情况下,使拖拉机较长时间停止行驶或作为固定机使用,以完成脱粒、抽水等固定作业;同时也为柴油机不带负荷起动创造条件。

倒退行驶是指发动机的曲轴旋转方向不变,但需要时可挂倒档实现拖拉机的倒退。

2.变速箱的基本工作原理　拖拉机的变速箱目前广泛应用的是齿轮式变速箱,它主要由若干对齿轮和相互平行的轴组合而成,通过不同齿数齿轮的啮合,实现变速。

图 2-16a 所示为一对互相啮合的齿轮,两个齿轮上的轮齿大小相等。主动齿轮（装在第 I 轴上）的齿数为 8,从动齿轮（II 轴上）的齿数为 16。一对齿接着一对齿啮合传动。因此,从动齿轮轴的转速就只有主动齿轮轴转速的一半。主动齿轮转速与从动齿轮转速的比值,等于从动齿轮上的齿数与主动齿轮上的齿数的比值。该比值称为传动比。即：

$$传动比 = \frac{主动齿轮的转速}{从动齿轮的转速} = \frac{从动齿轮的齿数}{主动齿轮的齿数}$$

同时,一对齿轮啮合传动时,主动齿轮每个轮齿作用到从动齿轮每个轮齿上的力是相等的。根据"作用力乘以作用半径等于扭矩"的原理,在不计传动过程中的摩擦阻力损失情况

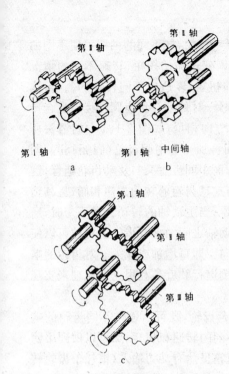

第Ⅱ轴

第Ⅰ轴

第Ⅰ轴

a

第Ⅱ轴

第Ⅰ轴 中间轴

b

第Ⅰ轴

第Ⅱ轴

第Ⅱ轴

第Ⅲ轴

c

图 2-16 齿轮变速箱工作原理

下,主动齿轮所传递的扭矩与从动齿轮上所得到的扭矩之比,等于主动齿轮上轮齿传递动力的作用半径与从动齿轮上轮齿的作用半径的比值,而齿轮的作用半径与它的齿数成正比关系,所以,从动齿轮的扭矩与主动齿轮的扭矩之比也等于从动齿轮的齿数与主动齿轮的齿数之比。

当传动比大于 1 时,说明从动齿轮的齿数多于主动齿轮的齿数,从动齿轮的转速低于主动齿轮的转速,从动齿轮上的扭矩却大于主动齿轮上的扭矩,即实现了增扭减速;若传动比小于 1,说明从动齿轮的齿数少于主动齿轮的齿数,从动齿轮的转速高于主动齿轮的转速,相应地,从动齿轮的扭矩却小于主动齿轮的扭矩,这种情况为增速减扭。

一般变速箱中采用图 2-16c 的作法,用三根轴、四个齿轮(或者更多)实现增扭减速,这样,结构就比较紧凑,这种传动的传动比为两级传动比的乘积。即:

$$传动比 = \frac{第Ⅱ轴上大齿轮的齿数}{第Ⅰ轴上齿轮的齿数} \times \frac{第Ⅲ轴上齿轮的齿数}{第Ⅱ轴上小齿轮的齿数}$$

从以上分析可知,一对齿轮啮合传动时,即可实现增扭减速。在变速箱中一般有若干对齿轮,挂不同的档即可使不同的齿轮相互啮合,这样,在输入变速箱的扭矩、转速不变的情况下,即可输出不同的转速和扭矩,以适应不同作业的需要,这就是变扭变速的原理。另外,一对外啮合直齿圆柱齿轮啮合传动时,主、从动齿轮的转动方向相反(如图2-16a中的箭头所示),若在主、从动齿轮之间再加一个中间齿轮(图2-16b),即主动齿轮与中间齿轮啮合,而中间齿轮又与从动齿轮啮合,这样,从动齿轮的转动方向与主动齿轮的转动方向相同,且其传动比的大小不变。也就是说,当主动轴的转动方向不变时,通过增加或减少主动轴与从动轴之间的啮合齿轮的对数可以使从动轴得到不同的转动方向。即每增加或减少一对齿轮的啮合,就改变一次转动方向,倒退行驶就是利用这个原理来实现的。

变速箱中的若干对啮合齿轮,既可以通过不同齿轮的啮合得到不同的转动方向、不同的转速和扭矩,又可以做到不啮合,即"挂空档",这样,变速箱虽然有动力输入(消耗于齿轮转动时的摩擦阻力损失),却没有动力输出,即实现空档不熄火停车。

3.变速箱的基本组成 齿轮式变速箱由变速器和操纵机构两部分组成。

(1)变速器:目前大中型拖拉机多采用组成式变速器。组成式变速器的结构简图见图2-17。动力经离合器及联轴节传入变速箱输入轴1,输入轴1的端部装有齿轮2,外啮合的大齿轮与中间轴12上的大齿轮常啮合;内啮合的小齿轮可与滑动齿轮3上的小齿轮啮合。滑动齿轮轴4的一端用轴承支承在变速箱体上,另一端以滚针轴承支承在输入轴1上。当滑动齿轮3左移至与输入轴上的小齿轮啮合时,动力可直接传递

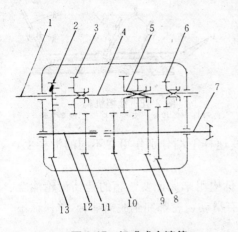

图 2-17　组成式变速箱

1.变速箱输入轴　2、8、9、10.11、13.固定齿轮
3、5、6.滑动齿轮　4.滑动齿轮轴　7.中央传动轴
12.中间轴

到滑动齿轮轴 4,当滑动齿轮 3 右移至与中间轴 12 上的小齿轮啮合时,动力经中间轴 12 上的大齿轮、小齿轮和滑动齿轮 3 传入滑动齿轮轴。这一部分叫副变速,即通过滑动齿轮 3 的位移,可得到高、低两个不同的档位。

在滑动齿轮轴 4 上,还安装有滑动齿轮 5、6,通过轴向移动,可分别与中央传动轴 7 上的三个齿轮 8、9、10 分别啮合,实现三个不同的传动比。这一部分称为主变速。这样,用五对齿轮就可以得到 2×3＝6 种传动比。

除此而外,在某些有特殊用途的拖拉机上设置特种变速器。由于其应用范围相对较窄,故在此不作介绍。

(2)操纵机构:齿轮式变速箱中的操纵机构主要用来操纵滑动齿轮,使其与有关齿轮啮合或分离,进行换档。另外,为了使两齿轮啮合达到齿的全长,并可靠地止动(包括不啮合的齿轮的可靠止动),为了防止同时挂上两个档,操纵机构中还包括锁定机构和互锁机构等。

①换档机构:换档机构用来拨动滑动齿轮。如图 2-18 所示,由变速杆 3、滑杆 1 和拨叉 2 等组成。变速杆 3 的支承用球头 4,因为变速杆的下端不仅要前、后运动,而且要能左、

右移动。变速杆前后移动时拨动滑杆1前后移动,并通过拨叉2使滑动齿轮前后移动,使不同对的齿轮啮合或分离。变速杆

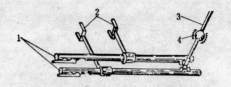

图2-18 换档机构
1.滑杆 2.拨叉 3.变速杆 4.球头支承

左右移动的目的是使变速杆下端分别作用在不同的滑杆上,以便拨动不同的滑杆。

②锁定机构:锁定机构用来保证变速箱的挂档齿轮能全齿长啮合,在空档时所有滑动齿轮都完全脱离啮合,并保证不会自动挂档或自动脱档。

常用的锁定机构如图2-19所示,由钢球1、弹簧2和滑杆3组成。滑杆上有几个缺口(或圆环开槽)。变速箱体上有钻孔,孔内装有弹簧2和定位钢球1。在弹簧2的作用下,钢球卡在滑杆的缺口中,这样就将滑杆锁定在一定位置,起到防止自动挂档和自动脱档的作用。当用变速杆拨动滑杆换档时,必须施加足以克服弹簧压力的操纵力,使钢球顶起,才能使滑杆位移,直到钢球落入相邻的缺口上。一般在滑杆上有三个缺口,定位钢球卡在中间缺口为空档位置;两边的两个保证两个排档位置。

③互锁机构:用变速杆移动一个滑动齿轮时,其它滑动齿轮都应不动,防止同时挂上两个档,即防止"乱档"。因为一根轴只能以一个转速旋转,若同时挂上两个档,就是要一根轴以两个不同的转速旋转,这势必造成发动机熄火或使齿轮、齿轮轴损坏。所以,"乱档"是绝对不允许的。防止"乱档"的措施就是增加互锁机构。常用的互锁机构有以下几种:

导向框板式互锁机构(图2-20):导向框板式互锁机构是

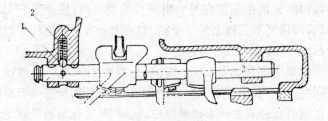

图 2-19　锁定机构
1.钢球　2.弹簧　3.滑杆

利用导向框板上的导向槽来保证变速杆的运动轨迹,由于导向槽与滑杆的位置相对应,所以,只要变速杆在某一导向槽内移动,变速杆就只能拨动与该导向槽位置相对应的那根滑杆。其它滑杆靠锁定装置锁定。所以,不会同时拨动两根滑杆,这样就可以防止同时挂上两个档。

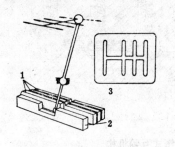

图 2-20　导向框板式互锁机构
1、2.滑杆　3.导向框板

导向框板上的导向槽形状是根据变速杆和拖拉机的排档数目决定的。不同的机型,有不同的导向框板结构。

互锁销式互锁机构(图2-21):互锁销式互锁机构由豆形互锁销及滑杆上的锁槽及变速箱体组成。在变速箱体对应滑杆的位置处,钻一个与滑杆垂直的孔,以便豆形互锁销能从该孔中进入并处于两滑杆之间。互锁销的长度 l 等于两滑杆之间的距离加上一个滑杆锁槽的深度。这样,当滑杆处于空档位置时,滑杆上的锁槽都对准互锁销,此时,两根滑杆中的任一根都能移动;但当其中的一根滑杆处于挂档位置时,它的锁槽就离开了互锁销,这样,互锁销压紧在另一根滑杆的锁槽内,使该滑杆无法移动,即保证不会挂上另一个档。只有前一根滑杆退回空档位置后,才能移动第二根滑杆。

如果有三根滑杆(图 2-21b),只要在中间滑杆上两锁槽之间钻一个孔,中间插入一个中间互锁销 4,其长度等于滑杆的宽度或直径减去一个锁槽深度。这样,与上述两根滑杆时相同,当移动一根滑杆时,其它滑杆就靠互锁销可靠地止动,保证不会同时挂上两个或两个以上的档。

互锁球式互锁机构:互锁球式互锁机构与互锁销式互锁机构基本相同,只是将图 2-21a 中的豆形互锁销换成两个钢球而已。两个钢球的直径之和应等于一个互锁销的长度。

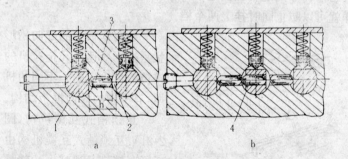

图 2-21 互锁销式互锁机构
a.两根滑杆 b.三根滑杆
1.滑杆 2.锁槽 3.互锁销 4.中间互锁销

④联锁机构:有些拖拉机上为了保证换档时首先彻底分离离合器,在离合器操纵机构和变速箱操纵机构之间装有联锁机构,防止在离合器还未完全分离时换档。图 2-22 为东方红-75 拖拉机的联锁机构。由推杆 2、联锁轴 3、联锁轴臂 4 和锁销 5 等组成。联锁轴 3 上开有一纵向长槽,并固定在联锁轴

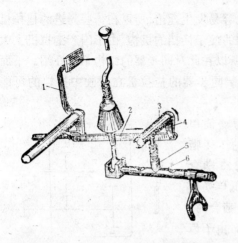

图2-22 东方红-75拖拉机变速箱的联锁机构
1. 离合器踏板　2. 推杆　3. 联锁轴　4. 联锁轴臂
5. 锁销　6. 滑杆

臂4的上端,联锁轴臂4的下端与推杆2铰接,锁销5则安装在变速箱体某一位置,其下端有凸尖,可卡在滑杆6的锁槽内。当踩下离合器踏板1时,由铰接在踏板下端的推杆2使联锁轴3转动,只有当踏板1踩到底,联锁轴上的卡槽才能转到锁销5的顶

上,此时锁销5才有抬起的可能;允许拨动滑杆进行换档。这样的锁销同时也就作为锁定机构使用。

⑤便于换档的机构:变速箱中除了常啮合齿轮外,还有一些齿轮只是在需要时才与其它齿轮啮合,即挂档或换档。在挂档或换档的过程中,为了避免齿轮啮合时轮齿发生撞击,要求进入啮合的一对齿轮的圆周速度(即圆周上某一点在单位时间内所转过的距离)要相等。最简单的办法就是使主、从动齿轮都停止转动。如前述东方红-75拖拉机上离合器后的小制动器就是为此而设置的。

但是,需要在行驶中换档的拖拉机却不能用这种简单的办法。因为行驶途中用小制动器制动变速箱第一轴,而行驶中的拖拉机尤其是进行运输作业的拖拉机速度较快,惯性也较大,使得从动齿轮依然以较高的速度运转,在主、从动齿轮间依然存在转速差，也容易发生撞击。所以在一些先进的拖拉机上，装有同步器这样的便于换档的机构。由于国产拖拉机上大多没有这种装置。所以在此对同步器的结构不作介绍。下面我们分析以下没有装同步器的拖拉机在行驶中换档的可能性。

图 2-23 所示为一简单的两档变速箱，齿轮 1、4 啮合时为低档，齿轮 2、3 啮合时为高档。先分析低档换高档的过程。齿轮 1、4 啮合时，其圆周速度 $V_1 = V_4$，由于齿轮 1、2 在同一根轴上，而齿轮 2 的直径大于齿轮 1 的直径，所以齿轮 2 的圆周速度大于齿轮 1 的，即 $V_2 > V_1$。

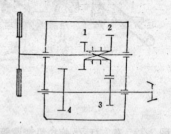

图 2-23　滑动齿轮换档示意图
1.低档滑动齿轮　2.高档滑动齿轮　3.高档齿轮　4.低档齿轮

同理，齿轮 3 和齿轮 4 处于同一根轴上，而齿轮 3 的直径却小于齿轮 4 的，这样齿轮 3 的圆周速度要小于齿轮 4 的，即 $V_3 < V_4$。这样，齿轮 2 的圆周速度 V_2 就大于齿轮 3 的圆周速度 V_3，即 $V_2 > V_3$。换档时，分离离合器，换到空档，使齿轮 1、4 脱离啮合。这时，由于从动轴与整个传动系和行走装置联系着，惯性很大，转速降低很慢，在短时间内齿轮 3 的圆周速度 V_3 降低不多；而主动轴则由于只与离合器的从动部分联系着，惯性很小，脱离动力后转速急剧下降，即齿轮 2 的圆周速度 V_2 很快下降。原来 $V_2 > V_3$，现在 V_3 几乎维持不变，V_2 很快下降，因此，必然有一个 $V_2 = V_3$ 的时机。如果此时啮合齿轮 2、3，即可避免或减轻轮齿撞击。在这种情况下，为了加快换档，可再接合一次离合器，利用已经慢下来的发动机进行制动，再分离离合器进行换档。

再分析一下高档换低档的过程。齿轮 2、3 啮合时，$V_2 = V_3$，$V_1 < V_2$，$V_4 > V_3$，因此 $V_1 < V_4$。换档时，使齿轮 2、3 脱离啮合，换到空档。与上述分析相同，V_4 几乎维持不变，V_1 很快下降，原来 $V_1 < V_4$，现在 V_1 还要下降，因此不可能有时机使 $V_1 = V_4$。在这种情况下要啮合齿轮 1、4，轮齿必然会发生撞击。为了避免撞击，在换到空档后，可接合离合器，并适当地加大油门提高发动机的转速，使 $V_1 > V_4$，再分离离合器，待 V_1 下降到与 V_4 相等时，啮合齿轮 1、4，使变速箱由高档换到低档，并避免或减轻轮齿撞击。这种换档法就是通常所说的"两脚离合器加油门"换档法。

4. **变速箱的构造**　各种不同的拖拉机，其变速箱的构造各不相同。但不论何种变速箱，其工作原理与前述相同。下面以东方红-75 拖拉机的简单式变速箱和铁牛-55 拖拉机的组成式变速箱为例，说明变速箱的具体结构及工作过程。

(1)东方红-75 拖拉机简单式变速箱

①变速器(图 2-24)：东方红-75 拖拉机的变速器里共有四根轴，十四个齿轮，可得到五个前进档和一个倒档(用 5+1 表示)。输入动力的轴叫第一轴 5。输出动力的轴叫第二轴 3，Ⅰ、Ⅳ 档是由第一轴 5 上的滑动齿轮 A_1、A_4 与第二轴 3 上的固定齿轮 B_1、B_4 分别啮合而得到。Ⅱ、Ⅲ 档则由第一轴 5 上的滑动齿轮 A_2、A_3 与第二轴 3 上的固定齿轮 B_2、B_3 分别啮合而得到。倒档轴 23 上有两个齿轮 C_2 和 A_6，其中 C_2 为固定齿轮，与第一轴 5 上的固定齿轮 C_1 常啮合；A_6 为滑动齿轮，在拨叉的作用下可与第二轴 3 上的 B_4 齿轮啮合，构成倒档。为获得较高速的 Ⅴ 档，附加了一根 Ⅴ 档轴 29。轴上有固定齿轮 C_3 与倒档轴 23 上的固定齿轮 C_2 常啮合；滑动齿轮 A_5 的外

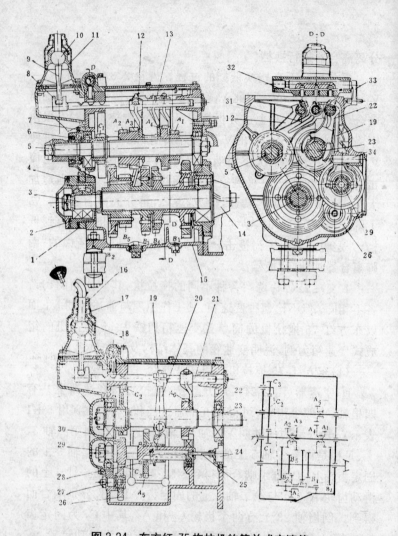

图 2-24 东方红-75 拖拉机的简单式变速箱

1.调整垫片 2.轴承座 3.第二轴 4.调整垫片 5.第一轴 6.油封 7.轴承卡环 8.滑杆拨头 9.变速杆 10.球头 11.变速杆座 12.Ⅱ、Ⅲ档拨叉 13.Ⅱ、Ⅲ档滑杆 14.中央传动主动齿轮 15.箱体 16.弹簧 17.橡皮套 18.碗盖 19.Ⅴ档拨块 20.Ⅴ档拨叉 21.Ⅰ倒档轴滑杆 22.倒档拨叉 23.倒档轴 24.集油槽 25.引油管 26.溅油齿轮 27.轴 28.接合器 29.Ⅴ档中间轴 30.卡环 31.Ⅰ、Ⅳ档拨叉 32.联锁轴 33.轴臂 34.Ⅴ档拨叉销

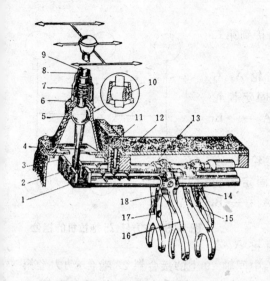

图 2-25 东方红-75 拖拉机变速箱的操纵机构
1、2、3.滑杆 4.导向框板 5.变速杆座 6.碗盖 7.弹簧 8.变速杆 9.防尘罩 10.止动锁 11.联锁轴 12.锁销 13.Ⅴ档拨块 14.倒档拨叉 15.Ⅰ、Ⅳ档拨叉 16.Ⅱ、Ⅲ档拨叉 17.拨叉销 18.Ⅴ档拨叉

齿与 B_5 常啮合，而内齿与Ⅴ档轴 29 上的接合器 28 接合时则为Ⅴ档；分开时为空档。

②操纵机构（图 2-25）：操纵机构包括变换排档用的滑杆 1、2、3，拨叉 14、15、16、18 和变速杆 8 等。为保证齿轮啮合或空档时处于正确位置，不自动脱档和不同时挂上两个排档等，还设有锁定、互锁和联锁机构。

③变速箱的工作过程：发动机飞轮上的动力经离合器和联轴节输入变速箱的第一轴。踩下离合器后，即可用变速操纵机构中的变速杆拨动相应的滑杆，实现挂档或换档。通过挂档或换档，使变速器中不同对的齿轮啮合，即可得到不同的行驶速度。东方红-75 拖拉机变速箱的导向框板式互锁机构所对应的档位如图 2-26 所示。

各档的啮合齿轮及动力传递路线如下（参见图 2-24）：

Ⅰ档：滑动齿轮 A_1 右移与第二轴上的固定齿轮 B_1 啮合，动力经 $A_1 \longrightarrow B_1$ 传到第二轴。

Ⅱ档：滑动齿轮 A_2 左移与第二轴上的固定齿轮 B_2 啮合，

动力经 $A_2 \longrightarrow B_2$ 传到第二轴。

Ⅲ档：滑动齿轮 A_3 右移与第二轴上的固定齿轮 B_3 啮合，动力经 $A_3 \longrightarrow B_3$ 传到第二轴。

Ⅳ档：滑动齿轮 A_4 左移与第二轴上的固定齿轮 B_4 啮合，动力经 $A_4 \longrightarrow B_4$ 传到第二轴。

V 档：滑动齿轮 A_5 左

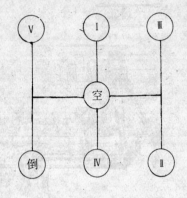

图 2-26　东方红-75 拖拉机的档位

移使其内齿与 V 档中间轴 29 上的接合器 28 啮合，动力经第一轴 5 上的固定齿轮 $C_1 \longrightarrow$ 倒档轴 23 上的固定齿轮 C_2 $\longrightarrow$ V 档中间轴 29 上的固定齿轮 C_3，再由 V 档中间轴 29 上的接合器 $28 \longrightarrow$ 该轴上的滑动齿轮 A_5（该齿轮空套在轴上）$\longrightarrow$ 第二轴 3 上的固定齿轮 B_5 传到第二轴。

倒档：滑动齿轮 A_6 左移与第二轴上的固定齿轮 B_4 啮合。动力经第一轴 5 上的固定齿轮 $C_1 \longrightarrow$ 倒档轴 23 上的固定齿轮 C_2；再由该轴上的滑动齿轮 $A_6 \longrightarrow$ 第二轴 5 上的固定齿轮 B_4 传到第二轴。

东方红-75J、东方红-802、东方红-802Q 型拖拉机变速箱结构与东方红-75 拖拉机变速箱基本相同。

（2）铁牛-55 拖拉机的组成式变速箱：铁牛-55 拖拉机的变速箱有简单式和组成式两种。铁牛-55 拖拉机组成式变速箱如图 2-27 所示。

①变速器：变速器中共有五根轴，十七个齿轮，可获得十二个排档。第一轴 3 为输入动力的轴，它是一根短轴，其上只

有一个齿轮 C_1 与轴花键连接。第二轴 4 为输出动力的轴,同前东方红-75 拖拉机中的第二轴一样,该轴亦与中央传动主动齿轮制成一体。在铁牛-55 拖拉机中,该轴与第一轴在同一中心线上,轴上从前到后套有五个滑动齿轮 B_2、B_4、B_5、B_3、B_1,其中 B_2 和 B_4、B_5 和 B_3 均为双联滑动齿轮。中间轴 1 是空心轴,动力输出轴 2 从中穿过。中间轴 1 上从前到后在其花键上依次套有八个齿轮 C_2、C_3、A_2、A_4、A_5、A_3、A_1、A_6。倒档轴 14 装在变速箱侧面,轴上的倒档齿轮 B_6 与中间轴 1 上的 A_6 常啮合。减速器轴 13 也装在变速箱侧面,其前部装有青铜轴套,在轴套的两侧有止推垫圈,减速器从动齿轮 C_4 可在轴套上转动。在减速器轴 13 后部的矩形花键部分,装有可轴向滑动的离合齿套 12 及固定的主动齿轮 C_5,另外,变速箱润滑油液位的两个检查螺塞也安装在减速器壳体上。

②操纵机构:铁牛-55 拖拉机变速箱的操纵机构与东方红-75 拖拉机的变速操纵机构基本相同。虽然有主、副变速机构,仍然用一根变速杆。同样也具有锁定、互锁和联锁机构。

由于要进行主、副变速,即首先要挂上快档或慢档,然后再挂主变速。所以,在其副变速滑杆上的拨槽较长,其长度等于滑杆本身移动所需要的行程(见图 2-20)。副变速过程中,在高低档之间没有空档。

另外,根据前述,为了实现主、副变速,需同时拨动减速器轴上离合齿套和中间轴上的 C_2、C_3 双联齿轮,而这两对齿轮都处在第二轴之下,距变速杆位置较远,所以在副变速滑杆上固定的不是拨叉,而是一个拨杆,在拨杆的下端再固定连接一根中间变速轴 7(图 2-27),在该轴上固定两个变速拨叉,以实现离合齿套和双联滑动齿轮 C_2、C_3 的联动。由于在高、低档之间没有空档位置,故在副变速滑杆上相应地只有两个锁定位

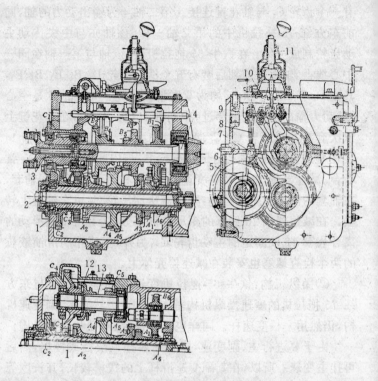

图 2-27 铁牛-55 组成式变速箱

1.中间轴 2.动力输出轴 3.第一轴 4.第二轴 5.减速器变速叉 6.常啮合从动齿轮变速叉 7.中间变速轴 8.变速轴拨杆 9.减速器变速轴 10.滑槽架 11.变速杆 12.离合齿套 13.减速器轴 14.倒档轴置。

该变速操纵机构的锁定机构是锁销式的,互锁机构为导向框板式的,联锁机构同东方红-75 拖拉机。

③工作过程:动力经离合器传入变速箱第一轴后,踩下离合器(必须踩到底,否则由于联锁机构的作用,无法移动滑杆),使变速杆在导向框板式互锁机构的滑槽中移动,变速杆

下端则分别带动相应的滑杆,实现挂档或换档,必要时,先进行高、低档的换档操作,然后进行主变速的换档或挂档。其各档的动力传递路线如下(参见图2-27):

慢Ⅰ档:$C_1 \Longrightarrow^* C_2 \longrightarrow C_3 \Longrightarrow C_4 \longrightarrow C_5 \Longrightarrow A_5 \longrightarrow A_1 \Longrightarrow B_1 \longrightarrow$第二轴

慢Ⅱ档:$C_1 \Longrightarrow C_2 \longrightarrow C_3 \Longrightarrow C_4 \longrightarrow C_5 \Longrightarrow A_5 \longrightarrow A_2 \Longrightarrow B_2 \longrightarrow$第二轴

慢Ⅲ档:$C_1 \Longrightarrow C_2 \longrightarrow C_3 \Longrightarrow C_4 \longrightarrow C_5 \Longrightarrow A_5 \longrightarrow A_3 \Longrightarrow B_3 \longrightarrow$第二轴

慢Ⅳ档:$C_1 \Longrightarrow C_2 \longrightarrow C_3 \Longrightarrow C_4 \longrightarrow C_5 \Longrightarrow A_5 \longrightarrow A_4 \Longrightarrow B_4 \longrightarrow$第二轴

慢Ⅴ档:$C_1 \Longrightarrow C_2 \longrightarrow C_3 \Longrightarrow C_4 \longrightarrow C_5 \Longrightarrow A_5 \longrightarrow A_5 \Longrightarrow B_5 \longrightarrow$第二轴

快Ⅰ档:$C_1 \Longrightarrow C_2 \longrightarrow A_1 \Longrightarrow B_1 \longrightarrow$第二轴

快Ⅱ档:$C_1 \Longrightarrow C_2 \longrightarrow A_2 \Longrightarrow B_2 \longrightarrow$第二轴

快Ⅲ档:$C_1 \Longrightarrow C_2 \longrightarrow A_3 \Longrightarrow B_3 \longrightarrow$第二轴

快Ⅳ档:$C_1 \Longrightarrow C_2 \longrightarrow A_4 \Longrightarrow B_4 \longrightarrow$第二轴

快Ⅴ档:$C_1 \Longrightarrow C_2 \longrightarrow A_5 \Longrightarrow B_5 \longrightarrow$第二轴

倒Ⅰ档:$C_1 \Longrightarrow C_2 \longrightarrow C_3 \Longrightarrow C_4 \longrightarrow C_5 \Longrightarrow A_5 \longrightarrow A_6 \Longrightarrow B_6 \longrightarrow B_6 \Longrightarrow B_1 \longrightarrow$第二轴

倒Ⅱ档:$C_1 \Longrightarrow C_2 \longrightarrow A_6 \Longrightarrow B_6 \longrightarrow B_6 \Longrightarrow B_1 \longrightarrow$第二轴

(五)后桥

1.后桥的功用、组成和布置型式　拖拉机的后桥是指在变速箱以后、驱动轮以前的传动机构。后桥一般由中央传动、

---

* 注:$\Longrightarrow$表示常啮合或换档啮合的齿轮

差速器和最终传动组成。后桥的功用是将变速箱传来的动力进一步增扭减速,对纵置式变速箱的拖拉机来说,还要改变动力的传递方向,并分配给左、右驱动轮。

现有的大多数大、中型拖拉机后桥都有最终传动,按最终传动的布置型式可分为最终传动内置和外置式两种,如图2-28所示。

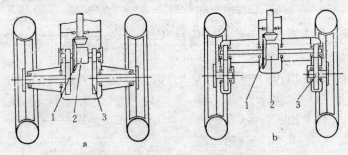

图 2-28　有最终传动后桥简图
a.内置式　　b.外置式
1.中央传动　2.差速器　3.最终传动

图 2-28a 所示为最终传动内置式后桥,即最终传动 3 布置在后桥壳体内。这种后桥结构紧凑,驱动轮可在半轴上滑动,能无级调节轮距。制动器多装在后桥壳体外面,调整方便。但后桥壳体内零件较多,布置困难,拆装不便,且加大了后桥壳体尺寸,使离地间隙减小。国产的铁牛-55 拖拉机、东方红-28拖拉机、丰收-35 拖拉机等均采用这种布置型式。

图 2-28b 所示为最终传动外置式后桥。它设有单独的最终传动箱,箱体靠近驱动轮处,可得到较大的离地间隙,有利于进行中耕等作业。改变最终传动箱壳体与后桥壳体之间的相对位置时,可改变离地间隙和轴距。不能无级调节轮距。制动器往往布置在半轴壳体内,密封性好,但不便调整。国产的

东方红-20、东方红-40、东方红-75 等拖拉机上采用这种布置型式。其中东方红-75 等履带式拖拉机后桥的布置型式如图 2-29 所示,在这种后桥中还布置了转向离合器(转向机构 2)。它的中央传动和转向机构在同一壳体内,最终传动则布置在两侧。

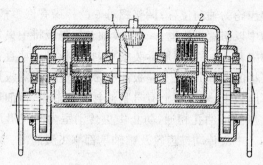

图 2-29 履带拖拉机后桥
1.中央传动 2.转向机构 3.最终传动

2.**中央传动** 中央传动由一对圆锥齿轮组成。它的功用是将变速箱传来的扭矩进一步增大,转速进一步降低。并将动力的旋转平面转过 90°,然后再传给差速器、驱动半轴,以适应拖拉机行驶的需要。

(1)中央传动的齿轮型式:目前,大中型拖拉机,如东方红-20、东方红-30、东风-50、铁牛-55、东方红-75,大多采用螺旋齿锥齿轮(包括圆弧齿锥齿轮和准摆线齿锥齿轮)中央传动,也有少数拖拉机中央传动采用直齿圆锥齿轮式。

(2)几种典型的中央传动结构

①东方红-75 拖拉机的中央传动(图 2-30):东方红-75 拖拉机的中央传动由一对螺旋锥齿轮组成。主动小齿轮与变速箱第二轴 4 做成一体,第二轴前端支承在一对锥轴承上,后端

支承在滚柱轴承上,前端的两个锥轴承面对面地安装,承受向前、向后的轴向力。调整垫片2用来调整锥轴承的预紧度。调整垫片3用来调整主动小锥齿轮的轴向位置。中央传动大锥齿轮11用螺栓直接固定在横轴7的接盘上,横轴7的两端用锥轴承支承,轴承座6上的调整螺母5用来调整锥轴承间隙和大锥齿轮的轴向位置;调整螺母5的外缘有许多槽,有锁片卡在槽中以防螺母松退。支承横轴7的隔板将中央传动和转向机构隔开。为了方便地拆装横轴,将隔板沿轴承直径处做成上下可拆的两部分,上下隔板间有带状毡垫,上隔板用螺栓紧固在下隔板上。轴承座上有自紧油封和回油道,该油道和下隔板上相应的回油孔相通,防止中央传动室内的润滑油进入转向机构。中央传动锥齿轮及锥轴承都靠飞溅润滑。

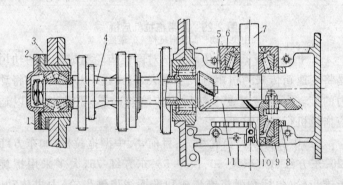

图2-30 东方红-75拖拉机的中央传动
1.轴承盖 2、3.调整垫片 4.变速箱第二轴 5、8.调整螺母 6、9.轴承座
7.横轴 10.锁片 11.中央传动大锥齿轮

②东风-50拖拉机的中央传动(图2-31):小锥齿轮与变速箱第二轴(亦称小圆锥齿轮轴)8制成一体,并支承在两个锥轴承3、6上,用专用的螺母1锁紧,并借以调整轴承的预紧度。在轴承座5与壳体之间有调整垫片4,用以调整主动小齿

· 180 ·

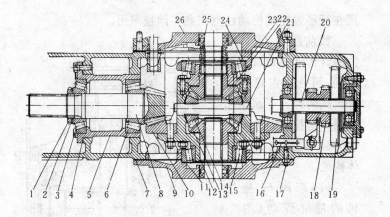

图 2-31 东风-50 拖拉机的中央传动

1.锁紧螺母 2.锁片 3、6.锥轴承 4、7、11、24.调整垫片 5.轴承座 8.
小圆锥齿轮轴 9、26.轴承盖 10.大圆锥齿轮 12.差速器壳 13.半轴齿
轮 14.行星齿轮 15、23.轴承 16.动力输出轴变速杆 17.限位螺钉
18.滑动齿轮 19.动力输出高档从动齿轮 20.动力输出传动轴 21.行星
齿轮轴 22.差速器壳盖 25.差速锁接合套

轮的轴向位置。从动大圆锥齿轮 10 用螺栓固定在差速器壳
12 上。差速器壳盖 22 用螺栓与差速器壳 12 紧固在一起,支
承在两个轴承 15、23 上。在左、右轴承盖 9、26 与轴承 15、23
的外圈之间有调整垫片 11、24,用以调整从动大圆锥齿轮的
轴向位置和轴承预紧度。差速器壳 12 内安装着两对相互啮合
的行星齿轮 14 和半轴齿轮 13,半轴齿轮用花键与半轴连接。
变速箱的动力经小圆锥齿轮轴前的啮合套传给主、从动锥齿
轮、差速器壳,然后经行星齿轮将动力分配给左右半轴齿轮、
半轴,并最终传给驱动轮。

3.最终传动 最终传动是指差速器或转向机构之后、驱
动轮之前的传动机构,用来进一步增扭减速。通常这一级的传
动比比较大,以减轻变速箱、中央传动等传动件的受力,减小
它们的结构尺寸。最终传动大多采用外啮合圆柱齿轮传动,但

现在行星齿轮式传动已愈来愈多地被采用。

如前所述,拖拉机的最终传动按布置位置不同,可分为内置式和外置式两种。下面以几种国产拖拉机的最终传动为例,说明它们的具体构造。

(1)东风-50拖拉机的最终传动(图2-32):东风-50拖拉机的最终传动属外置式。由一对直齿圆柱齿轮和壳体等组成。主动齿轮6和半轴制成一体,并支承在两个短滚柱轴承上。从动齿轮1套在驱动轮轴3的花键上。驱

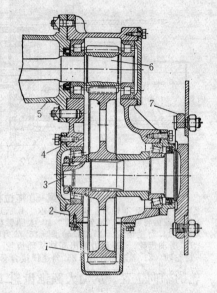

图 2-32 东风-50 拖拉机最终传动
1. 从动齿轮 2. 最终传动壳体 3. 驱动轮轴
4. 调整垫片 5. 半轴壳 6. 主动齿轮 7.
驱动轮接盘

动轮轴3通过两个锥轴承支承在最终传动壳体2上。锥轴承可以承受拖拉机转向或在横坡上行驶时来自车轮的轴向力;轴端螺母用来压紧从动齿轮和锥轴承的内圈,使驱动轮轴轴向定位。驱动轮轴的一端用轴承盖封住,在盖与壳体之间有调整垫片4,用以调整锥轴承间隙;驱动轮轴的另一端伸出壳体外,有与驱动轮连接的接盘。该端的轴承盖内装有自紧油封,用来防止润滑油外漏和防止泥水浸入。最终传动壳体2用螺栓连接到半轴壳体5上。安装时,如果使两壳体的孔相对错开一个位置,即可改变拖拉机的离地间隙和轴距。在半轴壳体内

也装有自紧油封,防止最终传动壳体内的润滑油进入半轴壳体内。

（2）东方红-75拖拉机的最终传动（图2-33）:东方红-75拖拉机的最终传动布置在靠近驱动轮处,属外置式最终传动。采用一对直齿圆柱齿轮。最终传动主动齿轮12和花键轴制成一体,花键上装有接盘16,接盘与转向离合器的从动鼓相连。主动齿轮轴支承在两个圆柱轴承上,由外圆柱滚子轴承定位。为提高支承刚度,两个圆柱滚子轴承通过

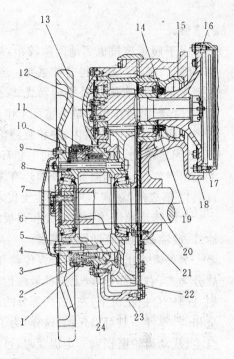

图 2-33　东方红-75拖拉机最终传动
1、5、11.防尘罩　2.橡皮套　3.导向销　4.毛毡环　5.端盖　6.调整垫片　8.轮毂　9.弹簧　10.油封压环　12.主动齿轮　13.驱动轮　14.自紧油封　15.套筒　16.接盘　17.转向离合器从动鼓　18.后桥壳　19　集油槽和回油孔　20.后轴　21.橡胶密封圈　22.从动齿轮　23.最终传动壳　24.端面油封固定盘

套筒15安装在后桥壳18和最终传动壳23内。套筒与后桥壳静配合连接。套筒上有集油槽和回油孔19,可使经自紧油封漏出的润滑油流回最终传动箱,以防进入转向离合器室内。

从动齿轮22与驱动轮13用螺栓共同固定在轮毂8上。轮毂用两个锥轴承支承在后轴20上;轴端有调整垫片7,用来调整锥轴承间隙。后轴20被固定在车架上,同时又是车架

的横梁。

由于履带拖拉机离地间隙较小,最终传动的工作条件恶劣。因此,密封问题显得非常重要。东方红-75拖拉机的驱动轮毂 8 的旋转表面与最终传动壳体之间的密封采用端面油封。直接起密封作用的是毛毡环 4 和金属油封压环 10。毛毡环装在驱动轮的防尘罩内,并和驱动轮一起转动,金属油封压环 10 固定不动,被弹簧 9 压向毛毡环,使其端面紧贴在毡圈上起密封作用。在端面油封外面还有橡皮套 2 和内、外防尘罩 1、5、11 形成的"迷宫",可减少尘土侵入。

最终传动箱壳体由铸铁壳和钢板组合而成。钢板上有加油口、放油塞和检查油面的螺塞。

另外需指出的是,由于最终传动要驱动两个驱动轮行驶,故分为左、右两部分(以上三种最终传动的结构都只画出了一侧)。同一台拖拉机上,左、右两部分的最终传动结构基本上完全相同,零件一般可以互换。这样,为了延长齿轮的使用寿命,当主、从动齿轮磨损到一定程度时,可将左、右最终传动齿轮、轴承等成套地左右互换安装,继续使用,使另一侧齿面工作。

差速器虽然也是后桥的组成部分之一,但其主要作用是为了使两驱动轮差速,以实现转向等。故其结构和工作原理在转向机构中再作介绍。

4. 后桥的检查和调整

(1)驱动轮半轴轴向游动量的检查与调整:驱动轮半轴的轴承,在工作中要承受很大负荷,工作环境恶劣,容易磨损,结果会导致轴承间隙增大,驱动轮半轴的轴向游动量也随之增大,破坏最终传动齿轮副的正常啮合,使齿轮磨损加剧,工作时噪音增大。严重时还会使驱动轮摆动,拖拉机的滚动损失功率增大,甚至折断齿轮轮齿或驱动轮半轴。因此,应定期检查并调整驱动轮半轴的轴向游动量。驱动轮半轴的轴向游动量可通过检查最终传动齿轮副的啮合位置来判定,若啮合长度偏差 1 毫米则应进行调整。一般可改变驱动轮半轴轴承盖下垫片的厚度来保证驱动轮半轴的轴向游动量不大于 0.5 毫米。

(2)螺旋锥齿轮式中央传动的检查与调整:直齿圆柱齿轮式中央传动结构简单,一般不需调整,但在大中型拖拉机上大多采用螺旋锥齿轮式中央传动。螺旋锥齿轮式中央传动的齿轮啮合不正常是造成齿轮传动噪音大、磨损加剧的重要原因。所以应尽可能地保持螺旋锥齿轮副的正确啮合位置。所谓正确的啮合位置,是指在正常轴承间隙的基础上,主、从动螺旋

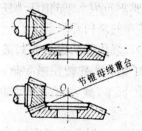

锥齿轮的节锥母线相重合,节锥顶交于一点(图 2-34)。但是,在实际工作中,由于中央传动锥齿轮副承受着复杂交变的应力和冲击,各部分零件逐渐磨损与变形,使得螺旋锥齿轮副啮合时的相对位置发生变化;主动锥齿轮轴(变速箱第二轴)上的锥轴承磨损,使得轴承预紧度减小或消失,磨损严重时会使轴产

图 2-34　螺旋锥齿轮的正确啮合

生轴向游动和径向挠曲;中央传动轴(从动圆锥齿轮轴)上的轴承磨损,会使该轴轴向间隙增大。以上各项不仅影响了中央传动螺旋锥齿轮副啮合时的相对位置,而且加速了中央传动各部件的磨损,使中央传动的工作条件逐渐恶化,产生强烈的噪音与冲击,甚至会造成齿面严重剥落,轮齿崩裂,所以要定期检查和调整。另外,在对变速箱和后桥进行过拆装或换用新的中央传动齿轮副后,对其啮合位置也需进行调整。调整的目

的就是要消除因轴承磨损而增大的轴承间隙,使螺旋锥齿轮副恢复或达到正确的啮合位置。一般通过检查螺旋锥齿轮副的啮合印痕、齿轮轴的轴向间隙及齿侧间隙等来检验、判断齿轮的工作情况。下面以东方红-75拖拉机中央传动的检查调整为例,说明具体的检查和调整内容与方法。

①检查前的准备工作:清除变速箱外表的油污并放出全部齿轮油。打开变速箱和后桥,用柴油清洗壳体内部,转动螺旋锥齿轮副,将轴承及齿轮上的润滑油洗净。

②变速箱第二轴(小锥齿轮轴)和后桥轴(横轴)轴向游动量的检查与调整:将百分表表头与所检查轴互相平行地分别靠在小锥齿轮和大锥齿轮的轮齿端面上,用撬棍前后撬动变速箱第二轴和后桥轴(横轴)。百分表指针的摆动范围即为所测轴的轴向游动量。

两轴的正常轴向游动量均应小于 0.3 毫米,若检查时发现游动量超过该值,则应进行调整,调整变速箱第二轴的轴向游动量时,可将图 2-30 中的轴承盖 1 拆下,减去相应厚度的调整垫片 2 即可。

调整后桥轴(即图 2-30 中的横轴 7)的轴向游动量的方法是:松开隔板紧固螺母,以便轴承座 6、9 能够移动;卸下锁片 10,用钩形扳手拧出右调整螺母 5,拧紧左调整螺母 8,使横轴 7 右移,直到锥齿轮副无齿侧间隙,然后退回 10～12 个牙。磨损后的锥齿轮副,其啮合间隙将增大,因此退回的牙数可适当增加。拧紧右调整螺母 5,使横轴 7 左移,直至左调整螺母 8 的端面与隔板相碰,然后退回 4～5 个牙。扳动左操纵杆,使右调整螺母 5 随横轴 7 右移至端面与隔板相碰,检查锥齿轮副有无卡滞现象,然后使大锥齿轮旋转一周。用上述方法检查后桥轴(横轴)的轴向游动量,如游动量仍然大于规定值,则应拧紧右调整螺母 5 加以修正。

③啮合印痕的检查与调整：啮合印痕是指齿轮副在轻微

表 2-1　东方红-75 拖拉机中央传动螺旋锥齿轮副的调整

大锥齿轮上的齿面接触区	取自大锥齿轮轮齿凸面上的啮合印痕	调整方法
合理位置	 不小于 30 毫米 齿长方向在齿面中部	
		松开后桥隔板螺母，将大锥齿轮向左移
		松开后桥隔板螺母，将大锥齿轮向右移
		减少变速箱第二轴前轴承座处调整垫片，将小锥齿轮向后移
		增加变速箱第二轴前轴承座处调整垫片，将小锥齿轮向前移

阻力下运转时，分布在齿面上的接触斑痕。正常的啮合印痕对螺旋锥齿轮副来说，是指在齿宽方向印痕的长度不小于齿宽的 $50\%\sim60\%$，沿齿高方向的印痕宽度不小于齿高的 $40\%\sim$

50%，而且应分布在齿面的中部。不应出现齿端或边缘接触。

检查螺旋锥齿轮副的啮合印痕时，应着重检查前进档工作齿面的啮合印痕，适当照顾倒退档工作面的啮合印痕。可先在从动大锥齿轮圆周方向，间隔120°的三个轮齿工作面（前进档时为凸面，倒退档时为凹面）上涂上红印油，在稍加制动的情况下，摇转发动机曲轴（或转动变速箱第二轴），直至主动小锥齿轮的工作面上呈现明显的接触斑痕为止。检查工作面上啮合印痕的位置、大小，其长度、宽度都应符合要求。具体到东方红-75拖拉机的中央传动，其啮合印痕的长度不应小于30毫米。

在检查啮合印痕时，若发现啮合印痕不符合要求，则可按表2-1所述的方法进行调整。调整时，先通过拧动图2-30中的调整螺母5、8的方法（具体操作方法见前检查轴向游动量中所述）调整啮合印痕沿齿宽方向的位置；再通过增减图2-30中的调整垫片3的办法使小锥齿轮前后移动，调整啮合印痕在齿高方向的位置。调整中，应首先保证啮合印痕的位置，然后兼顾印痕的面积。同时要注意：中央传动螺旋锥齿轮副的啮合印痕的调整是在轴的轴向游动量调整好后进行的。所以，对东方红-75拖拉机来说，在拧动图2-30中的调整螺母5、8使大锥齿轮左、右移动时，若一侧的调整螺母拧紧时，则应相应拧松另一边，使两边的调整螺母都转动相应的牙数，这样可保证横轴7的轴向游动量不变。

④检查螺旋锥齿轮副的齿侧间隙：齿侧间隙是指锥齿轮副轮齿啮合时齿侧的最小间隙。齿侧间隙除了能适应齿形误差、防止齿轮受热膨胀卡滞外，还可贮存润滑油润滑轮齿表面。所以，适当的齿侧间隙，是锥齿轮副正常工作的条件之一；间隙过小，润滑不良，加速磨损，使后桥发热；间隙过大，则会

产生冲击和使噪音增加。

齿侧间隙的测量,可用薄铅片或其它软金属丝(如保险丝),将其弯曲成 S 型,其尺寸可与齿宽和齿高近似,然后将它放在两啮合齿的非工作面间,按前进方向转动齿轮副,然后取出被挤压的铅片,最薄处的厚度便是齿侧间隙。齿侧间隙的测量应沿从动大锥齿轮圆周方向每间隔 120°测量一次,取三次的平均值。

东方红-75 拖拉机中央传动新螺旋锥齿轮副的齿侧间隙为 0.20~0.55 毫米;经过使用的旧齿轮副,由于齿面磨损,齿厚变薄引起齿侧间隙增大,这是正常现象,只要齿轮的啮合印痕等正常,则可继续使用。但若齿侧间隙超过 2.5 毫米,则应报废锥齿轮副。更换时应成对更换。

需要说明的是,东方红-75 拖拉机中央传动的检查和调整方法中,两轴轴向游动量的数据及啮合印痕的检查调整方法,均与原使用说明书有异。上述数据和方法是有关专家经多年研究和试验得出的结论,并经过了生产验证。供机手参考。

每一种拖拉机的中央传动,由于所采用的螺旋锥齿轮的参数不同,小锥齿轮轴和大锥齿轮轴的支承方式和调整方法也不一样。所以,每一具体的机型都有各自的调整参数和方法。机手可参阅各自的使用说明书。

(六)传动系的使用与保养

1. 离合器在使用中应注意的事项

(1)分离离合器时,动作要迅速、彻底。即用脚踩离合器时,消除自由行程后都要迅速到位。否则分离过程时间太长,会造成摩擦副和轴承等不必要的磨损。

(2)接合离合器时,动作应缓慢一些。这样离合器能平顺接合,使拖拉机起步平稳,防止因起步过猛使传动系的零件受到过大的冲击而损坏。拖拉机开始行驶后也应立即使离合器完全接合,即不能把脚放在离合器踏板上。

(3)拖拉机在行驶中,禁止用离合器控制车速,否则离合器长期处于半分离、半接合状态,会加剧摩擦副的磨损,甚至发热烧坏。

(4)拖拉机停车后(包括不熄火停车),应使离合器处于"接合"状态,以免使离合器弹簧长期处于预紧力过大的状态,使弹力变弱,影响离合效果。

(5)按前述检查、调整方法,定期或必要时对离合器进行调整。

(6)使用中经常注意操纵机构等零件的完好性及连接可靠性。连接杆件变形或连接松动等,都会造成踏板行程等的改变。势必要影响离合器的工作性能。所以应经常检查,并在必要时对症处理。

2.变速箱的使用与保养 变速箱应能可靠地传递动力,换档、挂档轻便,各齿轮在运转中不互相撞击,工作平稳,没有异常声响。因此,在工作中应注意下列事项:

(1)经常注意倾听变速箱内有无不正常的敲击声和杂音。若有,应检查各齿轮、轴承、轴等零件是否过松,并应根据具体情况予以排除。

(2)通过有障碍或颠簸不平的路面时,应减速慢行,以防零件受到过大的冲击载荷而损坏。

(3)不管是换档、挂档或摘档,都必须先把离合器彻底分离,切断柴油机的动力。在行进中换档时,由于拖拉机上大都没有同步器,所以要掌握好正确的换档时机和正确的操作方法(如"两脚离合器加油门"等)。这样,在进行换档等操作时,才不会产生齿轮撞击现象,可防止打齿。

（4）换档或挂档时，变速杆必须推拉到底，使齿轮全齿长啮合，以可靠地传递动力，防止齿端磨成锥形而引起自动脱档。

（5）经常注意变速箱的温度。如果变速箱温度高达 70～80℃（用手摸感觉烫手），则说明变速箱内某些零件工作不正常，应停车检查并排除故障。

（6）严格按保养规程（见后）进行保养。

3.后桥的使用与保养　柴油机的动力经过离合器进入变速箱，在变速箱中经过数级增扭减速，最后到达中央传动及最终传动，越往后，转速越低，所传递的扭矩则越大。所以，中央传动、差速器，尤其是最终传动受力很大，制造要求很高，在使用保养中，要注意以下几点：

（1）同变速箱一样，工作中经常倾听后桥内有无异常声响，若有，则应立即停车检查，查明故障并予以排除。

（2）按保养规程的规定，定期清洗后桥并更换齿轮油。由于变速箱与后桥室一般是相通的，且使用同一种齿轮油，故此项工作应在清洗变速箱的同时进行。

（3）经常注意后桥室各连接部位是否松动，如有松动，应及时拧紧。拆装后桥时，应注意不要使螺钉、弹簧等杂物落入箱体内，以免打坏轮齿或造成箱体破裂。

（4）发现后桥漏油，应及时排除。后桥漏油大多是由于各紧固件的松动、结合面的变形、密封垫的损坏以及骨架自紧油封安装不当或磨损、老化、变形等所致，只要对症排除即可。

（5）按技术保养规程规定，按前述方法定期检查调整驱动轮半轴的轴向游动量，检查调整螺旋锥齿轮式中央传动的轴承预紧度及其啮合印痕。

三、行走机构

(一)行走机构的功用与组成

行走机构的主要功用是把由柴油机传到驱动轮上的驱动扭矩转变为拖拉机工作所需要的推进力,并把驱动轮的旋转运动变成拖拉机在地面上的移动。此外,行走机构还用来支承拖拉机的重量,并减轻冲击和震动。

拖拉机的行走机构可分为轮式和履带式两种。由车架、车桥(前轴、后桥)、车轮和悬架等组成。

(二)拖拉机的车架

车架上部用来安装柴油机和传动系,下面接行走装置,使拖拉机各个部分形成一个整体。

拖拉机的车架有全梁架式、半梁架式和无梁架式三种。

1. 全梁架式车架　　全梁架式车架是一个完整的框架,拖拉机的所有部件都安装在这个框架上。部件的拆装较为方便,但金属用量多。车架在工作中的变形,将使各部件间的相对位置发生变动,影响零部件的正常工作,零部件容易损坏。东方红-75 等拖拉机采用这种车架。

图 2-35 所示为东方红-75 拖拉机的车架。它由两根槽钢做成的纵梁 4、前梁 1 及后轴 5 等组成。在纵梁的下方安装着两根横梁 2、3,柴油机用三点支承在车架前端,柴油机的前端用摇摆支座安装在前梁 1 上,后端用两点安装在前横梁 2 上。拖拉机的变速箱和后桥连成一体,也用三个支承点安装在车架上,变速箱前端用球形垫圈支承在后横梁 3 上,后桥箱用两个支座安装在后轴 5 上。

后轴 5 的两端安装驱动轮,台车轴 6 用来安装台车的平衡臂,纵梁 4、7 的前端安装履带张紧装置。

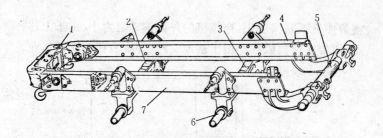

图 2-35 东方红-75 拖拉机的全梁架式车架
1.前梁 2.前横梁 3.后横梁 4、7.纵梁 5.后轴 6.台车轴

2.半梁架式车架 半梁架式车架是指一部分是梁架而另一部分则是利用传动系的壳体而组成的车架。铁牛-55、铁牛-60、东方红-28 等拖拉机采用这种车架。

3.无梁式车架 这种车架没有梁架,而是由拖拉机的柴油机、变速箱和后桥壳体连成。使用这种车架可以减轻拖拉机的重量,节省金属,简化结构,而且车架刚度很高,不易变形。但制造和装配的技术要求高,拆装某一部件时需将拖拉机拆开。国产大部分轮式拖拉机,如东方红-20、东方红-30、神牛-25、东风-50 和上海-50 等拖拉机都采用这种车架。

(三)履带式行走装置

履带式行走装置的功用是支承拖拉机的车架并使其驱动轮的旋转运动转变成拖拉机的直线行驶运动。

1.履带式行走装置的构造 履带式行走装置的构造如图 2-36 所示,分述如下:

(1)履带:履带式拖拉机的全部重量都通过履带传到地面,而且履带支承面同时抓地的履带爪较轮式拖拉机驱动轮同时抓地的轮齿多,抓着能力强,所以履带拖拉机的牵引附着性能好;还由于履带支承面积大,接地压力小,约为 49 千帕(0.5公斤力/厘米^2),只及轮式的 1/4～1/10,所以,在松软土壤条件下下陷深度小,拖拉机的外部滚动阻力小。由于上述特点,履带式拖拉机广泛用于耕地、开沟等重负荷的农田作业。

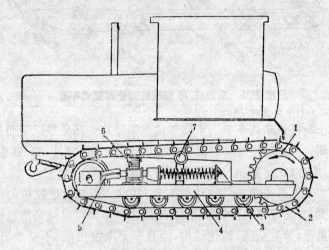

图 2-36　履带拖拉机的行走装置

1.驱动轮　2.履带　3.支重轮　4.台车架　5.导向轮和张紧装置　6.悬架弹簧　7.托带轮

　　履带式拖拉机在工作中,履带经常在砂粒、泥水中长时间工作,工作条件十分恶劣。因此,除了要求履带和地面有良好的附着性能外,还要求履带有足够的强度、刚度和耐磨性,重量也应尽可能地轻。

　　每条履带都由几十块履带板和履带销串接而成。履带板根据其结构不同分为整体式和组成式两种。整体式履带板一般由高锰钢整块铸成,组成式履带板则由具有履爪的支承板和导轨连接而成。两种型式各有优缺点。

　　履带销是一根圆轴,用来连接履带板。履带销一般一端较细,另一端较粗,安装时较细的一端朝向拖拉机内侧,防止履带销向拖拉机中心线方向窜动,保护挡泥板和固定螺钉头等

图 2-37　东方红-75
拖拉机的驱动轮

不被打坏。当履带销向拖拉机外侧窜动时，容易被机手发现，便于及时排除。

履带销的两端装有垫圈和锁销，用来防止履带销窜动。现在也有将履带销制成细端带锁销、粗端带凸台的结构。安装时带凸台的粗端在外。

（2）驱动轮：驱动轮的功用是卷绕履带并与它一起形成拖拉机行走及牵引农机具所必须的驱动力。驱动轮安装在最终传动的从动轴或从动轮毂上。图 2-37 所示为东方红-75 拖拉机行走装置的驱动轮。

（3）张紧装置与导向轮：张紧装置的功用是使履带保持一定的张紧度，减少履带在运动中的弹跳现象，从而减少履带销与销孔间的磨损，减轻因履带震跳而引起的冲击负荷。

导向轮的功用除了引导履带正确、均匀地卷绕外，它还是张紧装置的组成部分，借助它可以改变履带的张紧程度。

图 2-38 所示为东方红-75 拖拉机的曲拐张紧装置和导向轮。曲拐的拐轴 2 安装在车架前方的支座 3 的滑动轴套内，在拐轴 2 的外端轴承上安装着导向轮 1。导向轮的外方有注油嘴，内端装有端面油封。在拐轴的固有连接耳 9 上用销子连接着张紧臂 8，张紧臂内有张紧螺杆 10。缓冲弹簧 7 的一端抵压在张紧臂 8 的弹簧座上，另一端则抵压在用螺母 6 限位的弹簧座上。张紧螺杆 10 的后端用螺母 5 和球形垫圈抵压在支座 4 内。螺母 6 用来调整弹簧 7 的预紧度。螺母 5 用来调整履带的张紧度。

这种张紧装置还有一定的缓冲作用，当履带碰到障碍物而过于张紧时，通过导向轮迫使曲拐向后摆动，压缩张紧弹

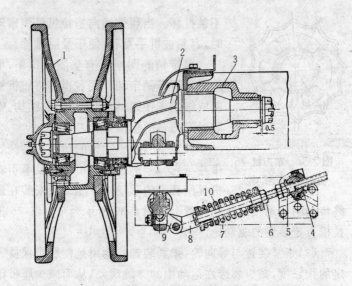

图 2-38　东方红-75 拖拉机的张紧装置与导向轮

1.导向轮　2.拐轴　3、4.支座　5、6.螺母　7.缓冲弹簧　8.张紧臂　9.连接耳　10.张紧螺杆

簧;越过障碍物后,在弹簧弹力的作用下导向轮返回原位。

　　(4)支重轮和托带轮:支重轮用来支承拖拉机的重量,并通过履带把拖拉机的重量传到地面。支重轮在履带的导轨面上滚动,还起夹持履带不使其横向滑脱的作用。当拖拉机转向时,支重轮迫使履带在地面上滑移。

　　支重轮承受强烈的冲击,常在泥水中工作,故要求可靠的密封,轮圈耐磨。农用拖拉机上常采用直径较小,但个数较多的支重轮,这样可使履带支承面的接地压力均匀,减少拖拉机在松软土壤上工作时的下陷深度。如东方红-75 拖拉机每边履带上有四个双轮圈支重轮,其结构如图 2-39 所示。支重轮轴 1 安装在平衡臂 3 的两个圆锥滚子轴承 5 内,轴的两端安装着支重轮的两个轮圈 2、4。在锥轴承的外面和轮圈间装有

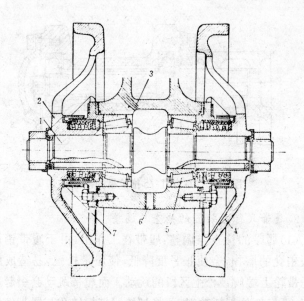

图 2-39　东方红-75 拖拉机的支重轮
1.支重轮轴　2、4.支重轮圈　3.平衡臂　5.圆锥滚子轴承　6.放油孔　7.
挡泥密封圈

端面油封。端面油封的密封表面是由两个用特殊钢材制成的
接触表面极平滑的密封钢圈构成。一个镶在轴承挡板内不动，
另一个与支重轮圈一起旋转并通过弹簧使其与固定钢圈压
紧。在弹簧外部则由橡胶套封闭。油封的外面还有挡泥密封
圈 7。它为迷宫结构，间隙里可填满钙基润滑脂。支重轮内用
机油润滑。

　　托带轮的功用是托住履带的上方区段，防止履带下垂过
大，以减小履带运动时震跳，并防止履带侧向滑脱。

　　图 2-40 所示为东方红-75 拖拉机的托带轮。通过两个球
轴承安装在固定于机架上的托带轮轴 1 上，其内端装有端面
油封，外端用盖 2 封住，盖上有注油塞 3，它同时又是放油塞，
工作中用机油润滑。

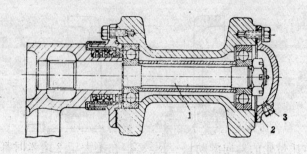

图 2-40　东方红-75 拖拉机的托带轮
1.托带轮轴　2.盖　3.油塞

2.履带式行走装置的检查与调整

(1)履带的检查与调整:履带在工作中,由于履带销及履带板销孔的磨损,会使张紧度降低,使履带松弛,易造成脱轨和托带轮上端履带松弛区段的跳动。而履带跳动会引起冲击载荷,不仅额外消耗功率,还将加快履带板销孔与履带销的磨损,以及引起托带轮、轮轴及轴承的损坏。

履带的张紧程度可用履带的下垂量来反映。检查时,将拖拉机停放在平坦的硬地面上,分离转向离合器,并压踩履带使其下垂位于它的上半部。用一根平直的木条放在两个托带轮上方的两个履带销上,在履带最大下垂处量出履带销上端距木条下平面的垂直距离,该距离即为履带的下垂量。

履带的下垂量应为 30～50 毫米,若下垂量过大,则应予以调整。调整时,可拧动图 2-38 中的调整螺母 5,使张紧螺杆 10 通过拐轴 2 迫使导向轮前移而张紧履带。调整后,应将调整螺母锁紧。如果张紧螺杆移动到即将脱出支座 4 而履带下垂量仍然大于规定值时,可拆下一节履带板,再重新调整履带下垂量。

(2)导向轮、支重轮及托带轮轴向游动量的检查与调整:

导向轮、支重轮及托带轮的轴向游动量主要是由于其轴承磨损后,轴承间隙增大而引起的。游动量过大,会导致履带在工作中左右摆动,使相关零件早期损坏,游动量过小,则运转阻力增大。所以,应定期检查和调整上述三轮的轴向游动量(即轴承间隙)。

导向轮、支重轮的轴向游动量的正常值为 0.3～0.5 毫米,托带轮的轴向游动量控制较宽,在不大于 2 毫米时都可正常使用,若大于 2 毫米,则应更换轴承。

调整导向轮轴向游动量时,应先将履带拆开,放出润滑油,拆下轮盖,拧动图 2-38 中拐轴 2 外轴端的调整螺母,先消除掉轴承间隙,然后再将螺母松退 1/5～1/3 圈即可。

检查、调整支重轮轴向游动量时,可顶起拖拉机,使被检查的支重轮离开履带轨道,沿轴向来回晃动支重轮,若发现轴向游动量过大,则可将图 2-39 中锥轴承外端的密封壳与平衡臂 3 之间的垫片减少一些。

(四)轮胎式行走装置

1.轮胎式行走装置的组成和特点 轮胎式行走装置主要包括前轴、前轮和后轮。与其它的轮式车辆相比,有以下主要特点:

(1)田间土壤较松软、潮湿,土壤所产生的附着性能较差,而拖拉机拖带农机具在田间作业时却需要较大的牵引力,因此,拖拉机的大部分重量都集中在驱动轮,以增加产生附着力的重量,即附着重量。为了能承受这个重量,同时为了增加与土壤的接触面积,减少车轮下陷所产生的滚动阻力,减轻对土壤的压实和破坏,并有利于提高牵引能力,驱动轮(后轮)大多采用直径较大的低压轮胎,且胎面上都有凸起的花纹。

(2)拖拉机在田间作业时需要经常调头、转弯,为了减少在田间转向的困难,导向轮(前轮)都采用直径较小的轮胎,且其胎面大多具有一条或数条环状花纹,以增加防侧滑的能力。

(3)拖拉机进行中耕作业时,田间农作物已长到一定高度,为了不伤害这些作物,拖拉机应有合适的离地间隙,即跨在农作物行上的机体的最低点离地面的距离。此外,为了适应各种作物不同的行距,防止压苗和伤苗,轮式拖拉机的轮距都是可调的。有些拖拉机的离地间隙也是可调的。

(4)拖拉机进行水田作业时,为了能顺利地爬越田埂,克服由于沉陷而增加的滚动阻力以及发挥出足够的牵引力。拖拉机可换用高花纹轮胎、水田叶轮等,也可采用镶齿水田轮、间隔式履带板等行走装置。

2.轮胎式行走装置的结构

(1)前轴:拖拉机的前轴用来安装前轮,又是拖拉机机体的前支承,承受拖拉机前部的重量。

前轴一般与机体铰接,这样,当拖拉机在不平地上行驶时,前轴可以摆动,以保证两前轮都能同时着地。但这种摆动是有限的,一般为 $10° \sim 14°$。

为了调节前轮轮距,前轴一般都做成可伸缩的,常用的结构型式有两种:一种是伸缩套管式,套管断面为圆形或矩形,大部分轮式拖拉机上采用;另一种为伸缩板梁式,用在丰收-35 拖拉机上。

图 2-41 所示为伸缩套管式前轴,主要由前轮轴 4、转向节立轴 7、伸缩套管 10、上、下托架 11 和 16、前轴套管 12、连接座 14、摇摆轴 15 等组成。

连接座 14 与前轴套管 12 焊接成一体,并用摇摆轴 15 与下托架 16 相铰接。下托架 16 用螺钉与机体紧固在一起,摇摆轴 15 与连接座 14 间有滑动衬套,用钙基润滑脂润滑。这样连

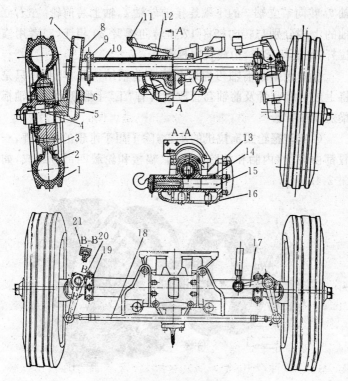

图2-41 拖拉机的前轴

1.轮胎 2.轮圈 3.幅板 4.前轮轴 5.轮毂 6.止推轴承 7.转向节立轴 8.转向节支架 9.销子 10.伸缩套管 11.上托架 12.前轴套管 13.机体 14.连接座 15.摇摆轴 16.下托架 17.转向杠杆 18.横拉杆 19.压瓦 20.转向摇臂 21.键

接座14同前轴套管12一起,可以相对于机体摆动。安装散热器用的上托架11固定在下托架16上,并用来限制前轴的摆动角度。

　在前轴套管12内的两端装有左右伸缩套管10,伸缩套管上有调整前轮轮距用的孔。

转向节支架 8 与伸缩套管 10 焊接在一起,内装转向节立轴 7,转向节立轴 7 的下端连接前轮轴 4,轴上装前轮。左右立轴的上端分别与转向杠杆 17 和转向摇臂 20 相连,二者用横拉杆 18 连接起来,构成转向梯形。

伸缩板梁式前轴与伸缩套管式前轴结构基本相同,只是将上述伸缩套管及前轴套管改成具有"工"字形断面的前轴板梁及前轴臂。

(2)车轮:轮式拖拉机的车轮,除了用于水田的铁轮外,一般都由轮胎(内胎和外胎)、轮圈、辐板和轮毂四部分组成,如图 2-42 所示。

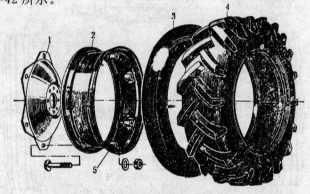

图 2-42　车轮组成
1.辐板　2.轮圈　3.内胎　4.外胎　5.连接凸耳

①轮圈:由薄钢板滚轧成形后焊接而成。它具有特殊的断面,以便于安装外胎。

②辐板:用来连接轮圈和轮毂,并增加轮圈的刚度。拖拉机上广泛采用盘式辐板。一般前轮的辐板和轮圈焊接在一起;后轮的辐板则多采用可拆卸式连结。一般在后轮轮圈上焊有连接凸耳,辐板则用螺栓紧固在凸耳上,能调节后轮轮距。

③轮毂:用来连接车轮和轮轴。拖拉机前轮轮毂通常用两个锥轴承安装在前轮轴上,后轮轮毂则通常用花键或平键与驱动轴相连。轮毂的外缘则用螺栓连接在辐板上。

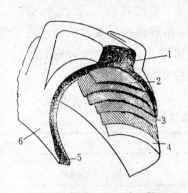

④内胎:是一个封闭的橡胶圈,安装在轮圈和外胎之间。内胎的内侧有一气门嘴,穿过轮圈露在外面,利用它可以向内胎充气,以使车轮承受重量,并具有一定的弹性。

⑤外胎:是车轮与地面直接接触的部分。它主要由胎面1、胎侧6、帘布层3、缓冲层2

图 2-43 外 胎
1.胎面 2.缓冲层 3.帘布层
4.胶层 5.钢丝圈 6.胎侧

和钢丝圈5等组成(图2-43)。

拖拉机驱动轮的胎面上有凸起较高的越野花纹,一般呈"人"字形或"八"字形。花纹可增大胶轮与土壤间的附着力,减少打滑,以便充分发挥柴油机的功率,花纹具有方向性,不能装反。另外,"八"字形轮胎花纹还具有自动清泥作用。

拖拉机前轮的胎面上有纵向的条形花纹,以提高导向性能,减少侧滑。

外胎上一般都标有气压值、帘布层数、承载能力及轮胎的尺寸规格等。有的还用箭头标明拖拉机前进时轮胎转动方向。

拖拉机上全部采用低压轮胎,其充气压力为147～441千帕(1.5～4.5公斤力/厘米^2);帘布层数用汉字层级或P.R.表示,如10P.R.即表示10层;尺寸标注用"断面宽度—轮圈直径"表示,如"9.00—20"即表示轮胎的断面宽度为9英寸,而轮圈直径为20英寸。

近年来,拖拉机后轮轮胎的主要发展趋势是在原规格的基础上外径不变而增大断面宽和行驶面宽。这种轮胎尺寸的表示方法是:"最大宽度/额定宽度—轮圈直径"。如铁牛-60拖拉机上采用的"13.6/12—32"轮胎就是在原来"12—32"轮胎的基础上外径不变而断面宽度增加1.6英寸。这种轮胎的附着性能和行驶平顺性都较原规格要好。

表2-2所示为几种国产拖拉机所用轮胎的规格和胎压。

表2-2 部分国产拖拉机轮胎规格及胎压

机　型	前　轮		后　轮	
	规　格	气压 (千帕)	规　格	气压 (千帕)
东方红-20	4.00—16	177～196	9.5/9—24	78～118
东方红-30	5.50—16	196～245	11.2/10—28	78～118
东方红-40	6.00—16	177～196	12.4/11—32	83～98
东 风-50	6.00—16	177～196	11—32	83～98
丰 收-35	6.00—16	177～196	10—28	78～98
铁 牛-55	6.50—20	177	12—38	98～137(田间作业) 196～226(运输)
铁 牛-65	6.50—20		16.9—34	
长春-30、40	6.50—16	304	11—38	78～118(田间作业) 118～137(运输)
泰山-25(254)	4.00—16 (6.00—16)	196～245 147～177	9.5/9—24	98～118
神牛-25(254)	4.00—16 (6.00—16)	196～245 226～245	9.5/9—24	98～118
奔野-25(254)	4.00—16 (6.00—16)	177～196 255～275	9.5/9—24	78～118

(3)前轮定位:轮式拖拉机的前轮,并不与地面垂直,而是其上端略向外倾斜,前端略向里收拢;转向节立轴也不与地面垂直,而是其上端略向里和向后倾斜。这四项倾斜和收拢的角度和尺寸,统称为前轮定位。前轮定位的目的,是为了保证拖拉机直线行驶的稳定性和转向灵活、轻便,并可减少轮胎的磨

损。

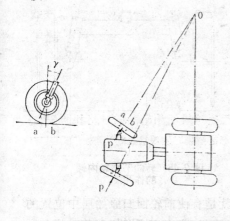

图 2-44 转向节立轴后倾

①转向节立轴后倾：转向节立轴的上端沿拖拉机纵向向后倾斜一个角度γ，称为转向节立轴后倾（图 2-44），其目的是为了使前轮具有自动回正的作用。当偏转前轮使拖拉机绕转向轴线"0"转向时，在前轮上就作用一个使拖拉机转向的侧向力 P，此力作用在轮胎支承面的中心 b 点。由于转向节立轴后倾，其轴线与地面的交点 a 将位于 b 点的前方，这样，侧向力 P 将对主轴轴线产生一个使前轮回正的力矩，驱使前轮回到居中位置。前轮的这种自动回正作用，使拖拉机在行驶中，一旦前轮遇到偏转，产生的侧向力就会使前轮在回正力矩的作用下自动回正，有利于保持拖拉机直线行驶的稳定性。

显然，转向节立轴后倾角越大，回正力矩也越大。但是，过大的回正力矩反而会使拖拉机在行驶中产生"晃头"现象，转向费力，所以后倾角应该适当。一般拖拉机的转向节立轴后倾角 γ＝0°～5°。该角度在焊接前轴时已确定。

②转向节立轴内倾：转向节立轴上端向内倾斜一个角度β，叫转向节立轴内倾（图 2-45）。当转向节立轴内倾一个角度后，在前轮左、右偏转时，前轮有略微抬高前轴的趋势。为了更清楚地说明问题，假设前轮轴绕转向节立轴转过 180°（仅仅

是假设,实际的前轮偏转角最大不超过50°)。如图 2-45 所示,车轮将陷入地面"h"深,但车轮陷入地面是不可能的,实际情况是此时前轴被抬高了"h",被抬高的前轴在拖拉机重量的作用下,随时有下

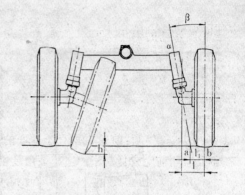

图 2-45 转向节立轴内倾的作用

落到最低位置的趋势,也就是有使前轮回归原始居中位置的趋势。因此,当拖拉机在行驶中受到不大的外来侧向力后,就不致使拖拉机发生偏转,或前轮偶然发生偏转,就能自动回到直线行驶位置。在施加外力进行转向后,松开方向盘,前轮就能迅速回到直线行驶

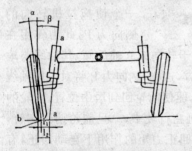

图 2-46 前轮外倾和转向节立轴内倾

位置,从而可保证拖拉机直线行驶的稳定性。

转向节立轴内倾对拖拉机转向时的操纵力也有一定的影响。转向时,操纵方向盘使前轮偏转,此时,作用在轮胎支承面中点 b 上的纵向阻力将对转向节立轴轴线 a—a 产生一个阻止它偏转的阻力矩。支承面中点 b 离轴线 a—a 的距离越小,阻止前轮偏转的阻力矩就越小,操纵就越轻便。如果转向节立轴垂直于地面,则立轴轴线与轮胎支承面中点在地面上的距离为 1,当转向节立轴内倾后,这个距离则缩小到 1_1,显然,阻

止轮胎转向的阻力矩变小了,转向操纵也省力了。但转向节立轴内倾后,转向时又会导致前轴抬高,这样又使操纵费力。这两个方面是相互矛盾的,所以,转向节立轴的内倾角也不是越大越好,一般来说,转向节立轴内倾角 $\beta = 3° \sim 9°$,由转向节的结构来保证。

③前轮外倾:前轮在垂直于地面的平面内,向外倾斜一个角度 α,叫前轮外倾(图 2-46),该角度由焊接时前轮轴向下倾斜 α 角而得到。与转向节立轴内倾相同,由于前轮外倾,使前轮与地面接触面中心点和转向节立轴的延长线与地面交点间的距离由 1_2 缩短为 1_1,可以进一步缩小偏转前轮的阻力矩,使转向操纵轻便。同时,在地面反作用力的作用下,使前轮向里压,减小了外端小轴承的负荷,使前轮不易松脱。

前轮的外倾角 α 一般为 $1.5° \sim 4°$。

④前轮前束:在通过前轮中心的水平面内,两前轮前端的距离 b 比后端的距离 a 小一些,前轮的前窄后宽的现象叫前轮前束,其差值(a−b)称为前束值(图 2-47)。

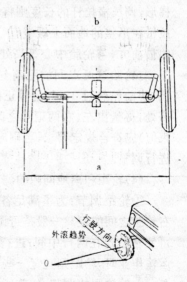

前轮外倾后,前轮就像一个锥顶 O(在外侧地面上)的锥体,当拖拉机行驶时,前轮就有绕这个锥顶向外滚动的趋势;另一方面,由于在转向梯形的铰接等处不可避免地总会有间隙存在,这样拖拉机在行驶中,

图 2-47 前轮前束

前轮也可能因外撇而产生向外滚动的趋势。但由于有前轴的连接,前轮实际上不可能向外滚开,而是由前轴强制它向前作直线滚动,这样势必要使前轮在滚动中产生滑移,从而加速轮胎的磨损。采用前轮前束,就是为了消除这个不良后果。前束的结果,使前轮轴线与地面的交点 O 的位置略向前移,从而减小轮胎支承面上各点滚离直线行驶方向的倾向,有利于减轻轮胎磨损。

一般前轮前束值在 2~12 毫米范围内。

使用中要定期对前束值进行检查和调整。轮式拖拉机一般都采用转向梯形结构,其横拉杆拧在左、右两球头销上。这样,便可通过调节横拉杆的长度来调整前束值。对于前置式转向梯形,调长横拉杆的长度将使前束值减小;对于后置式转向梯形,调长横拉杆的长度则将使前束值增大。调整时,应使拖拉机在平整的地面上缓缓直行,打正方向盘后停车,在两前轮的最前方,与轮胎中心等高处的胎面中点,作一记号,先量出左、右轮胎这两点间的距离 b,然后,缓慢推动拖拉机直线向前,使前轮转过 180°,记号正好转到轮毂后方与轮胎中心等高处,再量出左、右两记号之间的距离 a,a 和 b 的差值(即前束值)应符合规定要求,否则应采用加长或缩短横拉杆的方法进行调整。

(4)轮距和离地间隙的调节

①轮距调节:为了满足各种不同作业的要求,拖拉机左、右轮胎之间的距离一般是可调的,以便在进行中耕等作业时,可使轮胎走在两行中间;进行旋耕作业时,轮距则应小一些;运输作业时,轮距则宜宽一些。

前轮轮距的调节,如前所述,是利用伸缩前轴套管或板梁达到的。后轮轮距的调节分为有级式调节和无级式调节两种,有些拖拉机上则是这两种调节相互配合。

有级式调节是利用改变辐板与驱动轮毂的相对位置,改变轮圈与辐板的相对位置以及两轮辐板对调等办法来改变轮距。几个位置的排列组合可得到几种不同的轮距。如丰收-35拖拉机后轮的有级调节,共可得到从 1216～1924 毫米八种不同的轮距(图 2-48)。

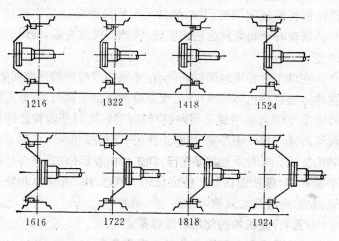

1216　　1322　　1418　　1524

1616　　1722　　1818　　1924

图 2-48　丰收-35 拖拉机后轮距调节示意图

有级调节结构简单,只要轮距间隔选择合适,可以满足一般的农艺要求。国产拖拉机中,除铁牛-55 和东方红-28 拖拉机外,大多数都采用这种调节。这种方法适用于最终传动分置两侧的后桥。

无级调节通常是将后轮轮毂在轮轴末端的花键或平键上移动而得到。如铁牛-55 拖拉机的后轮,利用这种方法其后轮可在 1200～1400 毫米范围内无级调节。这种结构只适合于最终传动置于中间的后桥。由于驱动轮轴的伸出增加了拖拉机的宽度,所以轮轴不能伸出过长,这样,单靠移动轮毂来进行无级调节的范围受到限制。此时可以再翻转辐板(实际上是左、右驱动轮对调)来扩大调节范围。如铁牛-55拖拉机后轮对调后,轮距又可在1550~1800毫米范围内无级调节。

②离地间隙的调节:有些拖拉机的离地间隙是可调的,以便适应运输或耕地等作业时,离地间隙应低些,而中耕作业时,离地间隙应高些的要求。

后桥离地间隙的调节,通常采用将最终传动壳体相对于机体转动一个角度的方法来实现。离地间隙改变后,轴距也有改变。

在调节后桥离地间隙的同时,必须调节前轴的离地间隙,这样才能保持机体的水平。为使前轴的离地间隙可调,通常将转向节支架与前轴臂之间,或将转向节立轴与前轮轴之间做成可拆式连接。图2-49所示为铁牛-60拖拉机采用曲拐式前轴的方案。当拧下连接转向节立轴1和前轮轴曲拐臂2的两个紧固螺钉,使曲拐臂2绕定位销3转过180°并重新用螺钉紧固后,前桥离地间隙可抬高150毫米。

(五)行走机构的使用与保养要点

1. 履带式行走装置的使用与保养要点

(1)经常清除履带上的污泥、杂物,注意履带销的连接和锁定状况,防止履带销窜出。

(2)定期检查和调整履带的张紧度。

(3)导向轮、支重轮和托带轮都是用机油润滑,使用中应定期检查油面并在必要时添加或在清洗后添加机油。

(4)按前述方法定期调整各轴的轴承间隙。

(5)一些轴及轴套等零件,当一边磨损量过大时,可翻转180°,让没有磨损的一边继续使用,可延长这些零件的使用寿命。

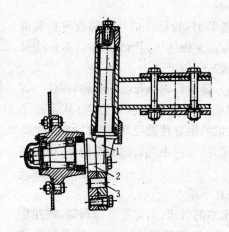

图 2-49　曲拐式前轮轴
1.转向节立轴　2.前轮轴曲拐臂　3.定位销

（6）左右对称的零件，如支重轮、导向轮、托带轮等，当产生偏磨时，均可以调到另一边继续使用。

（7）对于摩擦表面，在装配前要擦净污泥、杂物，并抹上少量润滑油或钙基润滑脂（黄油）。

2.轮胎式行走装置的使用与保养要点　轮胎式行走机构在使用中，除了要注意前、后桥等连接部位的紧固及保证其工作正常外，应着重注意轮胎的使用与保养。因为轮胎的价格约占整台拖拉机的 10％～15％，同时，它又是轮胎式行走机构中的主要工作部件和易损件。使用保养或拆装不当，就会过早磨损或损坏，造成很大的经济损失。因此，必须遵守拆装和使用中的注意事项。

（1）轮胎拆装中的注意事项

①拆装轮胎时应先将内胎中的空气放掉，并在清洁、平整、干燥、坚硬和无油污的地面上进行，防止沙土、杂物等落在外胎内壁或粘附在内胎表面上损坏内胎。同时，拆装时要防止油污粘附于轮胎上腐蚀轮胎。

②拆装轮胎（尤其是不可拆式轮圈）要用专用工具，应有熟悉轮胎构造且有实际经验的专业人员操作或指导，切不可乱敲乱打，以免使轮圈产生锐边、凹痕、破裂等缺陷，加速轮胎的损坏，并要保持轮圈的清洁，防止锈蚀损坏。

③向轮圈上安装内外胎时,轮胎上的气门嘴应对正轮圈上的气门嘴孔,不能歪斜,以免损坏气门嘴或内胎。装配中要将各部位的紧固螺栓拧紧。

④向车上安装轮胎时,要注意轮胎花纹的朝向,应使"人"字形或"八"字形的字顶朝向拖拉机的前进方向(从上往下看),若装反,则会使拖拉机的附着性能变坏,加速轮胎磨损。

⑤安装后的轮胎充气时,应用手锤转圈轻敲胎面,以免内胎因折皱而损坏。

(2)轮胎使用中的注意事项

①经常检查并保持轮胎的气压。若轮胎气压过高,缓冲作用减弱,拖拉机的震动加剧,容易使零件损坏,也容易使机手疲劳;田间作业时,由于接地面积小,单位面积压力大而使土壤变形加大,滚动阻力增加,附着性能变坏,遇到冲击时,甚至会使内胎爆裂。若轮胎气压过低,则会使轮胎变形过大,滚动阻力也会增加,轮胎容易发热、老化和损坏。

轮胎的气压应随季节、温度、路面软硬 而变化,一般在公路上进行运输作业时气压可偏高些,田间作业时气压应偏低些,冬季气压偏高些,夏季气压偏低些,前轮轮胎气压可偏高些,驱动轮轮胎气压可偏低点。同时,左、右轮胎的气压应一致,以保持拖拉机直线行驶的稳定性。

②保养、维修拖拉机时,不要使柴油、机油及酸碱物污染轮胎,以防胎面橡胶腐蚀老化,平常应注意保持轮胎的清洁。

③起步、制动要平稳,尽量避免急刹车和用拖拉的办法起动柴油机。因为起动或制动过猛,不仅会加剧胎体变形,而且会使胎面与地面发生强烈摩擦,加速轮胎的磨损。

④不要经常使拖拉机超负荷作业,因为它会使轮胎严重打滑,造成轮胎的早期磨损。

⑤停放时,不要让轮胎直接在阳光下曝晒,应停放在阴凉处,以免橡胶早期老化变质。长期停放时,应将拖拉机机身支起,使轮胎不受力,也不要放气,以免轮胎产生永久变形。有条件时,可将轮胎拆下,放在干燥、阴凉的室内。若既不能将轮胎拆下,又不能将机身支起,但需长期停放时,则要保持轮胎内有足够的气压,且应经常转动,以免轮胎的某部分因长期压在地面上而变形损坏。

⑥若发现轮胎偏磨,可将左、右轮胎对调使用。更换轮胎时,要同时更换左、右轮轮胎,防止因轮胎新旧不一,磨损情况不同而造成拖拉机跑偏,使操纵困难。

⑦在不平路面上行驶时,要减速慢行,以免产生冲击使轮胎损坏。不要使轮胎碰撞石块、树根等,以免刮伤轮胎。

⑧进行犁耕等重负荷的田间作业时,为了减轻轮胎的滑转现象,提高附着性能,可在轮胎的轮圈上安装配重铁。但拖拉机在长期进行运输作业时,则应减少或不用配重铁,以减少滚动阻力,减轻轮胎磨损。

⑨经常检查轮胎的紧固情况,发现松动应及时拧紧。

⑩正确调整前束,以免造成轮胎的早期磨损(前束及其调整见前)。

四、转 向 机 构

(一)转向机构的功用及作用原理

拖拉机转向机构的功用是改变和控制拖拉机的行驶方向。为了实现拖拉机转向,必须在拖拉机上造成一个与转弯方向相一致的转向力矩,来克服拖拉机转弯过程中的阻力矩。产生转向力矩的方法基本上有两种:一种是使轮子朝转弯方向偏转,利用地面作用在轮子上的侧向力产生转向力矩,轮式拖拉机一般采用这种方法转向,而且通常是偏转前轮,有时为了减小转弯半径,在偏转前轮的同时,制动转弯内侧的驱动轮,使内侧轮的驱动力比外侧的小,从而可产生较大的转向力矩。另一种产生转向力矩的方法是改变传给两侧驱动轮或履带上的驱动力矩,使地面作用在两驱动轮或履带上的驱动力不等而产生转向力矩。履带式拖拉机就是采用这种方法实现转向。另外,手扶拖拉机主要也是用这种方法转向。

(二)履带式拖拉机的转向机构

国产履带式拖拉机的转向机构由转向离合器和操纵机构组成。

1. 转向离合器　转向离合器的作用原理与主离合器的作用原理是一样的,只是由于动力经过变速箱和中央传动两级增扭后,转向离合器所传递的扭矩比主离合器大得多。所以,国产履带式拖拉机上多采用干式、多片常接合式摩擦离合器。图 2-50 所示为东方红-75 拖拉机的转向离合器。

横轴 11 由中央传动大锥齿轮带动,其花键端装有主动鼓 1,主动鼓 1 的外圆齿槽上松动地套有十片主动片 6,每两片主动片之间有一片两面铆有摩擦衬片的从动片 5,也是十片。从动片的外圆周上有齿,与从动鼓 4 的内齿套合。从动鼓 4 用螺钉固定在从动鼓接盘 3 上,并通过它带动最终传动主动齿轮。六对大、小压紧弹簧 7 通过拉杆 8 将压盘 12 压向主动鼓 1,使主、从动片压紧。即常接合式。

分离轴承被螺母压紧在压盘 12 的颈部,分离轴承座 10 的外面套有分离拨叉 9。当转动分离拨叉 9 时,分离轴承往中央传动方向移动,带动压盘和压缩弹簧,进而使主、从动片之间的压紧力降低或彻底分离。

2. 操纵机构　东方红-75 拖拉机转向离合器的操纵机构

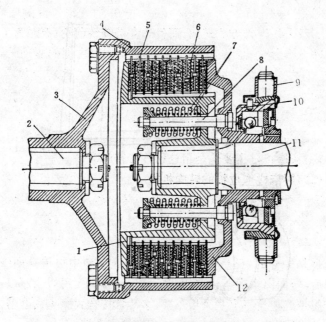

图 2-50 东方红-75 拖拉机转向离合器

1.主动鼓 2.最终传动主动轴 3.从动鼓接盘 4.从动鼓 5.从动片 6.
主动片 7.大、小压紧弹簧 8.弹簧拉杆 9.分离拨叉 10.分离轴承座
11.横轴 12.压盘

如图 2-51 所示。当拉动操纵杆 1 时,推杆 2 向后移动,推动分离杠杆 4 带动分离叉 5 摆转,实现转向离合器的分离和转向。

操纵杆的全行程为 400~500 毫米,其中包括 60~80 毫米的自由行程。摩擦片磨损后,自由行程减小,不能保证离合器的可靠接合。为了恢复原数值,可拧动调整接头 3 以缩短推杆的长度。

(三)轮式拖拉机的转向机构

1.轮式拖拉机的转向过程 轮式拖拉机在转向过程中,是采用偏转前轮的方法实现转向,其转向过程如图 2-52 所示。假定拖拉机四个车轮的轴心线的延长线都与一垂直于地

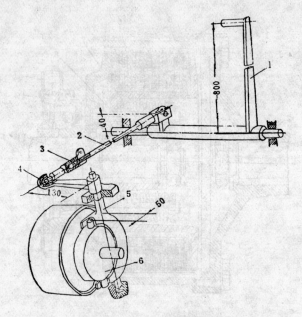

图 2-51 东方红-75 拖拉机转向操纵机构
1.操纵杆 2.推杆 3.调整接头 4.分离杠杆 5.分离叉 6.分离拨圈

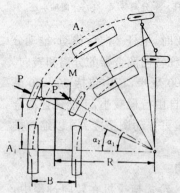

图 2-52 轮式拖拉机的转向过程

面的转向轴线相交,转向轴线在地面的投影点称为转向中心O,则拖拉机从 A_1 位置转到 A_2 位置时,拖拉机的前轮相对于机体偏转了一个角度,而且两侧前轮偏转的角度不同,内侧轮偏转角 α_1 大于外侧轮偏转角 α_2;同时,两侧车轮的转速不同,内侧轮慢,外侧轮快,即在同一时间内内侧轮滚过的路程短,外侧轮滚过的路程长。这一点对于前轮来说没有什么影响,因为一般前轮都是靠推动而滚动,而驱动轮则必须实现差速,才能保证当两侧驱动轮滚过的路程长短不同时,能作纯滚动而不产生滑移。这就要求轮式拖拉机转向时必须满足两个条件,即:

条件 1:为了保证两个前轮都作无侧滑的滚动,使转向操纵轻便,延长轮胎的使用寿命,就必须使内、外侧前轮偏转角 α_1 和 α_2 满足下列关系式:

$$ctg\alpha_2 - ctg\alpha_1 = M/L = 常数$$

式中:M——左、右转向节立轴之间的距离;

L——拖拉机的轴距。

条件 2:两个驱动轮在转弯时走过的距离不相等。因此它们在转弯时的转速应当有差异,内侧轮转得慢而外侧轮转得快,即:

$$\frac{n_{外}}{n_{内}} = \frac{R + 0.5B}{R - 0.5B}$$

式中:$n_{外}$——外侧驱动轮转速;

$n_{内}$——内侧驱动轮转速;

R——转弯半径(即转向中心 O 到拖拉机后轴中点的距离);

B——驱动轮轮距。

2.轮式拖拉机转向机构的组成 为了满足上述两个条件,轮式拖拉机的转向机构应包括下列两部分:

(1)转向器和转向传动装置:如图 2-53 所示,它把人的操纵变为相应的前轮偏转,实现第一个条件。机手转动方向盘 8,通过转向器 7 使转向摇臂 6 前后摆动,再经过纵拉杆 5、转向杠杆 3、横拉杆 2 和转向节臂 1 使两前轮偏转。转向摇臂 6 以后的全部杆件统称为转向传动装置。其中由横拉杆 2、转向节臂 1、转向杠杆 3 及前轴组成的梯形机构,叫转向梯形。

图 2-53 轮式拖拉机的转向机构
1.转向节臂 2.横拉杆 3.转向杠杆 4.前轴 5.纵拉杆 6.转向摇臂
7.转向器 8.方向盘

(2)差速器:使两驱动轮能以要求的不同转速转动,实现第二个条件。

3.轮式拖拉机转向机构的构造

(1)转向器:转向器的功用是将方向盘的转动通过一个传动副变为摇臂的摆动,来改变力的传递方向并增力,再通过传动装置使前轮偏转。

常用的转向器型式有蜗杆蜗轮式、球面蜗杆滚轮式、螺杆螺母循环球式和曲柄指销式等。

①球面蜗杆滚轮式转向器:球面蜗杆滚轮式转向器的结构见图 2-54,在转向蜗杆箱 6 中,安装着蜗杆 3 和滚轮 9 组成的转向啮合传动副。蜗杆 3 的内孔以三角花键套在转向轴 5 的下端,蜗杆两端装在两个无内圈的圆锥滚子轴承(即蜗杆轴承 4),实际上是以蜗杆的两端做成斜面形状,代替了轴承内圈。转向轴 5 上端则与方向盘相连。

滚轮 9 通过大锥角轴承 8 或滚针套在滚轮轴 10 上,滚轮轴 10 又安装在转向摇臂轴 11 中部凸起的"U"形销座上。这

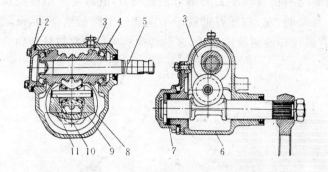

图 2-54　球面蜗杆滚轮式转向器

1.轴承盖　2、7.调整垫片　3.蜗杆　4.蜗杆轴承　5.转向轴　6.转向蜗杆箱　8.大锥角轴承　9.滚轮　10.滚轮轴　11.转向摇臂轴

样,转动方向盘使转向轴 5 转动时,球面蜗杆 3 就带动与之相啮合的滚轮 9 滚动,与滚轮轴 10 相连的转向摇臂轴 11 则随之转动,通过锥形三角花键或其它形式连接在转向摇臂轴 11 伸出端的转向摇臂就随之前后摆动,带动传动装置使前轮偏转,实现转向。

　　这种转向器传动效率高,磨损小,啮合情况好。铁牛-55 等拖拉机采用这种转向器。

　　蜗杆蜗轮式转向器与球面蜗杆滚轮式转向器属同一类型,只是将球面蜗杆改成普通蜗杆,滚轮改为扇形蜗轮而已,它的传动比小,但传动效率低,操纵费力,磨损快。所以有被球面蜗杆滚轮式转向器取代的趋势。

　　②螺杆螺母循环球式转向器:螺杆螺母循环球式转向器的结构如图 2-55 所示,在螺杆 1 和螺母 2 间的螺旋槽中装有许多钢球,导流管 6 连接螺母 2 螺纹的始末两端。转动方向盘使螺杆 1 转动时,通过钢球使螺母作轴向移动。螺母通过固定销 8 带动左摇臂轴 4 转动。左摇臂轴 4 是一根齿扇轴,通过扇

形齿轮与右摇臂轴 5 上的扇形齿轮啮合,故转动方向盘使螺母 2 移动时,左、右摇臂轴就一个向前一个向后地摆动,带动左、右纵拉杆使两前轮偏转。这种转向机构称为双拉杆转向机构。

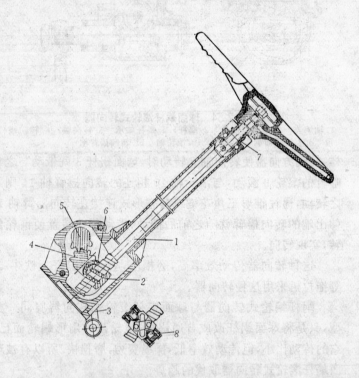

图 2-55　螺杆螺母循环球式转向器
1.螺杆　2.螺母　3.摇臂　4.左摇臂轴　5.右摇臂轴　6.导流管　7.上滚子座　8.固定销

这种转向器由于在螺杆和螺母之间夹入若干钢球,变螺杆与螺母之间的滑动摩擦为滚动摩擦,可进一步提高传动效率,减少摩擦,使操纵省力。国产东风-50 等拖拉机上采用这种转向器。

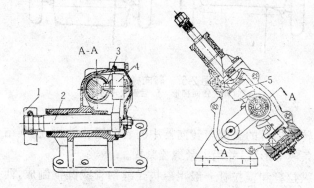

图 2-56   曲柄指销式转向器
1.转向摇臂   2.转向摇臂轴   3.指销   4.曲柄   5.蜗杆

③曲柄指销式转向器:曲柄指销式转向器的结构见图 2-56,转向摇臂轴 2 通过两个滑动轴承安装在转向器壳体上,轴的内端安装有曲柄 4,曲柄的上端通过滚针等装有指销 3,指销插在蜗杆的螺旋槽中。转向时通过方向盘转动蜗杆,使指销作圆弧运动,从而带动转向摇臂运动。其主要特点是加工容易。国产长春-30、40 等拖拉机上采用这种转向器。

(2)转向传动装置:转向传动装置由转向摇臂(也称转向垂臂)、纵拉杆和转向梯形等组成。转向梯形按照横拉杆的位置有前置式转向梯形和后置式转向梯形两种(图 2-57)。横拉杆位于前轴之前的为前置式转向梯形(图 2-57a);横拉杆位于前轴之后的则为后置式转向梯形(图 2-57b)。

前置式转向梯形由于其横拉杆位于前轴前方,容易被撞坏,并且其转向节臂向外偏斜,影响导向轮的偏转,为此,必须加大导向轮离转向节立轴的距离,操纵时比较费力。后置式转向梯形虽无上述缺点,但横拉杆要穿过发动机下方,有时不易

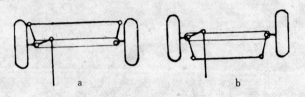

图 2-57 转向梯形
a.前置式转向梯形 b.后置式转向梯形

实现。

转向摇臂的上端与转向器中的转向摇臂轴相连,其结合处有条纹等形状,并用夹紧螺栓紧固。

纵拉杆和横拉杆一般用冷拔无缝钢管或圆钢制成,两头均制有螺纹,以便连接。

转向杠杆和转向节臂分别装在左、右两个转向节上端,用平键联结,并用夹紧螺杆紧固。在转向杠杆和转向节臂的下端都有限位凸肩,用来限制前轮的最大偏转角。

由于纵拉杆、横拉杆在转向过程中作空间运动,为保证其运动灵活可靠,两端的四个接头都是球节头。

球节头的构造如图 2-58 所示,主要由球头销 8、球头销座 7、球头销压盖 5、调节螺塞 2、弹簧 4 及防尘圈 9 等构成。球头销 8 装在销座 7 和球头销压盖 5 之间,在球头销压盖上装有弹簧 4,用调节螺塞 2 压紧,使球头销在压盖和销座之间既没有间隙,又能灵活转动。在调节螺塞上有黄油嘴,以便注入润滑脂润滑。球头销下部有橡胶防尘圈,防止灰尘进入和润滑脂溢出,最下端用槽形螺母和开口销锁住。

如前转向器所述,采用螺杆螺母循环球式转向器的拖拉机上,不采用转向梯形式转向传动装置,直接用两根纵拉杆与两个连接在转向节立轴上的转向节臂配合即可。

另外,为了操纵省力,拖拉机上可采用液力转向加力装

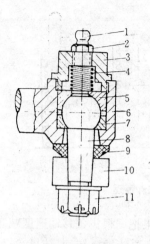

图 2-58　球节头

1.黄油嘴　2.调节螺塞　3.压
盖　4.弹簧　5.球头销压盖
6.拉杆接头　7.球头销座　8.
球头销　9.防尘圈　10.摇臂
11.槽形螺母

置。但这种装置在国产拖拉机上应
用还很少。

(3)差速器和差速锁

①差速器:轮式拖拉机是靠偏
转两前轮实现转向的。转弯时,左、
右两驱动轮在同一时间内所走的路
程是不同的,外侧轮走的距离长,内
侧轮走的距离短。如果两侧驱动轮
只能同速转动,转弯时内侧驱动轮
必然是边滚动、边滑移。即使是直线
行驶,由于轮胎气压、磨损程度不
同,地面高低不平或附着条件不同
等,都会使两驱动轮实际滚动半径
不相等,造成某侧车轮边滚动、边滑
移。而车轮的滑移将使轮胎迅速磨
损,增加滚动阻力,使转向操纵困难。因此,客观上要求拖拉
机的两个驱动轮应能实现差速,即在需要时,使一侧驱动轮在
相同的时间内能比另一侧驱动轮走的路程要长。履带拖拉机
实现差速是依靠转向离合器,而后轮驱动的拖拉机则是在两
驱动轮之间加装一个差速器,以保证两个驱动轮在以上各种
情况下都只作纯滚动,不产生滑移,以延长轮胎的使用寿命,
使拖拉机能顺利转向。同时,差速器还能把中央传动传来的动
力传给左、右半轴,使两个驱动轮滚动。

差速器的工作原理可参考图 2-59,图中所示为一个小齿
轮 3 与左、右两根齿条 1、2 相啮合。小齿轮 3 能在轴 4 上转
动。当轴 4 向上移动一段距离 A,同时保持小齿轮 3 不绕轴 4
转动,则小齿轮 3 带动两根齿条一起向上移动相同的距离 A

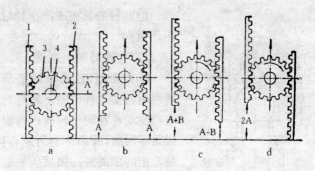

图 2-59　差速器的工作原理

1、2.齿条　3.小齿轮　4.轴

(图 2-59b),且移动的速度相同。如果把一根齿条移动速度减慢(如齿条 2),则小齿轮除移动外,还要绕轴 4 转动,结果,虽然轴 4 依然移动了距离 A,但齿条 1 所移动的距离却大于 A,为 A+B,而齿条 2 移动的距离却小于 A,为 A-B,B 即为齿条 1 移动的距离所增大的值或齿条 2 移动距离所减少的值(图 2-59c),二者恰好相等。如果将一根齿条(如齿条 2)固定不动,则小齿轮 3 随轴 4 向上移动时,还要绕轴 4 转动,且沿不动的齿条滚动,结果,轴 4 依然移动了距离 A,但齿条 1 移动的距离却等于轴 4 移动距离的两倍,为 2A(图 2-59d)。这三种情况下,两根齿条 1、2 移动的距离之和总是等于轴 4 移动的两倍。这就是差速器的作用原理。

　　实际上的差速器如图 2-60 所示,图中的两个半轴齿轮 7、8 相当于图 2-59 中的两根齿条,只是被做成环状,齿形改为锥形,行星齿轮 4 则相当于图 2-59 中的小齿轮(也被做成了锥形),把它们装到一个壳体(差速器壳 2)中。左、右半轴齿轮 7、8 分别与两半轴 1、6 相连,中央传动从动锥齿轮 5 固定在差速器壳体 2 上。动力由中央传动的主动锥齿轮传给从动

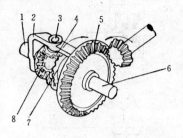

图 2-60 差速器

1、6.半轴　2.差速器壳　3.行星齿轮轴　4.行星齿轮　5.中央传动从动锥齿轮　7、8.半轴齿轮

锥齿轮时,差速器壳 2 随从动锥齿轮 5 一起旋转。当拖拉机直线行驶且两侧驱动轮所受阻力相同时,左、右半轴齿轮、行星齿轮和差速器壳体作为一个整体一起转动,相当于图 2-61b 的情况。此时,行星齿轮只绕半轴轴线公转,而不绕自身轴线自转,左、右半轴齿轮的转速都与差速器壳体的转速相同,两驱动轮以相同的速度前进。当拖拉机转向(或由于其它原因使两侧驱动轮受力不同)时,内侧驱动轮所受阻力增大,内侧半轴齿轮转速降低,于是行星齿轮除绕半轴轴线公转外,还要绕其自身轴线自转,拖拉机转向时的转弯半径越小,行星齿轮的自转转速就越高,从而使外侧半轴齿轮转速提高。这样,外侧驱动轮的转速就高于内侧驱动轮的转速,其增高值等于内侧驱动轮转速的减小值,两驱动轮只滚动不滑移,相当于图 2-59c 的情况。如果将内侧驱动轮单边制动作原地转向时,则内侧半轴齿轮停止转动,转速为零,而外侧半轴齿轮的转速比差速器壳的转速快一倍,相当于图 2-59d 的情况。

动力从中央传动从动锥齿轮传到差速器壳体以后,通过行星齿轮轴传给行星齿轮,然后通过行星齿轮的轮齿平均分配给两边的半轴齿轮,使两驱动轮得到相同的扭矩。所以,差速器的作用是能使两驱动轮"差速",但不能"差扭"。另外,根据差速器壳体是否封闭,有开式差速器(没有差速器壳体或壳体不封闭)和闭式差速器(有封闭的差速器壳体)之分。不管是开式差速器还是闭式差速器,其作用原理完全相同。

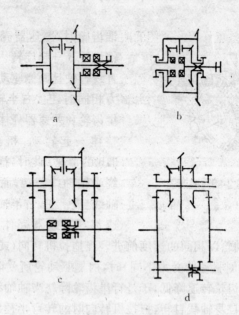

图 2-61 差速锁的各种布置简图
a.半轴与差速器壳连   b、c、d.两半轴连

②差速锁：差速器虽然有差速的特点，但却不能"差扭"，这是因为作用在差速器壳上的扭矩通过行星齿轮的轮齿传给两半轴齿轮时，行星齿轮轴到两半轴齿轮的距离相同所决定的。由于差速器的这一特点，会给拖拉机工作带来不利的影响。当一侧驱动轮陷入泥泞或在冰雪地面上打滑时，使另一侧驱动轮上的牵引力也随此驱动轮附着力的减小而降低，当滑转驱动轮的转速增加为原来的两倍时，则另一侧驱动轮将完全停止转动，使拖拉机不能向前行驶。此时，若狠踩油门，反而会使打滑一侧的土壤进一步遭到破坏，使车轮越陷越深。为消除这一缺陷，不少拖拉机上设有差速锁。当差速锁接合时，差速器中的行星齿轮不能发生自转，差速器形成一个刚性的整

体而失去差速作用。两侧的驱动轮便以相同的转速旋转。同时，由于扭矩不再平均分配给两半轴，整个拖拉机的切线牵引力将受限于两侧驱动轮的附着力之和。

差速锁的布置有两种形式。一种是连接两半轴，如图2-61中的b、c和d。另一种是连接一根半轴与差速器壳，如图2-61a。

图2-61a所示是将一边的半轴或半轴齿轮与差速器壳连成一体。差速锁接合套与右半轴花键连接，其左端上面具有牙嵌齿。当接合套向左移动与差速器壳盖上牙嵌齿啮合时，右半轴与差速器壳体连成一体。当松开差速锁操纵踏板时，分离弹簧将离合套向右推，使右半轴与差速器壳体分离。东方红-20、东方红-40、东风-50等拖拉机采用此类机构。

图2-61b所示为将两半轴齿轮直接连成一体。差速锁连接齿套的外花键与右半轴齿轮的内花键常啮合。当推杆将连接齿套向左移，使其左端的外齿与左半轴齿轮的内花键啮合时，两半轴齿轮啮合成一体。丰收-35等拖拉机采用这种结构。

图2-61c所示是将两个最终传动的从动大齿轮连成一体。右端齿轮轴上用花键连接着差速锁齿套，当其左移与右端齿轮轴上的齿套啮合时，两个从动齿轮只能以同速旋转。

图2-61d与c基本相同，只是在最终传动从动大齿轮上外啮合一个附加齿轮，两个附加齿轮大小相同（齿数相等），其中一个与某一个大齿轮常啮合，另一个以花键的形式套在轴上，当将此齿轮移动到与另一个最终传动大齿轮亦啮合时，因为该轴只能以一个转速旋转，所以迫使两个最终传动大齿轮也只能以同速旋转。铁牛-55等拖拉机采用这种结构。

差速锁上设有弹簧回位机构，只要松开操纵手柄或踏板，差速锁就自动分离。使用中应特别注意及时分离差速锁。

4.方向盘自由转角的调整　由于转向器和转向传动装置各杆件间存在着装配间隙,故方向盘必须先空转一个角度以消除上述间隙,此后导向轮才开始偏转。方向盘的这一空转角度称为方向盘自由转角。适当的自由转角是必要的,它对于缓和反冲,使操纵柔和,避免机手过度紧张是有利的。否则,路面作用在转向轮上的所有反应都会通过转向传动装置和转向器反传给机手,增加操纵人员的劳动强度。但方向盘的自由转角也不宜过大,否则转向操纵的灵敏性下降。一般要求在相当于直线行驶时的中间位置时向任何方向的自由转角不超过 15°～25°。当有关零件磨损使方向盘自由转角超过 30°以上时,就必须进行调整。

调整方向盘自由转角时,应首先调整球节头。在使用中,球头销与销座、球头销压盖间因相互摩擦而磨损。当磨损量不大时,由于球头销压盖上的弹簧有自动补偿作用,不需要调整;当磨损量较大出现间隙时,可拧紧调节螺塞,直至球头销摆动灵活又没有间隙时为止(参见图 2-58)。

当调整完球头销而方向盘自由转角仍然过大时,则应调整转向器。不同的转向器,调整方法不同。下面仅以图 2-54 所示的球面蜗杆滚轮式转向器为例,说明转向器的调整方法。

检查与调整锥轴承的轴向间隙:检查时,先拆除纵拉杆,转动方向盘时不应有明显的阻力,用两手抓住方向盘上下移动时,若感觉不到有轴向窜动,表明轴承间隙合适。否则应减少下盖与壳体之间的调整垫片。

在必要和有可能的情况下,还可以调整滚轮和球面蜗杆之间的啮合间隙。

(四)转向机构的使用与保养要点

1. 履带式拖拉机转向机构的使用注意事项

(1)纠正行驶方向时,拉操纵杆应和缓,放松时应迅速平稳;急转弯时,应首先迅速将操纵杆拉到底,使转向离合器彻底分离后再踩制动器,放松时则次序相反,应达到动作敏捷,配合恰当。否则除增大功率消耗外,还会加速摩擦片的磨损和翘曲变形。

(2)尽量避免重负荷下转向,特别是急转弯,否则不仅会大大增加柴油机的负荷甚至憋火,还会导致转向离合器打滑,加速磨损。

(3)严禁长期超负荷作业,防止转向离合器摩擦片严重发热而烧损或早期严重磨损。

(4)避免偏牵引作业,否则机手经常拉动一侧操纵杆,会使转向离合器摩擦片早期磨损。

2. 轮式拖拉机转向机构的使用注意事项

(1)轮胎的气压对转向机构的正确使用有很大的影响。轮胎气压过低会增大转向时的操纵力;轮胎的气压过高时,在不平路面上行驶会产生颠簸,路面对轮胎的冲击会通过转向器传给方向盘,容易引起机手疲劳;而驱动轮胎气压不一致时,容易造成拖拉机跑偏。

(2)为了防止由于两驱动轮磨损不一等造成的拖拉机自动跑偏,减少机手为纠正方向而频繁操纵方向盘的工作,可定期左右对调两驱动轮,以使两驱动轮磨损一致。

(3)合理掌握车速。过埂、沟等障碍物时应降低车速,以防冲击震坏转向节立轴及前轴和转向机构零件,禁止高速急转弯,猛打方向盘。

(4)在松软的土地上耕作中进行地头转弯时应避免将方向盘打得过急而打死车轮,因为这时由于转向阻力矩过大,会使拖拉机失去操纵,甚至使前轮停止滚动而侧滑。

(5)尽量避免偏牵引作业,以免频繁纠正方向。

(6)拖拉机行驶时禁止使用差速锁,只有当拖拉机某一驱动轮严重打滑或需要通过障碍物时,才允许接合差速锁。

(7)接合差速锁时,必须先彻底分离离合器使拖拉机停驶,然后缓慢踩下差速锁踏板,特别是在驱动轮打滑时,更不能猛踩差速锁踏板,否则易将差速锁打坏。

(8)差速锁接合后禁止拖拉机转弯。

3.转向机构的保养要点

(1)注意检查各连接处是否松动,若有松动则应及时紧固。

(2)检查密封情况。

(3)及时检查和添加润滑油,按时向各润滑点加注钙基润滑脂。按时更换转向器内润滑油并清洗转向器内啮合零件。

(4)经常检查方向盘的自由转角和转向器轴承间隙,必要时调整啮合副间隙。检查调整纵、横拉杆球头销处的间隙。

(5)经常检查和调整履带式行走机构中操纵杆的自由行程,以保证转向离合器能分离彻底。

五、制动装置

(一)制动装置的功用与组成

制动装置的功用是减速、紧急停车和协助转向;当拖拉机进行固定作业或在坡道上停车时,防止驱动轮滚动。

拖拉机的制动装置由制动器和制动操纵机构两部分组成。制动器是专门用来对转动着的驱动轮产生阻力矩的装置,以便使驱动轮能很快地减速或停止转动;制动操纵机构则是操纵和控制制动器使之制动或松开的机构。

大中型拖拉机上一般有左、右两个制动器,可用左、右制动踏板单独操纵。当拖拉机需要急转弯或在潮湿、松软、泥泞的路面上单靠转向机构实现转向有困难时,可用单边制动器协助转向。平时,两个制动器的操纵机构则联锁在一起。

(二)制动器的类型及构造

目前在拖拉机上广泛采用摩擦式制动器。它由静止部分和转动部分两部分组成。静止部分固定在车架或机壳上;转动部分固定在车轮或传动轴上并随之一起转动。制动时,由这两部分摩擦接触消耗能量而起制动作用。

摩擦式制动器按其结构型式分为带式、蹄式和盘式三种;按其安装部位有车轮制动器和中央制动器;按其工作的环境有干式和湿式两种,干式用得广泛。

1. 带式制动器 带式制动器的旋转元件是制动鼓,制动元件是一条铆有摩擦衬面的钢带,钢带均匀地环抱着制动鼓的外圆表面。根据制动时制动带的收紧方式,带式制动器可分为单端拉紧式、双端拉紧式和浮式三种。它们的工作原理见图2-62。

(1)单端拉紧带式制动器(图2-62a):制动带3的一端固定在机体上,另一端与操纵杆1相连。制动时,操纵操纵杆1,使制动带紧箍在制动鼓上。当制动鼓顺着制动带的拉紧方向旋转时,作用在钢带上的摩擦力进一步将制动带拉紧,这是制动器的增力作用,可以减少操纵力;当制动鼓向相反方向旋转时,摩擦力则妨碍制动带拉紧,使操纵费力。

(2)双端拉紧带式制动器(图2-62b):双端拉紧带式制动器的制动带两端都连接在操纵杆1上。制动时,制动带的两端同时拉紧,因此,不论制动鼓的旋转方向如何,都可以用同样的操纵力获得相同的制动效果。

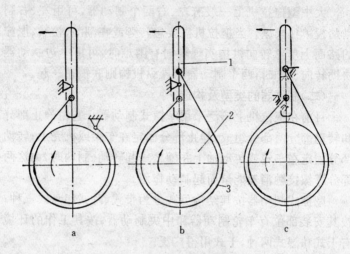

图 2-62 带式制动器简图
a.单端拉紧式　b.双端拉紧式　c.浮式
1.操纵杆　2.制动鼓　3.制动带

（3）浮式带式制动器（图 2-62c）：浮式带式制动器的制动带都连接在操纵杆上，但操纵杆却没有固定的支点。因此，当制动鼓逆时针旋转而制动时，上铰链点成为支点，制动带的该端为紧端；制动鼓顺时针旋转而制动时，下铰链点成为支点，制动带的该端为紧端。因此，无论拖拉机前进或倒退而制动时，制动器均起自行助力作用，使操纵轻便。但结构较复杂。

以上三种带式制动器均有应用，如东方红-75 拖拉机采用单端拉紧带式制动器；东方红-28 拖拉机采用双端拉紧带式制动器；红旗-100 拖拉机采用浮式带式制动器。

带式制动器结构简单，但摩擦衬面散热较差、磨损不均匀，制动时所需的操纵力大于其它类型的制动器，在轮式拖拉机上已很少采用，但在履带拖拉机上，可利用转向离合器的从动鼓作为带式制动器制动鼓，在结构上布置方便，所以仍在采用。

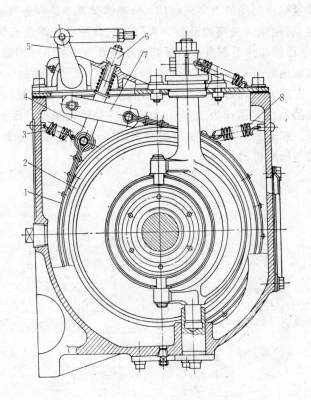

图 2-63　东方红-75型拖拉机的带式制动器
1.制动带　2.制动鼓　3、8.分离弹簧　4.拉杆　5.上曲臂
6.调整螺母　7.连接板

图 2-63 为东方红-75 履带拖拉机上采用的单端拉紧带式制动器结构。它安装在后桥箱体内。制动鼓 2 是转向离合器的从动鼓,在拖拉机前进行驶时逆时针旋转。制动带 1 的固定端通过拉杆 4 上的调整螺母 6 固定在后桥箱盖上,调整螺母 6 同时可用来调节制动带的长度。拉紧端通过连接杆 7 与上

曲臂 5 相连。制动时,通过操纵杆件转动上曲臂,将制动带拉紧并紧贴于制动鼓上实现制动。分离弹簧 3、8 是在分离制动器时,将制动带拉离制动鼓。为防止制动带在分离状态时下垂,在后桥箱体下部有托带螺钉以限制鼓与带的下垂间隙(图中未画出)。

2.蹄式制动器　蹄式制动器的旋转元件是制动鼓,它利用鼓的内圆表面作为工作面;制动元件是两块形似马蹄的制动蹄。制动蹄的外表面有摩擦衬面,其一端铰接在机体上,另一端与操纵机构相连。

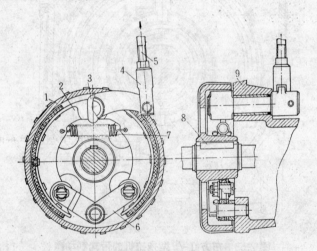

图 2-64　神牛-25 型拖拉机的蹄式制动器
1.制动鼓　2.制动蹄　3.制动凸轮　4.调节叉　5.拉杆　6.连接板　7.弹簧　8.平键　9.半轴壳

蹄式制动器也有多种型式,图 2-64 所示为神牛-25 型拖拉机采用的简单蹄式制动器。制动鼓 1 用平键固定在半轴上,随轴一起旋转。鼓的外表面有散热筋。两个制动蹄 2 的外表面铆有摩擦衬面,蹄的一端通过连接板 6 铰接在半轴壳 9 上,另一端用弹簧 7 相互拉紧靠在制动凸轮 3 上,使蹄与鼓间在不制动时保持一定的间隙。当踏下制动踏板进行制动时,通过拉杆 5、调节叉 4 使凸轮 3 转动,凸轮的凸起部分就迫使两制动蹄外张,紧贴在制动鼓内表面上,靠鼓内表面与蹄上的摩擦衬面之间的摩擦力实现制动。这种制动器的鼓、蹄间在分离状态时的间隙,可通过调节叉 4 进行调整。

简单蹄式制动器的两个制动蹄的制动效果不相同,其中一个制动蹄有增力作用,蹄、鼓间的摩擦力可使制动蹄进一步压制动鼓;另一制动蹄则相反,摩擦力有使制动蹄离开制动鼓的作用,因此,制动凸轮作用在两蹄片上的作用力不相等。简单蹄式制动器只应用在中、小功率的拖拉机上,对制动效果要求较高时,可采用一些其它型式的蹄式制动器,如浮式凸轮式、自行增力式蹄式等。

3. **盘式制动器** 盘式制动器的旋转元件是端面铆有摩擦衬片的摩擦盘,制动元件是支承在机体上、可轴向移动的制动压盘和机体上的固定盘。当制动压盘将摩擦盘压向固定盘时,它们端面间的摩擦力矩对旋转元件实行制动。

图 2-65 所示是东方红-40 拖拉机上采用的盘式制动器。两个铆有摩擦衬片的摩擦盘 3、7 用花键连接在半轴 5 上,并可沿花键作轴向移动。在两个摩擦盘之间有制动压盘 1、2,它们浮动地支承在半轴壳 4 的三个凸肩上,并可在较小的角度范围内转动,也能沿半轴壳轴向移动。两压盘的内端面上各有五个卵形凹槽,凹槽中夹有钢球,三根弹簧 6 将两压盘相互拉紧,在未制动时,钢球处于两压盘凹槽的底部。制动器的固定盘是中间盘 8 和半轴壳的内端面,未制动时,摩擦盘与压盘间、摩擦盘与半轴壳和中间盘之间都有间隙存在。

当踏下制动踏板时,通过拉杆 11、调节杆 10、斜拉杆 9 使

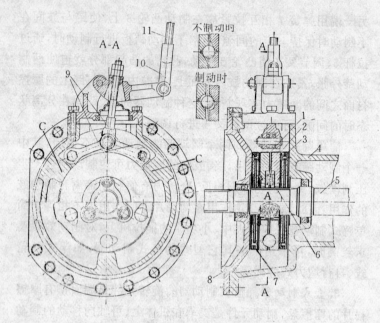

图 2-65　东方红-40 型拖拉机的盘式制动器

1、2.制动压盘　3、7.摩擦盘　4.半轴壳　5.半轴　6.弹簧　8.中间盘　9.斜拉杆　10.调节杆　11.拉杆

两压盘相对转动一个角度。夹在凹槽间的钢球将由槽底向槽边滚动,使两压盘沿轴向向相反方向推开,同时将两摩擦盘分别压向半轴壳和中间盘,各摩擦面间产生的摩擦力矩使半轴制动。当松开踏板时,弹簧 6 将两压盘拉回,钢球重新落入槽底,并恢复摩擦盘两侧的间隙。

盘式制动器在制动过程中有自行增力的作用。图 2-66 为其制动过程与自行增力作用的原理图。

在非制动状态下,钢球位于凹槽底部,压盘 2 与摩擦盘等之间存在间隙(图 2-66a)。

当踩下制动踏板时,两个制动压盘 2 相对转动一个角度,

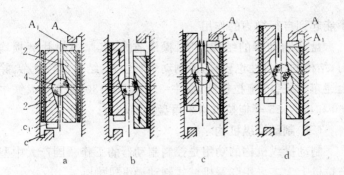

图 2-66　盘式制动器的制动过程和自行助力的作用原理简图
2.压盘　4.钢球　A、C.制动器壳体上的凸肩　A_1、C_1.压盘上的凸耳

相当于图 2-66b 上各沿箭头方向相对移动一定距离。于是钢球由凹槽深处向浅处移动,迫使压盘产生轴向位移。这个过程直到摩擦盘受压开始产生制动力矩为止。

在摩擦盘的带动下,压盘顺半轴旋转方向转动一个角度,相当于图 2-66c 上两压盘一起沿箭头方向移动一定距离,直到压盘上凸耳 A_1 靠到凸肩 A 为止。在这个过程中,钢球和压盘的相对位置保持不变,因此制动力矩也未改变。

压盘上的凸耳 A_1 与凸肩 A 靠住后,该压盘就不能继续转动,而另一个压盘在摩擦盘的带动下仍要继续转动,相当于图 2-66d 上左边的压盘沿箭头方向继续移动,迫使钢球进一步把压盘向外顶开,进一步压紧摩擦盘,从而增大了制动力矩。即在此时不需要施加更大的操纵力,就能增强制动效果。这就是自行增力作用。

当拖拉机倒退行驶时,其制动过程和自行增力作用原理与上述分析相同。

当摩擦片磨得很薄,经调整后凸耳 A_1、C_1 与凸肩 A、C 之间的间隙会变大,这时制动器的自行增力作用逐渐变晚,甚至不能起到自行增力的作用。

　　盘式制动器的结构紧凑、操纵省力,其摩擦衬片磨损均匀,结构的密封性也较好,但制动平顺性差,结构也较复杂。除上述东方红-40拖拉机外,铁牛-55、东方红-30、东风-50、铁牛-60和丰收-35等拖拉机均采用盘式制动器。

(三)制动操纵机构

　　制动操纵机构的功用是控制制动器的工作。国产大中型拖拉机上大多采用脚踩机械式制动操纵机构。

　　在不同的拖拉机上,制动操纵机构的杆件布置等会有所差异,但其基本结构和工作原理却完全相同。下面以东方红-28拖拉机制动装置的操纵机构为例,说明机械式操纵机构的基本工作情况及构造。

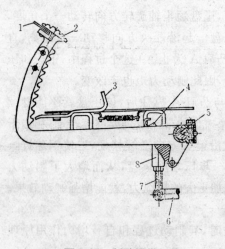

图 2-67　制动操纵机构
1.连锁板　2.踏板　3.卡板　4.回位弹簧　5.踏板轴　6.连接臂　7.推杆　8.调节叉

　　东方红-28拖拉机上采用双端拉紧带式制动器,其操纵机构的结构见图 2-67,主要由连锁板 1、踏板 2、卡板 3、回位弹簧 4、踏板轴 5、调节叉 8、推杆 7 等组成。

　　两个制动器的连接臂 6 分别与推杆 7 和调节叉 8 相连,两个调节叉一个直接与踏板 2 相连,另一个则与踏板轴 5 上一端的凸耳连在一起。踏板轴的另一端则与踏板相连,这样,两个踏板就可以并放在一起。平时工作时,用连锁板 1 将两个踏板连锁在一起。当踏下踏板 2 时,一端的制动踏板直接使调节叉下移,而另一个踏板则将踏板轴转动一个角度,通过踏板轴上的凸耳使调节叉下移。调节叉下移时,与之相连的推杆 7 就使连接臂 6 的左端向下摆动,由于连接臂与制动凸轮(凸轮的两个凸起上分别连接着制动带的两端)用平键连接在一起,故就可实现制动。放松踏板后,在回位弹簧 4 的作用下,踏板回复到原位,相应地解除制动。

当需要单边制动时,只需将连锁板 1 抬起,解除连锁,踩下任一边的踏板,就可相应地实现单边制动。

若需要长时间制动,只要在踩下踏板后,将卡板 3 左移,卡到踏板的齿形槽中即可。

(四)制动装置的检查与调整

国产大中型拖拉机上都采用摩擦式制动元件,虽然制动装置及其结构各有差异,但其在使用过程中都会由于旋转元件与制动元件之间的摩擦磨损而使间隙增大,反映到制动操纵机构上就是踏板的自由行程过大。因为踏板的总行程是一定的,自由行程过大,制动行程就要减小,影响制动效果。所以,拖拉机在使用中,应定期检查并调整制动装置。制动装置的检查与调整包括两项内容:一是踏板自由行程的检查与调整;二是制动工作一致性的检查与调整。

1.踏板自由行程的检查与调整　不同的拖拉机,不同的制动装置,其制动器内旋转元件与制动元件之间的间隙要求不同,反映在踏板上自由行程的大小也不相同。检查时,用手推动踏板直到阻力明显增大时为止,此时制动踏板所移动的距离即为踏板自由行程(如铁牛-55 拖拉机的踏板自由行程为 60～80 毫米)。

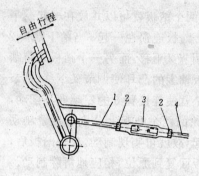

图 2-68　制动踏板自由行程
1、4.拉杆　2.锁紧螺母　3.拉杆接头

图 2-68 所示为踏板自由行程调整示意图,调整时,松开拉杆接头 3 两端的锁紧螺母 2,转动拉杆接头 3,调整制动拉杆的长度,长度增大,踏板自由行程减小;长度减小,踏板自由行程增大。调至规定范围后,再将螺母 2 锁紧。

又如图 2-67 所示的制动操纵机构中,调整踏板自由行程的方法是将调节叉与推杆连接处的锁紧螺母松开,拧动调节叉或推杆,使推杆变长或缩短,即可使踏板自由行程发生变化。

2.制动工作一致性的检查与调整　左、右制动器分别调整完毕后,应进行检查,尤其要检查两边制动器的工作一致性,如果两侧制动力矩不等或两边制动器开始起作用的时间不同,则会使拖拉机产生"偏刹"。当拖拉机在高速行驶下紧急刹车时,会使拖拉机发生急性偏转,造成严重事故。

检查时,先使左、右两侧制动踏板处于连锁状态,将拖拉机开到宽阔平坦的路上,在高速直线行驶的情况下,分离离合器后,用制动器紧急刹车,然后观察两驱动轮在路面上滑移的印痕。若两边印痕都成直线,互相平行且长度相等,说明两边制动器工作均衡一致。如两条印痕长短不等,则应进行调整。调整方法与调整踏板自由行程的方法相同。但要注意,一般不要轻易将制动效果较差的制动器踏板自由行程调小,否则,制动器将有可能产生"自刹"现象,加速制动器摩擦元件的磨损。

而是要将制动作用较好一侧的制动踏板自由行程调大,使两侧制动器的制动效果一致,然后再同时调整左、右制动器使其同时起作用,并可靠制动。若经过反复调整,仍达不到预期效果时,则应检查制动器内部各零件是否正常。

有些制动器的制动间隙除了可通过自由行程调整外,还可单独调整。在这种情况下,应先调整制动间隙,然后再调整踏板自由行程。

(五)挂车制动装置

轮式拖拉机带挂车进行运输作业时,由于与拖拉机同速前进的挂车(尤其是在重载时)的惯性很大,所以若单靠拖拉机上的制动装置进行制动,则挂车将顶冲拖拉机,严重时会把拖拉机顶翻,造成严重事故。这就要求挂车上也要有制动装置,并且要求能与拖拉机的制动联动,最好是稍先于拖拉机制动。

为了保证拖拉机带挂车进行运输作业的安全,要求对挂车的制动采用"气刹"的方法进行制动。即挂车的制动器与拖拉机相同,而制动操纵机构中的传动机构则采用输气管,利用空气的压力使挂车上的制动器进行制动。

下面以长春-30、40拖拉机上的气刹车装置为例,说明挂车制动装置的构造:

气刹车装置主要由空气压缩机、贮气筒、刹车阀、气压表、安全阀、操纵机构及一些连接管路组成,具体结构如图 2-69 所示。

被滤清的空气经空气压缩机 3 压缩升压后进入贮气筒 5 内,贮气筒内的气压由气压表 2 指示,当空气压缩机连续工作时压力应稳定在 588～637 千帕(6～6.5 公斤力/厘米²),若超过此数值由安全阀 6 放气。当机手踩下踏板 1 进行制动时,

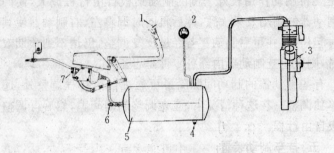

图 2-69　挂车制动装置简图

1.刹车踏板　2.气压表　3.空气压缩机　4.排污阀　5.贮气筒　6.安全阀
7.刹车阀

既操纵拖拉机的制动器,同时又通过压杆推动刹车阀 7 的拐臂使贮气筒内的压缩空气经刹车阀 7 和气管充入挂车制动气室对挂车进行制动。放松制动踏板后,贮气筒内的空气不再进入刹车阀 7,原来挂车管路中的空气及挂车制动气室内的空气经刹车阀排入大气,挂车制动解除。通过调整踏板与挂车刹车阀 7 的拐臂之间的压杆,可使挂车的制动略早于拖拉机本身的制动。

　　气刹车装置的主要部件是空气压缩机、贮气筒和刹车阀等,下面分别作一简单的介绍。

　　1.空气压缩机　　长春-30、40 拖拉机上使用的空气压缩机是活塞式的,其结构类似于一个单缸发动机,当柴油机工作时,由柴油机带动空气压缩机的传动盘旋转,安装在传动盘上的偏心轴则通过连杆带动活塞作往复运动。活塞下行时,安装在缸盖上的进气阀被吸开,空气进入压缩室;活塞上行时,进气阀关闭,出气阀则被顶开,经压缩升压后的空气则经过连接管路进入贮气筒。

　　工作中要求空气压缩机的排量及排气压力大于系统的工

作压力。

2. 贮气筒　贮气筒是一个圆柱形空心钢件,空气压缩机工作时,空气不断被压入贮气筒,使贮气筒内的气压升高。其压力可通过压力表指示。当贮气筒中的气压超过 637 千帕（6.5公斤力/厘米²）时,安装在贮气筒上的安全阀便打开,多余的空气可排出筒外。这样,在拖拉机行驶中,贮气筒中一直维持着一定的气体压力。

由于进入贮气筒的空气中可能含有灰尘等污物,所以在贮气筒的下部还装有排污阀,工作中应每隔 50 小时打开排污阀放出污物。

3. 刹车阀　刹车阀实际上是一个转换开关,其功用是当需要制动时,贮气筒中的空气经刹车阀和连接管路进入制动器,而不制动时,则防止贮气筒内的压缩空气外泄。其结构如图 2-70 所示。

当推动刹车阀拐臂 8 时,经过调整螺钉使平衡弹簧总成 9 向下移动,带动芯管 4 打开阀门 5。此时,贮气筒内的压缩空气经刹车阀充入挂车制动气室,供制动用。当拐臂回复原位,制动阀芯管 4 在回位弹簧 3 的作用下,离开阀门并产生一定间隙,阀门 5 在阀门弹簧 6 的作用下紧贴进气阀座,断绝贮气筒来气。然后,挂车制动气室和刹车阀平衡气室 7 中的空气经中空的芯管 4 和孔 2 排出。

刹车阀是按照制动踏板被踩下的程度控制挂车制动气室气压的。也就是说制动程度与踏板行程相对应。工作原理是：踩下制动踏板时,阀门开启,压缩空气进入平衡气室 7 和挂车制动气室。当平衡气室 7 内的气压升高到它对膜片的作用力与回位弹簧及阀门弹簧对膜片的作用力之和超过平衡弹簧的预紧力时,因平衡弹簧上端不能动,所以它就被进一步压缩,

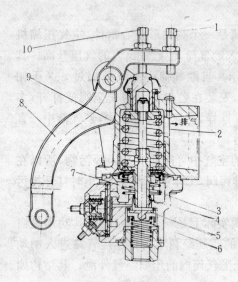

图 2-70　刹车阀

1.限位螺钉　2.孔　3.回位弹簧　4.芯管　5.阀门　6.阀门弹簧　7.平衡气室　8.拐臂　9.平衡弹簧总成　10.调整螺钉

则膜片带动芯管上移,阀门在其弹簧的作用下也随之上移,直到阀门关闭,气压停止上升为止。这样,制动气室内的气压就与踏板位置相适应,即对踏板下踩的力量越大,芯管带动阀门下移就越多,制动气室内的气压就越高,反之就低。

如长春-40拖拉机制动踏板行程在40～60毫米时,制动气室内的气压为441～490千帕(4.5～5公斤力/厘米^2)。

4.使用注意事项

(1)各管路等连接处必须牢固可靠,防止漏气。

(2)定期检查安全阀的开启压力,若不符合时应予以调整。

(3)刹车阀中的限位螺钉必须调整适当,以保证当踏板踩到底时,拐臂的位置也被限制住。

(六)制动装置的使用与保养要点

(1)一般情况下,应先减小油门,再分离离合器,然后再进行制动。这样,可以保护传动系零件少受损坏。即使在紧急情况下,也应同时分离离合器和操纵制动器。

（2）除必要时采用"点刹"的办法制动外，一般均应将制动器踏板踩到底，不要停留在中间部位，以防止摩擦元件加速磨损。

（3）正常行驶时，一定要注意将两个制动踏板连锁在一起，以免在高速行驶时，误用单边制动而造成严重事故。

（4）应经常检查制动操纵机构各杆件连接的可靠性及灵活性，防止松脱或生锈，以免造成制动不灵，引起事故。

（5）应定期检查并调整制动器，确保制动器能正常工作，绝不允许制动装置带"病"工作。

（6）按前述方法或使用说明书的规定，定期检查和调整踏板自由行程。尤其要注意左、右制动器的工作均衡性。

（7）挂车制动装置的使用见各自使用说明书。

六、液压悬挂装置

（一）液压悬挂装置的功用与组成

拖拉机与农具的连接方式有牵引式和悬挂式两种。牵引式连接是将农具铰接在拖拉机后端牵引杆的挂钩上，农具的质量由它本身的地轮支承，工作时农具的升降和耕深控制，一般由农具手进行。机组的机动性和通过性较差。

悬挂式连接是将农具悬挂在拖拉机上，它们组成一个整体，驾驶员可在拖拉机上直接控制农具的升降和进行耕深控制。机组的机动性好，无需另配农具手，有利于提高工效。悬挂式连接需要足够的动力使农具升降，目前广泛采用液压系统作为提升动力，所以这种装置被称为液压悬挂装置。

液压悬挂装置由悬挂机构和液压系统两大部分组成。

（二）悬挂机构

悬挂机构是把农机具连接到拖拉机上的一套杆件机构，

用来传递拖拉机对农具的升降力和牵引力。

1. 悬挂机构的配置方式、组成与类型 根据悬挂机构在拖拉机上布置位置的不同,悬挂机构的配置方式有后悬挂、前悬挂、中间悬挂和侧悬挂四种。后悬挂能满足大多数农业作业的要求,故在拖拉机上广泛采用,本节主要介绍后悬挂;前悬挂适用于推土、收获等作业;中间悬挂用于自动底盘式拖拉机上,国产拖拉机上很少见;侧悬挂则常用于割草或收获等作业。

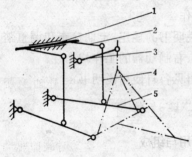

图 2-71 三点悬挂机构
1. 提升轴 2. 提升臂 3. 上拉杆 4. 提升杆 5. 下拉杆

在后悬挂式悬挂机构中,根据悬挂机构与拖拉机的连接点数可分为三点悬挂和两点悬挂。

(1)三点悬挂(图 2-71):悬挂机构以三个铰接点与拖拉机机体相连。

采用三点悬挂时,农具在工作过程中相对于拖拉机不可能有太大的偏摆。因此,农具随拖拉机的直线行驶性好。但当拖拉机一旦走偏了方向,而农具已入土工作,要矫正拖拉机机组的行驶方向也比较困难。所以,三点悬挂的悬挂装置仅应用于中、小功率的拖拉机上。

(2)两点悬挂(图 2-72):悬挂机构仅由两个铰接点与拖拉机机体相连。农具相对于拖拉机可作较大的偏摆,在大功率拖拉机上悬挂重型或宽幅农具作业时,能较轻易地矫正行驶方向。所以,在大功率拖拉机上,常备有两点悬挂机构,以便配备重型、宽幅农具进行作业。

实际上，在大中型拖拉机上，下拉杆的铰接点有一下轴，平时可将两根下拉杆铰接在下轴的两端，成三点悬挂，必要时，再将左、右下拉杆固定在下轴的一个共同铰接点上，成两点悬挂。

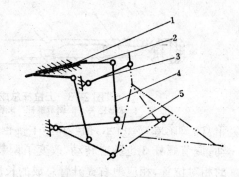

图 2-72　两点悬挂机构
1.提升轴　2.提升臂　3.上拉杆　4.提升杆　5.下拉杆

不管是三点悬挂还是两点悬挂，其组成都是基本相同的，都是由提升轴1、提升臂2、上拉杆3、提升杆4和下拉杆5等组成。当然，在两点悬挂中，为了实现三点悬挂，还有一个下轴。另外，在左、右下拉杆上设有限位链，用以防止悬挂农具左、右摆动时碰撞驱动轮或履带板。

2.悬挂机构的构造　悬挂机构由一些杆件等组成。但为了改善其工作性能，结构上主要应保证能进行调节。

为适应农具入土性能的要求和前后工作部件工作深度一致性的调整，上拉杆的长度可根据需要进行调节。如图2-73所示，上拉杆由两段具有左、右螺纹的调节螺杆2和将它们连接起来的调节螺管3组成。拧转调节螺管3即可同时伸缩具有左、右螺纹的调节螺杆2，上拉杆总成便获得不同的需要长度。另外，悬挂农具运输时，为提高其通过性，也应当将上拉杆调短。

为适应农机具工作部件水平工作状态的调整，一侧提升臂的长度也可调整，通常是在右提升臂上设一个水平调节齿

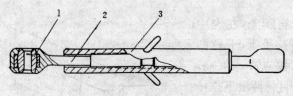

图 2-73　上拉杆总成
1.球形接头　2.调节螺杆　3.调节螺管

轮盒。如图 2-74 所示,摇转调节手摇把 1,使调节锥齿轮 2 转动,调节螺杆 3 也随之转动,改变了调节螺杆 3 和调节螺管 4 的相对位置,相应地右提升臂总成的长度也被改变。

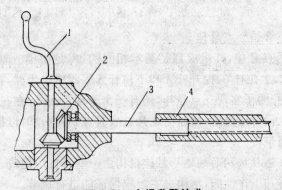

图 2-74　右提升臂总成
1.调节手摇把　2.调节锥齿轮　3.调节螺杆　4.调节螺管

为了使挂接方便,同时适应农具的摆动,上、下拉杆两端铰接处都采用球形接头(如图 2-73 中的 1)。

为了限制农具的摆动量,尤其是在运输状态下的左、右摆动量,限位链的长度也是可以调整的。在农具被提升为运输状态时,限位链应调紧;当农具下降进行作业时,限位链应放松。

此外,为了减轻劳动强度,提高劳动生产率,有的悬挂机构上还有快速挂接机构。

(三)液压系统

1.液压系统的组成与分类　液压系统是一套机械能与液压能的转换机构,是液压悬挂装置的动力和控制部分。其基本工作原理是以密封工作容器内的液体作为工作介质,产生并传递压力能,然后把液压能转换成机械能,从而带动农具完成各种动作。

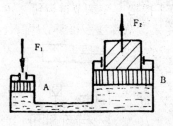

图2-75　液压传递原理

(1)液压传递的基本原理:在静止的理想液体中,压力传递具有以下三个基本性质:一是压力垂直作用在固体容器壁的表面上;二是任一点的压力为一定值,即各个方向的压力都相等;三是在密闭的容器中,加在静止液体一部分上的单位压力,以同样的大小传给液体的其它部分。各类机械的液压系统的动力传递就是根据这一基本原理来实现的。

如图2-75所示,把两个直径不同的容器用管道连接起来。对截面为A的小活塞施加一个力F_1,则在小活塞下面所产生的单位压力P为:

$$P=F_1/A$$

根据液体传递的基本性质,在大活塞下部所受到的单位压力与在小活塞下面所产生的单位压力值相等。而此单位压力作用在大活塞上,所以,$P=F_2/B$,即

$$F_1/A=F_2/B$$

$$F_2=F_1 \cdot \frac{B}{A}$$

由于大活塞的截面B大于小活塞的截面A,这样大活塞所受到的推力F_2就大于施加于小活塞上的力F_1。所以,外力

经液体传递后,不仅可改变方向,而且可以使力放大。这就是液压传递的基本性质和工作原理。

(2)液压系统的组成:拖拉机上液压系统的组成如图 2-76 所示,由油泵 4、油缸 1、分配器 2 和辅助装置(如油箱 6、油管 3、滤清器 5 等)组成。由以上零部件组成一个循环的液压油路,并由操纵机构控制液压油的流向,以使整个系统处于各种不同的状态,满足各种不同的动作要求。

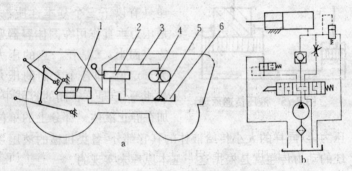

图 2-76　液压系统的组成

a.液压系统图　b.液压系统油路简图

1.油缸　2.分配器　3.油管　4.油泵　5.滤清器　6.油箱

油泵是液压系统的动力元件,它能将油泵中机械元件的机械能转换为油液的压力能,向液压系统提供具有一定压力和流量的油液,常用的有齿轮泵和柱塞泵等。

分配器也叫分配阀或操纵阀,是液压系统的主要控制阀门,用来变换油液的流动方向和路线,它由操纵机构直接操纵。常用的是滑阀式分配器。

油缸的作用是把油泵供给的液压能转变为提升轴(见悬挂机构)转动的机械能,从而带动提升臂及悬挂机构使农具升降。油缸有单作用油缸和双作用油缸。

(3)液压系统的分类:我国的传统习惯是按照液压系统中

油泵、油缸和分配器等主要组成元件在拖拉机上的布置情况把液压系统分为分置式、半分置式和整体式三种。

2.悬挂农具耕作深度的调节　拖拉机带悬挂农具工作时,为保证作业质量和提高生产率,首先要求耕深均匀,其次要使柴油机负荷波动不大。但在实际耕作过程中,由于田间土壤比阻变化和地面不平等原因,常常会使耕深发生变化,并使柴油机负荷波动,影响耕作质量和机组生产率。因此,必须有合适的调节装置,以适应土壤比阻和地面形状的变化,使耕深基本均匀,柴油机负荷亦平稳。目前,控制耕深的方法有高度调节、力调节和位调节三种。

(1)高度调节:采用高度调节时,油缸处于浮动状态,即农具的耕作深度不受液压系统的控制,完全靠农具上的地轮对地面的仿形来维持一定的耕深,类似于牵引式机组。只有通过改变地轮与农具工作部件底平面之间的相对位置才可改变耕深。当土壤比阻一致时,用此法可得到均匀的耕深。若土质不均匀,则地轮在松软土壤上下陷较深,耕深也增加。

(2)力调节:根据农具工作阻力来调节耕深。力调节时,油缸中有油压,农具靠液压系统维持在某一工作状态,并有相应的牵引阻力。牵引阻力的变化可通过力调节传感机构迅速反馈到液压系统,使农具适时升、降,维持牵引阻力的相对稳定。这就使得柴油机的负荷不会有大的波动。当阻力变化主要是由地面起伏而引起时,力调节法可使耕深比较均匀;而当阻力变化主要是由于土壤比阻变化而引起时,则造成耕深不均匀。

另外,力调节时,农具不用地轮,减小了农具的阻力,并且由于悬挂农具的一部分质量由拖拉机承负,所以对驱动轮有增重作用,可以提高拖拉机的牵引附着性能。

(3)位调节:位调节是靠液压系统将农具固定悬置在某一

一定位置上,而这个位置可由机手移动操纵手柄任意选定。在工作过程中,农具相对于拖拉机的位置是固定不变的。假如该相对位置由于受某些因素(如油缸泄漏)的影响发生变化时,位调节控制机构能自动将农具提升或下降,以恢复预定的耕作深度。因此,在整个工作过程中,液压系统都参与工作,同样,采用位调节时也有对驱动轮的增重作用。

位调节时,只要地势平坦,则可保证耕深均匀一致,只是当土质变化时,由于牵引阻力的变化,会使柴油机负荷产生波动。若地面起伏不平,则农具会随着拖拉机的倾斜起伏,造成耕深很不均匀。这种方法一般适用于在平整土壤上的轻负荷作业,如耙、旋耕、中耕等,也适用于要求农具悬离地面一定高度的作业,如收割等。不适用于耕地等作业。

3. 分置式液压系统　分置式液压系统的油泵、油缸和分配器等分别布置在拖拉机的不同部位上,相互间用油管连接。东方红-75、铁牛-55 和东方红-28 等拖拉机采用这种型式。液压元件标准化、系列化、通用化程度较高;拆装比较方便,可根据不同情况和要求,将油缸布置在拖拉机的有关部位,组成后悬挂、前悬挂或侧悬挂等形式。但由于布置分散,管路较长,防尘和防漏等比较困难,力调节和位调节的传感机构不好布置。下面以东方红-75 拖拉机上采用的分置式液压系统为例进行说明。

(1)构造:如图 2-77 所示,液压系统由油泵 4、油缸 2、分配器 3、油箱 1 和高、低压油管等组成。各元件分别布置在拖拉机前、后各部位,相互间用高、低压油管联结。

操纵分配器 3 中的主控制阀,可分别获得提升农具(提升)、用高度调节法控制耕深(浮动)、强制农具入土(迫降或叫压降)和保持拖拉机与农具处于某一相对位置不变(中立)等

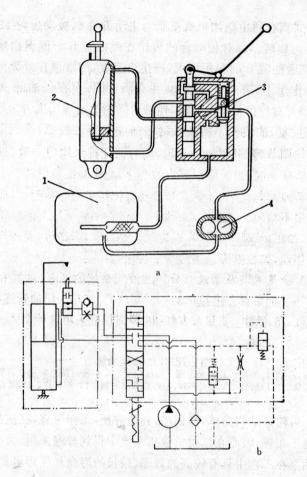

图 2-77　东方红-75 拖拉机的液压系统
a.液压系统简图　b.液压系统油路简图
1.油箱　2.油缸　3.分配器　4.油泵

四种工作情况。

①油泵：油泵采用 CB-46 型容积式齿轮泵，如图 2-78 所示，油泵装在拖拉机发动机的左侧、风扇驱动齿轮之后，通过

牙嵌式离合器由柴油机直接驱动主动齿轮 6，被动齿轮 12 随之反向旋转。每对相啮合的齿轮在吸油腔 B 一侧退出啮合时，使吸油腔 B 的容积增大，产生真空度，油液便在外界大气压力作用下，进入吸油腔 B，并充满齿间；而在压油腔 A 一侧，当每对轮齿再度啮合时，便将齿间的油液挤压出去。如此循环往复，油液便不断由吸油腔 B 输入压油腔 A，遇到阻力后便形成压力油输出。

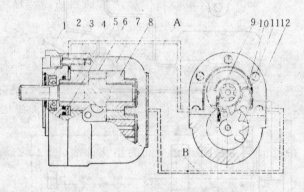

图 2-78　CB-46 型油泵

1.端盖　2.后油封　3.大密封圈　4.前轴套　5.小密封圈　6.主动齿轮　7.壳体　8.后轴套　9.导向钢丝　10.卸荷密封圈　11.卸荷片　12.被动齿轮

　　齿轮泵结构简单，体积小，制造方便，工作可靠，在拖拉机上便于布置，因而在拖拉机液压系统中得到普遍采用。为了保证油泵在工作中具有较高的效率、较长的寿命和使用可靠，油泵的制造精度都较高。另外还采取了一些如在轴套紧贴齿轮的端面上开卸荷槽、采用浮动式轴套以便在工作中油液可进入轴套和壳体的结合间，使轴套能紧贴在齿轮上等措施。

　　②油缸及缓降阀、定位阀：油缸采用 YG-110 型双作用油缸。如图 2-79 所示，油缸体由上盖 5、下盖 11 和缸套 6 三部分

组成。连接在活塞杆 8 下端的双作用活塞将缸筒分为上、下两腔 A、B,分别接分配器的两个压力油道。油缸下盖 11 与拖拉机铰接,活塞杆 8 的上端与提升臂铰接,这样,当油缸上腔 A 充入压力油后,便推动活塞下移,即强迫农具下降;当油缸下腔 B 充入压力油后,便推动活塞上移,使农具提升。油缸上还设有缓降阀和定位阀。

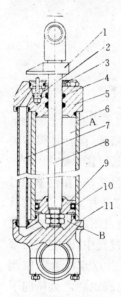

图 2-79 YG-110型油缸
1.定位挡块 2.定位阀 3.除尘片 4.油封 5.上盖 6.缸套 7.油管 8.活塞杆 9.活塞 10.牛皮-橡胶圈 11.下盖

缓降阀用以减缓农具的下降速度,以免农具因快速落地与地面碰撞而损坏。其结构如图 2-80 所示,由阀体 1、阀片 2 和挡销 3 组成,装在通向油缸下腔的油管接头内,以控制油缸下腔排油时的排油速度。当需要农具降落时,油缸下腔向外排油,油液将阀片 2 冲向阀体 1,封闭了圆周大片的出油口通道,仅剩下阀片 2 中间的小孔排油(图 2-80b),这样,油液的缓慢排出使农具缓慢下降;而当需要提升农具往下腔充油时,油液将冲开阀片 2,使其紧贴在挡销 3 上。此时油液除从阀片 2 中间的小孔流入外,还可从阀片四周的切口处流入,不影响充油速度,即不会影响农具的提升速度。

定位阀用来限制活塞的行程,以保证农具能降落在所要求的离地高度上,或限制不带地轮的农具的入土深度。另外,当拖拉机带悬挂农具进行转移时,当农具提升至最高位置后,可按下定位阀,锁定农具,使农具不会自动沉降,起到安全作用。定位阀一般

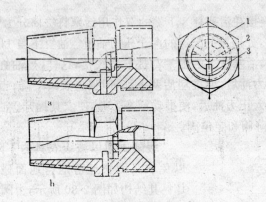

图 2-80　缓降阀
a. 油缸上腔排油时　b. 油缸下腔排油时
1. 阀体　2. 阀片　3. 挡销

要和活塞杆上的定位挡块一起配合工作。

定位阀由阀体和阀套组成,阀体成活塞形,阀套是阀体的导向装置,嵌在油缸上盖上,并由除尘片压紧(图2-79)。

定位阀调节活塞行程的工作原理见图2-81,在活塞杆1上装有定位挡块2,它可以在活塞杆1上移动并固定。当农具下降时,活塞杆1下降,油缸下腔的油液通过下腔油管经分配器流回油箱(图2-81a)。在活塞杆下降的过程中,固定在活塞杆1上某一位置的定位挡块2同时移动,并逐步靠近定位阀3。当定位挡块触及定位阀3尾端时,定位阀也随之被压向下移动(图2-81b),并逐渐接近阀座。定位阀与其阀座接近密封时,出现节流缝隙,节流作用所产生的压力差则使定位阀加速下移,使定位阀3脱离定位挡块迅速落入阀座,封住排油道(图2-81c),停止活塞下移,这时,在定位阀尾端与定位挡块之间产生10～12毫米的间隙。保留此间隙是为了提升农具时,压力油能推开定位阀而进入下腔,推动活塞上移,实现农具的提升。

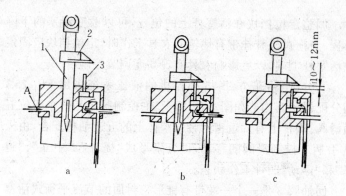

图 2-81 定位阀的工作过程示意图

1.活塞杆 2.定位挡块 3.定位阀

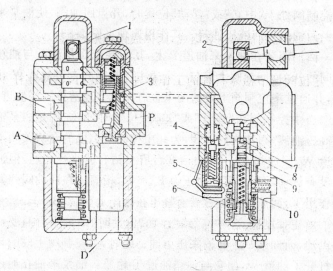

图 2-82 FP₁-75A 分配器

A.通油缸上腔 B.通油缸下腔 D.通油箱 P.通油泵

1.主控制阀 2.操纵手柄 3.回油阀 4.安全阀 5.定位装置 6.回位弹簧 7.球阀 8.增力阀 9.分离套筒 10.增力阀弹簧

调整定位挡块在活塞杆上的位置,可以改变活塞的下降行程。当拖拉机悬挂带有地轮的农具工作时,定位挡块应固定在活塞杆上端,以免影响农具实现高度调节控制耕深。

③分配器:东方红-75 拖拉机的液压系统采用 FP$_1$-75A 型分配器。其构造如图 2-82 所示,主控制阀 1 是一个四位五通滑阀。阀杆上有六道密封带与阀体上的五道油槽配合,由操纵手柄 2 控制滑阀的移动,可分别形成"提升"、"中立"、"迫降"和"浮动"四种工作状态。

回油阀 3 是一个一端带有锥形密封面的节流平衡式活塞阀。其作用是:当主控制阀处于"提升"或"迫降"位置时,使从油泵来油能进入主控阀相应的油道并随之输送到油缸;而当主控制阀处于"中立"或"浮动"位置时,开启回油阀,使油泵来油经回油阀流回液压油箱。其作用原理见图 2-83。

回油阀装在油泵来油道 P 上,其下端锥面是油泵与油箱之间的开关。回油阀上腔与一个通主控制阀的专用油道 W 相通,并通过主控制阀上段的两个台肩和两个环槽控制该油道。

当主控制阀在"提升"或"迫降"位置时,油缸需要油泵输出高压油液,回油阀应关闭,为此主控制阀上段的台肩关闭了油道 W,回油阀上、下腔由活塞台肩上钻有的小孔相通,但油液没有流动,即上、下腔的压力 P_1 和 P_2 相等。在回油阀弹簧的作用下,回油阀的密封锥面紧压在阀座上(图 2-83a)。

当主控制阀在"中立"或"浮动"位置时,油缸不再需要油泵供油,而油泵却不断输来压力油。此时,主控制阀上段的环槽打开了油道 W,使它与油箱油道 T 相通。油泵来油在通过回油阀上的小孔及油道 W、T 流回油箱的过程中,小孔的节流作用使回油阀的上、下腔之间产生压力差,下腔油压 P_1 大于上腔油压 P_2,于是油压克服回油阀弹簧的预紧力后使回油

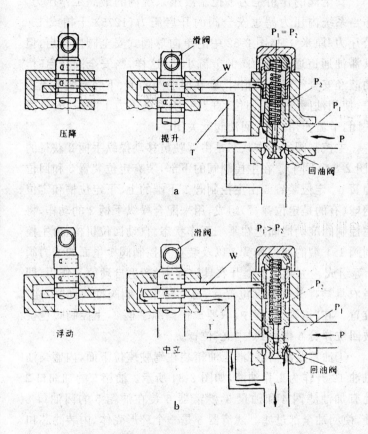

图 2-83　回油阀的工作原理图
a."提升"或"压降"位置时　b."中立"或"浮动"位置时

阀抬起,打开了油泵直接通向油箱的通道。这样,油泵来油仅有一小部分通过节流小孔,而大部分则通过回油阀下端流回油箱。由于阻力减小,油泵的输油压力降低到 294 千帕(3 公斤力/厘米²)左右,从而起到了"卸荷"作用。

安全阀的作用是为了控制液压系统内的最高工作压力,即当系统内压力超过安全阀的开启压力(12753千帕或130公斤力/厘米²)时,图2-82中的单向球阀式安全阀便开启,但其滞油通道通过回油阀的节流小孔,这样,当安全阀开启时,油液经安全阀流回油箱时,会在回油阀的上、下腔造成节流压差,使回油阀开启而回位,直到液压系统压力下降后,安全阀关闭,节流作用消失,回油阀就关闭。

主控制阀的工作状态是由驾驶员移动操纵手柄2获得的(图2-82,下同)。在主控制阀的下部,装有定位装置5和回位弹簧6。定位装置5由主控制阀1下端的上、下定位槽和定位钢球(有的是定位弹簧)组成,用来配合操纵手柄2的动作,将主控制阀准确地固定在某一工作状态。自动回位机构,由主控制阀1下端的回位弹簧6以及装在主控制阀1里面的增力阀8等组成。主要用于提升农具过程中,产生自动停升作用,即当农具被提升到最高位置后,自动将主控制阀推回到"中立"位置。在"迫降"过程中,只要放松操纵手柄2,主控制阀也会被回位弹簧6推回到"中立"位置。

④油箱及滤清器:液压油箱装在驾驶座位下面,内盛柴油机油12升作为工作油液,如图2-84所示。油箱5的加油口2处有加油滤网4和油尺3,滤清器6装在油箱5的回油口8处,使回油全部过滤。滤清器6是一个环形壳体,内装滤芯和旁通阀7。当滤芯堵塞或油温过低时,旁通阀7便自动开启。

(2)液压系统的工作过程:

①提升过程(图2-85a):操纵手柄被扳到"提升"位置,主控制阀被推向最下位置。油泵来油经油道B和油管进入油缸2下腔,推动活塞上升使农具提升。同时,油缸2上腔的油液

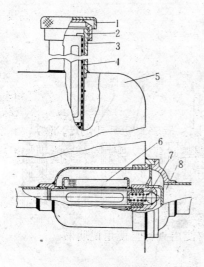

图 2-84 油箱和滤清器
1.油箱盖 2.加油口 3.油尺 4.加油滤
网 5.油箱 6.滤清器 7.旁通阀 8.回
油口

经分配器壳体的油道 A
返回油箱。

②中立过程（图 2-
85b）：扳动操纵手柄到
"中立"位置或由分配器内
的自动回位机构使主控制
阀维持在中立位置，分配
器壳体上的油道 A、B 均
被堵死，活塞在油缸内不
能移动，农具不升不降。回
油阀工作，油泵来油经回
油阀等流回油箱。

③压降过程（图 2-
85c）：将操纵手柄由"中
立"位置向下移动一档到
"压降"位置，即主控制阀
向上提升一档。油泵来油经分配器壳体上的油道 A 及油管进
入油缸 2 上腔，推动活塞下移，农具被强迫下降或入土。同时，
油缸下腔的油液，则经分配器壳体上的油道 B 流回油箱。

④浮动状态（图 2-85d）：操纵手柄扳到"浮动"位置，相应
地主控制阀 1（图 2-82）被提升到最高位置，油道 A、B 均打
开，油缸中的活塞不受约束，农具可在外力作用下，自由升降，
即实现高度调节。回油阀打开，油泵来油经回油阀等流回油
箱。

4.半分置式液压系统　半分置式液压系统的油泵单独布
置，其它元件（如油缸、分配器和操纵机构等）都布置在一个称
之为提升器的总成中。提升器固定在传动箱上部，其壳体即构

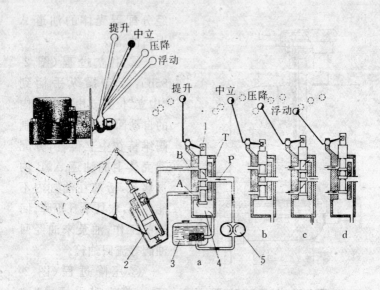

图 2-85　东方红-75型拖拉机的液压悬挂装置作用原理简图
a."提升"位置　b."中立"位置　c."压降"位置　d."浮动"位置
1.滑阀　2.双作用油缸　3.油箱　4.分配器　5.油泵

成传动箱上盖。东风-50、东方红-20 和东方红-40 等拖拉机采用半分置式液压系统。半分置式液压系统的油缸、分配器、力调节和位调节的传感机构等都布置得集中、紧凑,油泵可以标准化、系列化和通用化,并实现独立驱动;但在总体布置上,常常受到拖拉机结构的限制。

半分置式液压系统在拖拉机上应用较多,其工作原理和结构基本相同。半分置式液压系统除了能利用液压动力提升农具、位调节、力调节外,还有农具降落速度控制和液压输出等功能。下面以东风-50 拖拉机的半分置式液压系统为例,简要介绍其组成、构造和工作过程。

(1)构造:东风-50 拖拉机的半分置式液压系统见图 2-

86,由油箱 7、滤清器 6、油泵 5，分配器 4 和油缸 3 等组成。除油泵、滤清器作为单独的部件安装在后桥壳体的前壁上外，分配器与油缸连成一体，连同其操纵机构等统一构成一个提升器总成，兼作后桥壳体上盖。

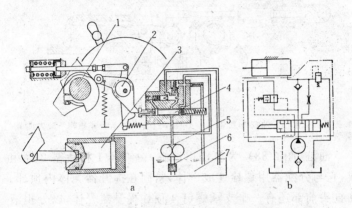

图 2-86 东风-50 拖拉机的液压系统
a.液压系统简图 b.液压系统油路简图
1.升举机构 2.力、位调节机构 3.油缸 4.分配器 5.油泵 6.滤清器
7.油箱

①油泵：东风-50 拖拉机半分置式液压系统的油泵属"3"系列齿轮泵，它有 306、310、314 三种规格，代号中的后两位数表示其排量(厘米^3/转)。"3"系列齿轮泵的排量变化是靠变更齿轮宽度而得，所以，只是壳体宽度、螺栓长度和轴端的连接方式不同，其它结构都相同。轴套、密封元件、前盖和后盖均可通用互换，标准化、系列化、通用化程度高，便于大批量生产。

"3"系列齿轮泵的基本结构和工作原理与前述 CB-46 齿轮泵基本相同，只是由于结构上有所改变，使性能更好。在此不再介绍。

②提升器(图 2-87)：由油缸-分配器 2、升举机构 4 和力、

位调节机构 3 等构成,装在一个统一的提升器壳体 1 内。

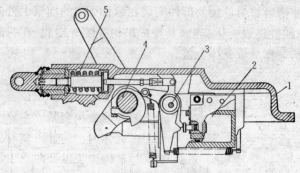

图 2-87　提升器
1.提升器壳体　2.油缸-分配器　3.力、位调节机构　4.升举机构　5.力调节弹簧

　　油缸(图 2-88):为单作用油缸,由缸体 1 和活塞 2 等组成,它与分配器用螺栓连成一体,紧固在提升器壳体内顶部。油缸头前部还有一个支承螺钉 4 顶住提升器壳体,以分担液压系统工作时油缸-分配器固定螺栓的负荷。

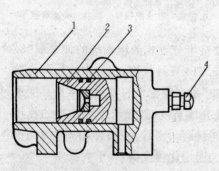

图 2-88　油　缸
1.油缸体　2.活塞　3.密封圈　4.支承螺钉

　　当由分配器来的油液进入缸体内活塞右腔时,推动活塞向左移动,可通过活塞杆和升举机构带动悬挂杆件提升农具;当油缸内部的油液与分配器回油道相通时,在农具重力的作用下,升举机构反推活塞杆,使活塞右移,将活塞右腔的油液排回油箱,农具下降。由于油液不进入油缸活塞左腔,不能使农具"迫降",故称之为单作用油缸。

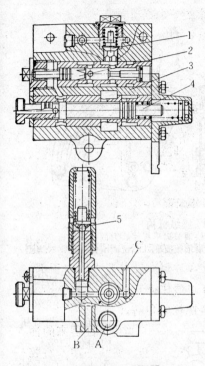

图 2-89 分配器

A.进油孔　B.回油孔　C.通往油缸
1.单向阀　2.回油阀　3.分配器壳体　4.
主控制阀　5.安全阀

分配器(图 2-89)：分配器内有主控制阀 4、回油阀 2、单向阀 1。在分配器壳体 3 的油缸回油道上，还装有安全阀 5 和下降速度控制阀。主控制阀套和回油阀套紧固在分配器壳体内。前盖内装有主控制阀弹簧以及防止主控制阀卡滞的挡片和滚珠。随动式回油阀 2 背面也装有回油阀弹簧，用以关闭回油阀。主控制阀 4 有提升、中立、下降三个位置，回油阀 2 只有开启和关闭两个位置。

③ 操纵机构(图 2-90)：用螺栓固定在提升器壳体右侧。有力调节和位调节两套操纵机构。力、位调节扇形板 4、3 用双头螺栓紧固在扇形板支座 7 上。位调节偏心轮 8 焊接在位调节空心轴 6 上，通过半月键由位调节手柄 2 带动。力调节偏心轮 9 焊在力调节中心轴 5 上，用半月键由力调节手柄 1 带动。用力、位调节偏心轮分别驱动力、位调节机构。

调节机构如图 2-91 所示，力调节机构由力调节杠杆 6、力调节杠杆弹簧 7、力调节推杆 2 和力调节弹簧 1 等组成。由

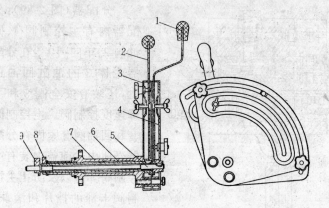

图 2-90　操纵机构

1.力调节手柄　2.位调节手柄　3.位调节扇形板　4.力调节扇形板　5.力调节中心轴　6.位调节空心轴　7.扇形板支座　8.位调节偏心轮　9.力调节偏心轮

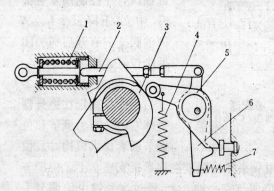

图 2-91　调节机构

1.力调节弹簧　2.力调节推杆　3.位调节凸轮　4.位调节杠杆弹簧　5.位调节杠杆　6.力调节杠杆　7.力调节杠杆弹簧

力调节手柄操纵农具的升降及力调节。位调节机构由位调节杠杆5、位调节杠杆弹簧4、位调节凸轮3等组成。用位调节手柄操纵农具的升降、位调节及液压输出。

力调节弹簧1是力调节的传感元件。装在提升器后端并与悬挂机构中的上拉杆铰接。其总成如图2-92所示,由力调节弹簧杆3、力调

节弹簧座 2、力调
节弹簧压板 8 等构
成。在工作中，不论
上拉杆受压或受
拉，力调节弹簧总
是受压缩变形，使
弹簧杆前后移动，
并通过力调节推杆
和力调节杠杆来控
制主控制阀。因此

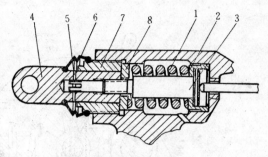

图 2-92　力调节弹簧总成
1.力调节弹簧　2.力调节弹簧座　3.力调节弹簧杆
4.上拉杆接头　5.插销　6.防尘罩　7.大螺母
8.力调节弹簧压板

这种力调节弹簧总成具有双向作用的特点。

　　装配力调节弹簧总成时，应在力调节弹簧杆 3 上依次装
上力调节弹簧座 2、力调节弹簧 1、力调节弹簧压板 8，再拧入
套着防尘罩 6 的大螺母 7 上的拉杆接头 4。转动力调节弹簧
杆 3，直到消除零件之间的间隙后，再装入插销 5。将力调节弹
簧总成装入提升器壳体后端时，可转动大螺母 7，直到消除其
在壳体内的轴向间隙，再将插销 5 放入大螺母 7 上的孔内，以
防止大螺母松动而产生轴向间隙。

　　(2)工作过程

　　①中立状态(图 2-93)：当力调节手柄 B 和位调节手柄 A
都位于扇形板上的提升位置时，主控制阀 8 处在中间位置，即
通往油缸的通道 H 被封闭，农具被悬吊在最高提升位置。回
油阀背腔 E 经主控制阀背腔 F 与油箱相通。油泵来油仅穿过
回油阀前腔 D，压缩回油阀弹簧，使回油阀 6 左移，油液经回
油孔 C 流回油箱。

　　②位调节：位调节时分农具的下降和提升两种状态，分述
如下：

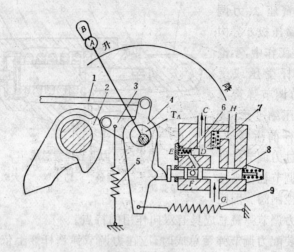

图 2-93　中立状态

A.位调节手柄　B.力调节手柄　C.通油箱　D.回油阀前腔　E.回油阀背腔
F.主控制阀背腔(通油箱)　G.通油泵　H.通油缸
1.力调节推杆　2.位调节凸轮　3.位调节杠杆　4.力调节杠杆　5.位调节
杠杆弹簧　6.回油阀　7.单向阀　8.主控制阀　9.力调节杠杆弹簧

　　下降(图 2-94)：将位调节手柄 A 向下降方向移动,由于
位调节杠杆弹簧 5 拉住位调节杠杆 3 的回位端,使回位端紧
贴在位调节凸轮 2 上,所以当位调节偏心轮 T_A 顺时针转动
时,位调节杠杆 3 便以靠在位调节凸轮 2 上的回位端为支点,
使位调节杠杆 3 控制端向前移动,推动主控制阀 8 到下降位
置。此时,通往油缸的油道 H 打开,而回油阀 6 背腔 E 仍经主
控制阀背腔 F 与油箱相通,故油泵来油仅经回油阀前腔 D,推
开回油阀 6,与油缸中排出的油液一道流回油箱,农具靠自重
下沉(图 2-94a)。

　　随着农具的下降,夹固在提升轴上的位调节凸轮 2 便与
提升轴一起转动,凸轮升程逐渐增大,推动位调节杠杆 3 的回
位端,绕偏心轮外圆顺时针转动,拉伸位调节杠杆弹簧 5,主

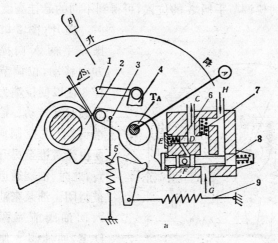

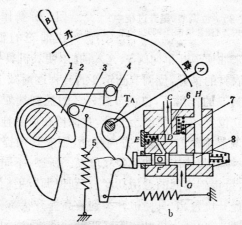

图 2-94 位调节
a.下降过程中　b.下降终止
（图注同图 2-93）

控制阀 8 便由主控制弹簧推回到中立位置。这样农具便停止
下降,悬吊在某一高度(图 2-94b)。

不同的位调节手柄 A 的位置,可得到不同的悬挂高度。

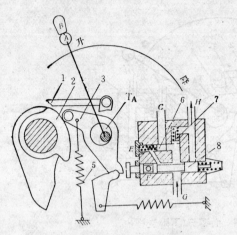

图 2-95　位调节(提升过程中)
(图注同图 2-93)

提升(图 2-95):操纵手柄 A 向提升方向移动,位调节杠杆 3 便以回位端为支点顺时针转动。控制端向后,主控制阀 8 便由弹簧推至提升位置,此时,油缸通道 H 被封闭。油泵来油充入回油阀前后两腔 D、E,回油阀 6 便在回位弹簧作用下将通往油箱的油道 C 堵死。油泵来油便顶开单向阀 7,充入油缸,使农机具提升。

随着农具的提升,位调节凸轮 2 的升程逐渐减小,在位调节杠杆弹簧 5 的作用下,位调节杠杆 3 的控制端便推进主控制阀至中立位置,农具便停止上升,并保持在该悬挂高度。

当位调节手柄愈向提升方向移动,则农具须提升到更高位置后,主控制阀才能被推至中立位置。所以,不同的位调节手柄位置,可得到不同的悬吊高度。直到位调节手柄移至扇形板上最高提升位置,农具便被升举到最高提升状态。

③力调节:也分为提升和下降两种状态,分述如下:

下降(图 2-96):将力调节手柄向下降方向移动,则力调节偏心轮 T_B 顺时针转动,使力调节杠杆 4 以力调节推杆 1 为支点,其控制端推进主控制阀 8 到下降位置,农具靠自重下降。

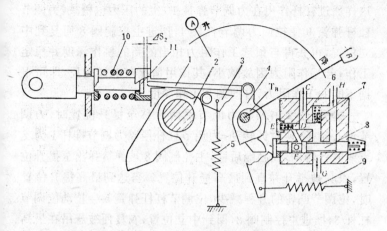

图 2-96 力调节（下降过程中）

A.位调节手柄 B.力调节手柄 T_B.力调节偏心轮 C.通油箱 D.回油阀前腔 E.回油阀背腔 F.主控制阀背腔（通油箱） G.通油泵 H.通油缸 1.力调节推杆 2.位调节凸轮 3.位调节杠杆 4.力调节杠杆 5.位调节杠杆弹簧 6.回油阀 7.单向阀 8.主控制阀 9.力调节杠杆弹簧 10.力调节弹簧 11.力调节弹簧杆

　　随着力调节手柄 B 越往下降方向移动,力调节偏心轮 T_B 的转角就越大。力调节杠杆 4 先以力调节推杆 1 为支点,其控制端便将主控制阀 8 推到下降位置,控制端不能再动。力调节杠杆便以其控制端为支点顺时针摆动,结果使力调节推杆 1 与力调节弹簧杆 11 之间出现间隙△S₂。这样,力调节弹簧 10 的变形量必须足够大才能推动力调节杠杆,让主控制阀弹出至中立位置,因为在此之间必须先消除间隙△S₂。

　　在工作过程中,若工作阻力因故增大,通过上拉杆传至力调节弹簧杆 11 的推力也大,力调节弹簧 10 压缩得更多。力调节推杆 1 将继续推动力调节杠杆 4 绕力调节偏心轮 T_B 外圆顺时针转动,力调节杠杆弹簧 9 进一步被压缩,主控制阀 8 即由其弹簧推出到提升位置,农具稍被提起,工作阻力便下降。

这样通过杠杆作用在力调节弹簧 10 上的压力也稍减,力调节杠杆弹簧 9 便拉回力调节杠杆 4,顶进主控制阀 8 回复到中立位置,可获得与预选工作阻力相当的新的耕作深度并稳定工作;若工作阻力因故减小,其作用情况与上述相反,即可根据不同的工作阻力,自动调节工作深度。

提升(图 2-97):将力调节手柄 B 移至提升位置时,力调节偏心轮 T_B 逆时针转动,力调节杠杆便以力调节推杆 1 为支点顺时针转动,控制端后移,主控制阀 8 被弹簧弹出至提升位置,农具被举升并直到最高提升位置。当达到最高提升位置时,位调节凸轮的升程减少,位调节杠杆弹簧 5 会拉动位调节杠杆 3,推进主控制阀 8,回到中立位置,农具便被悬吊在最高位置。

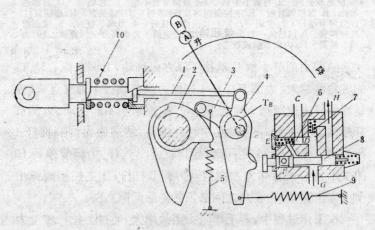

图 2-97　力调节(提升过程中)

(图注同图 2-96)

需要注意的是,使用力调节手柄时,若下降,则必须待农具入土产生阻力后,才能使主控制阀回到中立位置;若提升,则必须待农具升到最高位置,才能由位调节凸轮的作用,使主控制阀回到中立位置。即农具不能悬挂在空中任意位置。

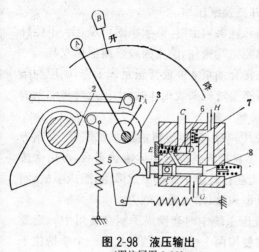

图 2-98　液压输出
(图注同图 2-93)

④液压输出(图 2-98):当位调节手柄 A 后移越过扇形板上的最高提升位置而到达"液压输出"位置时,可获得液压输出。这时,同位调节提升过程一样,只是位调节杠杆 3 的控制端后移更多,主控制阀 8 处于提升位置,油泵来油充满油缸后,从油缸的输出孔分流到分置油缸,使分置油缸工作,满足液压输出的需要。

5.**整体式液压系统**　全部元件及操纵机构都布置在一个结构紧凑的提升器壳体内。结构紧凑,油路集中,密封性好,力、位调节的传感机构比较容易布置,但元件的标准化、系列化和通用化程度不高,拆装也较困难。丰收-35、上海-50拖拉机上采用整体式液压系统。

整体式液压系统相对应用较少,故在此不作介绍,需要时请参阅相应拖拉机的使用说明。

(四)液压悬挂装置的正确使用与保养要点

正确地使用和保养液压悬挂装置,是延长液压悬挂装置使用寿命的重要保证,为此,应注意下列事项:

(1)经常保持液压系统的清洁,定期检查液压油面的高度,不足时应及时添加。所加机油一定要干净,并按保养规程定期清洗液压系统并更换液压油。

(2)农具挂接到悬挂机构上时,必须牢固可靠,上、下拉杆和农具连接后,一定要将其锁住,防止因脱落而损坏农具。

(3)如果只有先接合油泵才能使液压系统工作,则应在柴油机起动前进行。不需要液压系统工作时,则应及时将油泵的动力来源切断。

(4)悬挂农具长距离转移时,应将液压系统锁定(如东方红-75拖拉机上,只要在把农具提升到运输状态后,再用手按下定位阀即可),防止在行驶途中农具突然降落,酿成事故。同时,要将上拉杆尽量调短,以增大通过能力。

(5)半分置式液压系统中两套操纵手柄在使用中一定要协调好,即不能同时使用两个手柄,必须使其中一个手柄位于提升位置,才能移动另一个手柄,以防影响工作的正常进行。

(6)液压系统中的油泵、分配器和油缸等都是精密部件,一般不要随意拆装;分配器中各弹簧的压力,出厂时都已调好,使用中一般不需调整。如确需拆装和调整,应由熟悉液压系统构造的专业人员在无尘的场地拆装并在专门的试验台上进行调整。

(7)无安全措施时,严禁在处于提升状态下的农具下面进行调整、清洗和其它工作。

七、其它工作装置和附属设备

拖拉机的工作装置,除前述悬挂机构外,还有牵引装置和动力输出装置等。附属设备有驾驶室和驾驶座等。它们对于拖拉机性能的充分发挥有着较重要的作用。

（一）牵引装置

与拖拉机配套进行作业的农机具中,有一类是牵引式农机具。它们都有各自的一套行走机构,由拖拉机的牵引装置把它们和拖拉机连接起来,共同完成作业。

拖拉机的牵引装置上连接农机具的铰接点,称为牵引点。为了适应不同类型的牵引式农机具,实现合理的连接并配合工作,牵引装置的主要尺寸及安装位置,都应符合标准化要求。牵引点的位置可进行水平(左、右)调节。有的还可以通过调节,获得不同的牵引点高度。

拖拉机上的牵引装置,可分为两大类型,即固定式牵引装置和摆杆式牵引装置。

1. 固定式牵引装置(图 2-99) 牵引板 5 用插销与固定在后桥壳体两侧后下方的牵引托架 1 连接。牵引叉 4 是一个两端呈"U"字形的挂钩,一端用插销 2 与牵引板 5 相连,另一端则通过牵引销 3 与农具铰接。这样所连接的农具可在一定范围内摆动。

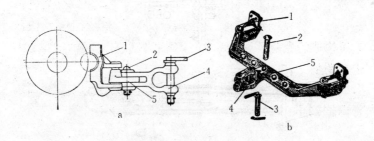

图 2-99 固定式牵引装置
1.牵引托架 2.插销 3.牵引销 4.牵引叉 5.牵引板

牵引板 5 上有五个孔,用以获得不同的横向牵引位置;而翻转牵引托架1或牵引叉,则可获得四种不同的牵引点高度。

东方红-75拖拉机采用上述固定式牵引装置。

在多数轮式拖拉机上,常利用悬挂机构的左、右下拉杆装上牵引板,并用斜撑板固定,构成固定式牵引装置。

2. **摆杆式牵引装置**(图 2-100) 牵引杆6的前端,用轴销1与拖拉机机身相铰联,此铰联点也就是牵引杆的摆动中心。牵引杆6的后端,通过牵引销5与农具连接。由于牵引杆6可横向摆动,挂结农具比较方便。又由于牵引杆较长,故又在拖拉机后两侧各装一个后支架3,两个支架间连接一个穿过牵引杆6的牵引板7,其上有孔,当拖拉机牵引农具倒退时,将定位销4插入,即可使牵引杆不再摆动。

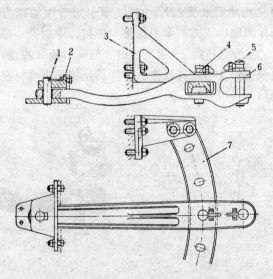

图 2-100 摆杆式牵引装置

1.轴销 2.前支架 3.后支架 4.定位销 5.牵引销 6.牵引杆 7.牵引板

这种牵引装置,由于摆动中心在驱动轮轴线之前,当农具工作阻力与拖拉机行驶方向不一致时,迫使拖拉机转向的力矩较小,亦即拖拉机的直线行驶性好,转向也较易。但结构较复杂,一般只用在如红旗-100这样的拖拉机上。

(二)动力输出装置

动力输出装置是将拖拉机发动机功率的一部分以至全部,以旋转机械能的方式,传递到需要动力的农机具上去的一种工作装置。

动力输出装置包括动力输出轴和动力输出皮带轮。另外,液压动力输出正日渐增多。

1. 动力输出轴 动力输出轴多数布置在拖拉机后面,但也有布置在拖拉机前面和侧面的。根据动力输出轴的转速数,可分为标准转速式动力输出轴和同步转速式动力输出轴。

(1)标准转速式动力输出轴:标准转速式动力输出轴的转速为 1~2 种固定的标准值(540±10 转/分或 1000±25 转/分)。其动力传动齿轮,都位于变速箱第二轴前面,如图 2-101 所示。即该输出转速只取决于拖拉机发动机的转速,与拖拉机的行驶速度无关。

(2)同步转速式动力输出轴:这种动力输出轴的动力传动齿轮,都位于变速箱第二轴之后,如图 2-102 所示。无论变速箱挂入哪一个速档,动力输出轴的转速总是与驱动轮"同步"。它用来驱动那些工作转速需适应拖拉机行驶速度的农机具,如播种机和施肥机等,以使播量均匀。

由于同步式动力输出轴由变速箱第二轴后引出动力,所以,变速箱以任何档位工作时,同步转速式动力输出轴便随之工作。即同步转速式动力输出轴的操纵,仅由主离合器控制。标准转速式动力输出轴都由变速箱第二轴之前引出动力,其

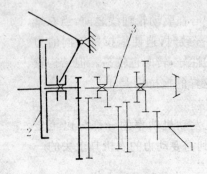
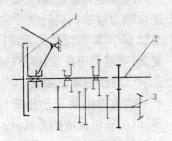

图 2-101　标准转速
式动力输出轴
1.动力输出轴　2.主离合器
3.变速箱第二轴

图 2-102　同步转速
式动力输出轴
1.主离合器　2.动力输出轴
3.变速箱第二轴

操纵方式则可由主离合器控制,也可以另设独立的操纵机构。

　　根据标准转速式动力输出轴操纵方式的不同,又可将其分为非独立式、半独立式和独立式动力输出轴三种。

　　非独立式动力输出轴没有单独的操纵机构,它的传动和操纵都通过主离合器。主离合器接合或分离时,动力输出轴相应地旋转或停转,结构简单,但在拖拉机起步时,须同时克服拖拉机起步和农机具开始工作两方面的工作阻力,发动机负荷大。另外,拖拉机停车换档时,农机具也随之停止工作。

　　半独立式动力输出轴的传动和操纵,由双作用离合器中的动力输出轴离合器控制,但操纵机构仍与主离合器共用,如图 2-103。只是在操纵离合器踏板时,动力输出轴离合器比主离合器后分离,先接合。这样,既可达到分离主离合器时不停止动力输出轴输出动力的要求,又可改善拖拉机起步时发动机负荷过大的现象。但仍不能单独停止动力输出轴的工作。

　　独立式动力输出轴的传动和操纵都由单独的机构来完成,与主离合器的工作不发生关系,如图 2-104。在采用独立式动力输出轴的拖拉机上装有一个主、副离合器布置在一起的双联离合器，用两套操纵机构分别操纵主、副离合器。而副离合器即为专用的动力输出轴离合器。这种型式的动力输出轴使用方便，既可改善拖拉机发动机因起步而导致的过大负荷，又能广泛满足不同农机具作业的要求，只是双联离合器结构较为复杂。

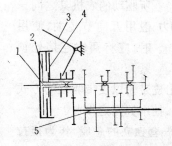

图 2-103　半独立式动力输出轴
1.变速箱第一轴　2.变速箱第一轴摩擦片　3.离合器踏板　4.输出轴摩擦片　5.动力输出轴

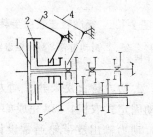

图 2-104　独立式动力输出轴
1.主离合器摩擦片　2.副离合器摩擦片　3.副离合器踏板　4.主离合器踏板　5.动力输出轴

有些拖拉机上只设有标准转速式动力输出轴或同步转速式动力输出轴。有些拖拉机上的动力输出轴则既可输出标准转速，也可输出同步转速。如图 2-105 所示，当利用接合手柄4 将滑动齿轮 2 右移与固定齿轮 3 啮合时，可以得到同步转速式动力输出；当滑动齿轮 2 与固定齿轮 3 在接合手柄 4 的作用下脱开啮合，并与接合套 1 接合时，便可以获得标准转速式动力输出。

动力输出轴的转动，一般要靠拖拉机上的离合手柄操纵，即不需要动力输出时，动力输出轴可不转动，需要动力输出轴输出动力时，再将离合手柄接合即可。

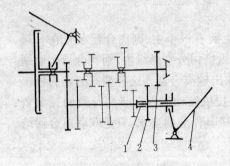

图 2-105　标准转速兼同步转速动力输出轴

1.接合套　2.滑动齿轮　3.固定齿轮　4.接合手柄

一般不用动力输出轴时,可用防护罩将动力输出轴的输出端罩起来,以免损坏或由于误操作等造成不必要的损失。另外,动力输出轴和所驱动的农机具之间一般用万向节传动,使用时,应将两端连接处锁紧。

2.动力输出皮带轮　动力输出皮带轮以皮带驱动的方式驱动固定式农机具,以完成如脱谷、抽水等固定作业。

动力输出皮带轮通常设计成一套独立的总成,作为拖拉机的附件。需要皮带输出或以皮带输出进行某些固定作业时,才安装在拖拉机上。

大多数拖拉机的动力输出皮带轮布置在拖拉机的后面,也有布置在侧面的。无论怎样布置,动力输出皮带轮轴必须与拖拉机驱动轮轴平行,以便借助前后移动拖拉机来调整动力输出皮带轮的张紧度。这样,对大多数后置式动力输出皮带轮来说,其总成都采用圆锥齿轮传动。

如图 2-106 所示,动力输出皮带轮壳体固定在拖拉机后,用接合套 2 使动力输出皮带轮的主动轴 3 与动力输出轴 1 相连,主动锥齿轮 4 与主动轴 3 制成一体,从动锥齿轮 6 与从动轴 7 也制成一体,这样,安装在从动轴 7 上的动力输出皮带轮 8 即随动力输出轴的转动而转动,通过皮带就可驱动农机具工作。

(三)驾驶室

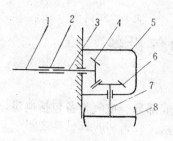

图 2-106 动力输出皮带轮
1.动力输出轴 2.接合套 3.主动轴 4.主动锥齿轮 5.动力输出皮带轮壳体 6.从动锥齿轮 7.从动轴 8.动力输出皮带轮

驾驶室是拖拉机的附属设备之一。由于拖拉机经常在野外工作,工作环境和条件很差,机手的劳动强度大,所以,性能良好的驾驶室,不仅能改善机手的工作环境,保护机手健康,保障安全,而且还有利于提高劳动生产率。

驾驶室的骨架结构首先应具有足够的刚度和强度,固定应紧固可靠。这样,万一发生翻车时,可保护机手。此外还应能遮阳,避雨、挡风御寒和防蚊;前后左右要有良好的视野;防震、隔音;结构简单、使用方便、美观大方、造价低廉等。

以上是对一个驾驶室的基本要求,但我国目前生产的拖拉机,驾驶室都比较简陋,有的甚至没有驾驶室,机手的健康和安全得不到保证。

(四)驾驶座

驾驶座是供机手操纵拖拉机时乘座用的。其性能的好坏,与机手的健康、安全和劳动条件有直接的关系。拖拉机在工作过程中的震跳、颠簸等都经过驾驶座传到机手身上。长时间的颠簸、摇晃会促使机手疲劳,有损健康。所以,改善驾驶座的结构和它在拖拉机上的布置,可以提高乘座的舒适性,改善劳动条件,保护健康和提高劳动生产率。

驾驶座一般都要有良好的减震性,通过减震元件(如弹簧等)实现。另外为适应不同体型的机手操纵,驾驶座一般可上、下、前、后调节。

第三章　电气设备

电气设备是拖拉机的重要组成部分。电气设备包括电源设备、用电设备和配电设备三部分。

电源设备由直流发电机（或硅整流交流发电机）、调节器和蓄电池组成。电源设备的功用是：采用直流电源，由直流发电机和蓄电池并联供电。当发电机不工作或电压低于蓄电池时，用电设备由蓄电池供电。当发电机的发电量向用电设备供电有余时，便向蓄电池充电。

用电设备由起动电动机、预热器、照明信号、仪表以及其它辅助设备组成。

配电设备由配电导线、接线柱、开关以及保险装置等组成。配电设备将电源设备和用电设备连接成各种电路（如起动电路、照明电路及信号电路等），从而组成了拖拉机的整个电气系统。

一、蓄电池

蓄电池也称电瓶，是电气设备的主要电源之一。其作用是：

(1)在发动机起动时，供给起动电动机用电。

(2)在发动机不工作或怠速运转时，供电给所有用电设备。

(3)当发电机的电压高于蓄电池的电压时，蓄电池可将发电机输出的电能，转变为化学能贮存起来。

蓄电池分为酸性和碱性两种。酸性蓄电池也称铅蓄电池，碱性蓄电池也称铁-镍蓄电池或镍镉蓄电池，在一般柴油机上多采用酸性蓄电池。蓄电池多为 6V 和 12V 两种，它是分别由三个或六个单格电池串联而成。

（一）蓄电池的构造和型号

1. 蓄电池的构造　酸性蓄电池的构造如图 3-1 所示，它主要由外壳、极板、隔板、电解液及加液口盖组成。

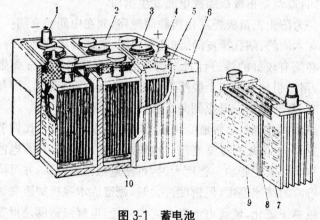

图 3-1　蓄电池

1. 负极柱　2. 连接板　3. 加液口盖　4. 正极柱　5. 盖　6. 外壳　7. 正极板　8. 隔板　9. 负极板　10. 筋条

（1）外壳：外壳是整个蓄电池的容器，它是由耐酸塑料或硬橡胶制成。壳内有隔壁，分成三个或六个互不相通的单格。壳底部分有筋条，用以搁置极板组，筋条之间的槽用以沉积从极板上脱落下来的活性物质，以防极板短路。每个单格上有盖，盖上有加液口及加液口盖，加液口盖上有通气孔，以保持蓄电池内部与大气相通。

（2）极板和隔板：极板分正极板（阳极板）和负极板（阴极板），均由栅架和活性物质制成。活性物质是铅的氧化物——

红丹或黄丹和硫酸等调和而成。制好的极板,正极板为棕色的二氧化铅,负极板为青灰色的海绵状纯铅。为了增加蓄电池的容量,每格电池中的正负极板的数量自几片到二十几片不等。正负极板交错重叠,且正负极板各自焊在带有极柱的铅质横板上组成极板组,装在蓄电池内只留出正负极柱并分别在极柱上刻有"+"、"一"标记。在每单格电池中,负极板的数量总是比正极板的数量多一片,使每片正极板都处在两个负极板之间,以避免正极板因放电而发生拱曲。

为防止正负极板互相接触而短路,故在中间装有隔板。隔板有木质的、细孔橡皮的、细孔塑料的、玻璃纤维的等多种。隔板必须有较好的渗透性且多为波纹形,木质的隔板一面带凹槽,用以引导正极板上脱落下来的活性物质沉于底壳,因此安装时,带凹槽的一面应朝向正极板。

(3)电解液:电解液是纯硫酸和蒸馏水按照一定比例调配而成,其浓度用密度来表示。电解液密度的大小,对蓄电池的工作有显著的影响。密度大时,可使电压稍有增高,并可降低电解液的结冰温度。但密度过大时,则造成木隔板加速腐蚀且极板易于硫化,使蓄电池寿命大大缩短。电解液密度是根据不同地区的气候条件来选择的。其不同密度可见表 3-1。

表 3-1 蓄电池电解液密度表

气 候 条 件	完全充足电的蓄电池在15℃时的电解液密度	
	冬 季	夏 季
冬季温度在−40℃以下的地区	1.31	1.27
冬季温度在−40℃以上的地区	1.29	1.25
冬季温度在−30℃以上的地区	1.28	1.25
冬季温度在−20℃以上的地区	1.27	1.24
冬季温度在 0℃以上的地区(海南区)	1.24	1.24

电解液的密度是用电解液密度计在标准气温15℃时来测定的。如气温或电解液温度高于或低于15℃时,其测量所得的密度要进行修正,电解液温度每高于或低于标准温度1℃,其密度误差为0.0007,即每高于标准温度1℃,其密度应加0.0007;每低于标准温度1℃时,其密度应减0.0007。电解液在每单格电池中,应高出极板10～15毫米,液面过低,使极板露在空气中,将造成极板硫化而失去存放电效果。在配制电解液时,应戴眼镜和橡皮手套,穿橡皮围裙和胶鞋,必须在耐酸的容器中(玻璃缸、瓷缸等)进行,而且只允许将硫酸慢慢地倒入蒸馏水中,同时用玻璃棒轻轻搅拌,在任何情况下都不允许将蒸馏水倒入硫酸中,以免引起爆炸和烧伤事故。当电解液滴到皮肤或衣服上时,须立即用清水、苏打水或氨水冲洗。配制好的电解液,应等其温度降至30℃以下时才能加入蓄电池中。

2. **蓄电池的型号**　起动用铅蓄电池型号标注:

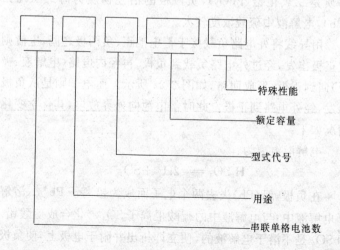

特殊性能

额定容量

型式代号

用途

串联单格电池数

如上海-50型拖拉机配用的"3-Q-150"型电池,"3"字表示蓄电池的单格电池数;"Q"表示蓄电池类别,国产蓄电池一律用"Q"字代表起动用蓄电池;"150"数字表示蓄电池的容量(安培小时)数。

(二)蓄电池的工作原理

铅蓄电池是一种化学电源,充、放电过程都伴随有化学变化的发生。必须掌握其变化规律,正确地使用和维护,才能保证良好的工作性能和延长其使用寿命。

铅蓄电池在充、放电过程中,电解液与极板间所发生的化学变化可用下述方程式表示:

$$PbO_2 + 2H_2SO_4 + Pb \underset{充电}{\overset{放电}{\rightleftharpoons}} PbSO_4 + 2H_2O + PbSO_4$$

正极板　电解液　负极板　　　　正极板　　　　负极板

1. **放电过程**　一个充足电的蓄电池,它的正极板的活性物质是二氧化铅(PbO_2),负极板的活性物质为海绵状纯铅(Pb),电解液中硫酸浓度较大。

用导线将外电路负载接于蓄电池正、负两极之间,电流则从正极出发,经过外电路负载到负极,再经内电路(电解液、极板)回到正极,形成回路,如图3-2a所示。而电子则是从负极出发,经外电路到正极。此时蓄电池向外界放电,其化学变化情况如下:

电解液电离为:

$$H_2SO_4 \rightleftharpoons 2H^+ + SO_4^{--}$$

在负极,铅(Pb)失去两个电子而成为铅离子Pb^{++},溶解于电解液中,与电解液中的硫酸根离子SO_4^{--}化合成硫酸铅。$PbSO_4$是不溶于电解液的,便立即析出并附于电极上,使负极

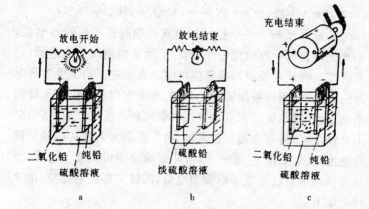

放电开始　　　　　　　放电结束　　　　　　充电结束

二氧化铅　纯铅　　　　　硫酸铅　　　　　　二氧化铅　纯铅
　硫酸溶液　　　　　　　淡硫酸溶液　　　　　　硫酸溶液

　　a　　　　　　　　　　b　　　　　　　　　　c

图 3-2　蓄电池工作原理

板附上一层硫酸铅结晶。反应式为：

$$Pb^{++} + SO_4^{--} \longrightarrow PbSO_4$$

　　在正极（PbO_2），少量二氧化铅进入电解液与水化合，变成氢氧化铅，进一步电解为正四价的铅离子和氢氧根离子：

$$PbO_2 + 2H_2O \Longleftrightarrow Pb(OH)_4 \Longleftrightarrow Pb^{++++} + 4(OH^-)$$

　　正四价铅离子从外电路得来两个电子，变成正二价铅离子 Pb^{++}。正二价铅离子又与电解液中的硫酸根离子 SO_4^{--} 化合成硫酸铅。这样在正极板上也附着一层硫酸铅结晶物。

$$Pb^{++} + SO_4^{--} \Longleftrightarrow PbSO_4$$

　　因此，放电反应的结果是，在正、负极上的活性物质都变成硫酸铅，而电解液中硫酸量减少，同时，硫酸电离的 H^+ 离子与 OH^- 离子化合成水，所以电解液的密度下降。待电解液密度下降到 1.11 左右时，可以认为电已全部放完，必须充电后方可使用。在实际使用中，当密度降至 1.15 时已感电压不

足,就要充电了。放电过程总的化学反应方程式可写为:

$$PbO_2 + 2H_2SO_4 + Pb \longrightarrow PbSO_4 + 2H_2O + PbSO_4$$

2.**充电过程** 一个经过放电或长期搁置不用的蓄电池,必须进行充电补充电能后才能使用。给蓄电池充电的电源,是直流发电机或是整流器等直流电源。直流电源的正极接蓄电池的正极,电源负极接蓄电池负极。电流方向是从电源正极到电池正极,经电解液到电池负极再到电源负极形成回路。绝对不允许反接,否则会损坏蓄电池。电子流动方向是从电源负极向电池负极,如图 3-2c 所示。充电时电池正极积聚正电荷,而在负极则带有过量电子而带负电荷,两极间形成电位差。化学反应如下:

水被电离为氢离子 H^+ 和氢氧根离子 $(OH)^-$

$$2H_2O \longrightarrow 2H^+ + 2(OH)^-$$

在负极上的 $PbSO_4$ 被电解为正二价铅离子 Pb^{++} 和负二价硫酸根离子 SO_4^{--}。铅离子得两个电子,以固态铅析出,使负极变为纯铅。

$$Pb^{++} + \ominus\ominus \longrightarrow Pb$$

在正极上的硫酸铅 $PbSO_4$ 被电解后仍为正二价铅离子 Pb^{++} 和负二价的硫酸根离子 SO_4^{--}。但 Pb^{++} 还要送走两个电子成为四价铅离子 Pb^{++++} 后,再与水电解后的氢氧根离子 $(OH)^-$ 化合,经过中间反应成为二氧化铅:

$$Pb^{++++} + 4(OH)^- \rightleftharpoons Pb(OH)_4 \rightleftharpoons PbO_2 + 2H_2O。$$

在电解液中,硫酸根离子 SO_4^{--} 与氢离子化合成为硫酸。

$$2H^+ + SO_4^{--} \rightleftharpoons H_2SO_4。$$

充电过程中,在负极逸出部分氢气,正极逸出部分氧气。蓄电池使用中是经常充、放电的,充电会使其电解液中水分减少,需要经常补充蒸馏水。但不可加酸,否则电解液会逐渐变浓,对蓄电池寿命不利。由于充电时放出的氢气是可以燃烧的,所以充电间里要有良好的通风,且应严禁烟火,以防火灾。

充电过程总的化学反应式可写成:

$$2PbSO_4 + 2H_2O \longrightarrow Pb + 2H_2SO_4 + PbO_2 。$$

由此可知,充电过程和放电过程相反,使电解液中的水分减少(若考虑逸出的氢气与氧气,水会减少更多),而硫酸的份量增加,因此电解液的密度增加。这样我们就可以用密度计测量电解液的密度,测得的密度就能反映出蓄电池的充电程度。

(三)蓄电池的充放电特性

1.蓄电池的充电特性 蓄电池充电时,在单格电池的电压上升到 2.4 伏以后,这时若再继续充电,电解液中开始产生较多的气泡。所以这时必须减小充电电流,以免气泡过多冲坏极板。这个过程一直延续到单格电池的电压上升到 2.7 伏,蓄电池就完全充足了。这时若还继续充电,由于极板的化学变化已经停止,电压及电解液密度不再升高,充电电流几乎全部用于水的分解,产生大量气泡,呈现"沸腾"现象。所以,这时必须停止充电。

2.蓄电池的放电特性 蓄电池放电时,在单格电池的电压下降到 1.7 伏以前,它的电压下降是缓慢的。但当电压下降到 1.7 伏以后,如果继续放电,它的电压就会迅速下降,极板就会因过度放电而硫化,蓄电池的寿命要缩短。所以,单格蓄电池的电压下降到 1.7 伏时,必须停止使用而对蓄电池充电。

(四)蓄电池的连接方法

根据需要的电压及容量的不同,可把蓄电池按不同的方法联接起来使用。其联接方法分串联、并联和复联。

1.蓄电池的串联 蓄电池的串联是第一个蓄电池的正极与第二个蓄电池的负极相接,第二个正极蓄电池的与第三个蓄电池的负极相接,依此类推,最后联接的两个极作为电池组的正负极(图 3-3)。

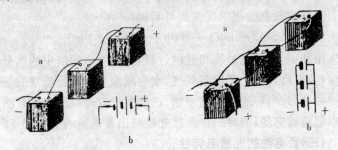

图 3-3　蓄电池的串联　　　图 3-4　蓄电池的并联

串联后蓄电池组的总电压等于各个蓄电池电压之和。如蓄电池的容量相等,则串联后蓄电池组的总容量等于一个蓄电池的容量,如各蓄电池的容量不等,则蓄电池组的总容量等于容量最小的蓄电池的容量。因此串联多个蓄电池的目的是为了提高电压。

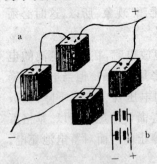

图 3-5　蓄电池的复联

2.蓄电池的并联　蓄电池的并联,就是把各个电压相等的蓄电池的正极接在一起,作为蓄电池组的正极,负极接在一起作为蓄电池组的负极(图3-4)。

并联的各个蓄电池的电压必须相等,否则电压高的蓄电池将向电压低的蓄电池放电而减少输出电流,同时电压低的蓄电池因接受强大电流的充电可招致损坏。并联后蓄电池组的总电压等于一个蓄电池的电压,其总容量等于各蓄电池容量之和,因此并联多个蓄电池的目的是为了加大容量。

3.蓄电池的复联　蓄电池的复联,就是把几个串联蓄电池组再并联起来(图 3-5)。

复联蓄电池组的电压等于其中串联蓄电池组的电压。复联蓄电池组的容量等于各串联蓄电池组容量之和。

复联多个蓄电池,是为了既提高电压又加大容量。

(五)蓄电池的充电

1.蓄电池的充电分类

(1)初充电:对新出厂的、大修后的及干贮藏后的蓄电池,在使用前实施的第一次充电称为初充电。其充电步骤如下:

①将适合于当地的电解液注入蓄电池(其温度不得超过25℃),使液面高出极板 10～15 毫米,然后停放 3～6 小时。

②充电时分两个阶段进行,第一阶段以蓄电池额定容量的 6%～7%安培数电流进行充电,在充电快接近结束时,即电源未断开时每单格电压为 2.4 伏,便减少电流的一半进入第二阶段继续充电,一直到达到标准为止。其标准是:电解液密度达最大值(约为注入时的电解液密度值),而不再变化;电解液中大量冒气泡呈沸腾现象;每单格电压上升至 2.6～2.75 伏,而不再升高。初充电全部过程约需 56～76 小时。

③充电完成后,停放 1～2 小时,再以额定容量的 10%安培数的电流进行放电,直到端电压降至 1.7 伏,然后再进行 2～3 次普通充电放电循环锻炼,使极板全部活性物质参加反应,以提高蓄电池容量和延长其寿命。

(2)普通充电:正常使用的蓄电池,为补充其电量所进行的充电,称为普通充电或定期充电。

普通充电同初充电第②条,也分两阶段进行,只是两个阶段的充电电流都比初充电增加一倍,即第一阶段用额定容量的 12%～14% 安培数的电流,第二阶段用 6%～7% 安培数的电流,直到完成充电标准为止。全部过程约需 21～24 小时。

2.蓄电池的充电方法

(1)恒流充电法:所谓恒流充电法,就是在充电过程中,通过调节充电机的输出或串联在充电线路中的变阻器,保持充电电流不变。

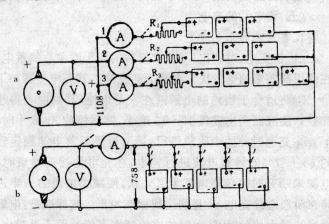

图 3-6　蓄电池的充电方法
a.恒流充电法　b.恒压充电法

在恒流充电法中,要充电的蓄电池是串联的,可以将蓄电池按其容量或放电情况的不同分组串联起来,接到直流电源上去,如图 3-6a 所示。串联成一组的蓄电池最好容量和放电程度相同,这样共同的充电电流对每只蓄电池都适合,否则应按容量最小的蓄电池来决定充电电流,以免容量小的蓄电池过充。其充电电压的计算是所充蓄电池的单格总数与每单格总数所需充电电压(2.75 伏左右)的乘积,如电源电压超出需要数,便需串联可变电阻或灯泡来达到。

此种方法使用普遍,尤其适用于新蓄电池的初充电,不易损坏蓄电池。但充电时间较长,耗电率较大,水蒸发快,活性物质易脱落。故充电中要严格按两个阶段进行,且经常注意勿让蓄电池过热或过充。

(2)恒压充电法:在充电过程中,保持充电电压不变,叫恒压充电法。用恒压充电法,要充的蓄电池是并联在电源上,如图 3-6b 所示。接在电源上充电的蓄电池电压应相同。

此种充电法,充电电流在开始时很大,随蓄电池充电程度的增加而自动减小,直至最后停止充电,因而充电时间可以缩短,且电力消耗较小和操作简单。但最初充电电流大,容易损坏蓄电池,尤其对于极板硫化的蓄电池很不适用,且受到充电机和蓄电池所容许的最大充电电流的限制,故很少采用。

(3)快速充电:对急需使用的蓄电池所进行的高速充电,称快速充电。

快速充电需要有特殊充电设备,在 30～45 分钟的短时间内,以高达 100 安的电流充入蓄电池,在蓄电池的温度还没有升高到发生危害之前,使蓄电池存电达到相当充足的程度;由于蓄电池的温度不太高,所以虽然充电电流大,蓄电池并不会有什么损伤;如果温度已升高,超出 $50～55℃$,还进行快速充电的话,对蓄电池是有严重危害的。因此快速充电必须有自动控制设备。且快速充电不能完全将蓄电池充足,故一般情况下,不采用此种方法。

3.充电中的注意事项

(1)在第一阶段充电时,每隔 2～3 小时,检查一次密度、温度、电压。如发现问题应找出原因。在第二阶段充电初期每隔 1 小时检查一次,后期每隔 15 分钟检查一次,内容同上。

(2)在检查和转入第二阶段充电时,无须切断充电电源。

(3)充电中电解液温度绝不应超过 40～45℃,如超过此限度,应降低充电电流或停止充电。待温度下降到 30℃以下后方可充电。

(4)充电中液面降低时,应及时加注蒸馏水。

(5)充电中除停电、电解液温度过高外,不应中断,以免造成极板硫化。

(6)蓄电池应保持清洁,互相间隔 10 厘米。充电时应将加液口盖全部打开,以防充电时蓄电池内部产生的气体过多而无法排出,发生蓄电池壳炸裂事故。

(7)应有专人看管,并注意电路联接情况。

(8)充电间应通风,禁止烟火,以防氢气燃烧引起火灾。

(9)禁止酸性和碱性两种蓄电池在一起充电。

(10)用高率放电计检查充电程度时,不应超过 5 秒钟,以免过度放电。

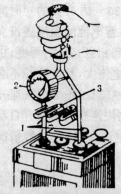

图 3-7　用高率放电计检查蓄电池的放电程度
1.叉尖　2.电压表　3.电阻

(11)充好的蓄电池每单格的电压用高率放电计检查,检查时,将高率放电计的两尖叉用力压在单格电池的两极上,如图 3-7 所示,电压应为 1.7～1.8 伏,并在 5 秒内不下降,各单格电池间的电压差不能大于 0.1 伏。

(12)充电完毕后各单格电解液密度不应相差 0.01,如不符合规定数值,应在电源未断开时进行校准,密度高时加蒸馏水,低时可加注密度较高(1.40)的电解液,禁止加硫酸。

(13)在调整电解液时,应以小电

流边充边调,反复多次才能调好,调好后应延长充电 2～3 小时。

(六)蓄电池的维护

加强对蓄电池的维护,是保证拖拉机处于完好状态的重要方面,同时并能延长蓄电池的使用寿命。在使用蓄电池时,必须注意以下事项:

(1)经常保持蓄电池外部的清洁与干燥,以防极柱间短路和极柱腐蚀。

(2)导线接头与极柱联接要紧固,并清洁后涂以润滑脂或凡士林以防锈蚀。

(3)定期充电,使蓄电池经常保持在充足电的状态下。

(4)加液口盖要拧紧,并保持通气孔的通畅和蓄电池周围通风良好。

(5)蓄电池固定要牢固,防止震动。

(6)蓄电池上禁止放金属物,并且在拆装导线时要防止扳手短路而烧坏极柱,甚至由于强烈放电而造成蓄电池爆炸引起事故。

(7)经常保持电解液液面高度,不足时应加添蒸馏水。如在特殊情况下没有蒸馏水,可加入干净的雨水或雪水。不准加注硫酸或电解液。

(8)经常检查调节器电压是否过高,以防蓄电池过充。

(9)在使用起动电动机时不能超过 5 秒钟,更不能连续使用多次,以免因急剧放电而造成极板拱曲。

(10)冬季使用蓄电池,应做好保温工作(如包毛毡或毛制外套)。在严寒时,停车后应将蓄电池放置在温度不低于 0℃ 的室内。

(11)在安装蓄电池时,应注意识别其正、负极,保证正确接线。极柱的识别,可看极柱的"+"、"-"号;也可以从颜色上来区别,正极柱为黑红色,负极柱为深灰色。如上述标志无法看清时,可自各极柱上引出一导线,分开插入食盐水中,冒气泡少的导线一方为正极;也可将导线分开插入湿面粉或土豆中,显出绿色斑点的一方为正极。

(12)经常检查蓄电池的放电程度,以了解其使用情况,确定其定期充电,并及时发现故障,是做好蓄电池的维护的重要方面,其检查方法有:

①用电解液密度计来测量电解液的密度,此方法最为简便,但不能发现蓄电池的一般故障。

电解液的密度与蓄电池放电程度的关系如表 3-2。

表 3-2   电解液的密度与蓄电池放电程度的关系

蓄 电 池 放 电 程 度	在 15℃时电解液的密度			
	冬季气温在−40℃以下地区		冬季气温在−40℃以上地区	
	冬	夏	冬	夏
充　　足	1.310	1.270	1.290	1.270
放电 25 %	1.280	1.240	1.260	1.240
放电 50 %	1.250	1.210	1.230	1.210
放电 75 %	1.220	1.180	1.200	1.180
完 全 放 电	1.190	1.140	1.160	1.140

使用电解液密度计时,以吸进少量电解液到密度计浮起为好(图 3-8),此时玻璃管中弧形液面与密度计上刻度相平齐处的读数即为密度值。

如检查电解液的温度不是 15℃,就必须在密度计的读数中计入修正值。同时不应当在强电流放电后或加过蒸馏水不久来检查密度。因为这时电解液没有均匀混合,检查结果不准确。

冬季放电超过 25%,夏季放电超过 50%的蓄电池,应从车上取下进行充电。

②用高率放电计检查:它能使蓄电池接近起动电机工作时所需电流的强度下进行检查。

高率放电计测得的单格电压与蓄电池放电程度的关系如表 3-3。

表 3-3   高率放电计测得的单格电压与蓄电池放电程度的关系

电压(伏)		蓄电池放电程度 (%)
使用过的蓄电池	新 蓄 电 池	
1.7	1.8	0
1.6	1.7	25
1.5	1.6	50
1.4	1.5	75
1.3	1.4	完 全 放 电

完全充电且情况良好的单格电池,其电压应在 1.7 伏以上,并在 5 秒钟内保持不变。使用中的蓄电池,在作高率放电检查时,如果每单格的电压指示在 1.6~1.7 伏之间,即表示良好。否则,应进行充电或进一步检查。

各单格电池的电压差如果超过 0.1 伏时,则表示蓄电池有故障,应进一步检查。

③利用起动电机在车上检查:没有高率放电计时,可利用起动电机在车上进行粗略检查。检查时,打开灯开关,然后接通起动电机,如果蓄电池存电很足,则灯光降到黄色,但光的强度仍够亮;如果此时起动电机转动无力,灯光降到红色或者完全熄灭,则是蓄电池放电很多的现象。如果只打开灯开关,灯光很弱呈红色,则说明蓄电池放电超过了限度。

(13)蓄电池的贮存:停放不用时间超过 1 个月的蓄电池,应将其充足电,拆下联接线,擦拭干净,放置在 0℃以上的室内。如果相当长的时间不用时，可在充足电后，清洁外部，拧紧加液口盖，并在联接板和极柱上涂上润滑脂或凡士林。同时要经常检查并进行定期充电。如果不能充电，可将蓄电池的存电放去，使端电压降低至 1.75 伏，然后倒出电解液，加入蒸馏水停放 3 小时，再将其倒出，再加入蒸馏水停放数小时，再倒出，这样反复 2～3 次，使蓄电池的水不含酸性时为止，最后倒尽，并将蓄电池加液口朝下停放 1 天，再旋紧所有加液口盖，用石蜡将各接

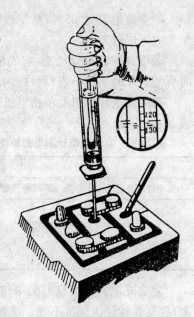

图 3-8　检查电解液密度

缝处密封起来。这样保存的蓄电池，使用前应加入电解液进行初充电。

二、硅整流发电机

硅整流发电机是一种新型发电机，它用硅整流器代替机械整流子。由于经过二极管的整流，输出的是直流电。它具有重量轻、结构简单可靠、维护方便及低速时充电性能好等优点，因此，目前正逐步取代直流发电机。

（一）硅整流发电机的构造

硅整流发电机，由发电部分和整流部分两大部分组成，如图 3-9 所示。

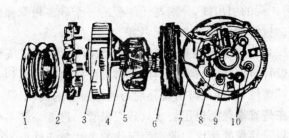

图 3-9　硅整流发电机的结构

1.皮带盘　2.风扇　3.端盖　4.定位圈　5.转子总成　6.定子总成　7.整流端盖　8.电刷架　9.元件板　10.硅二极管

1.发电部分　硅整流发电机的发电部分,是一个小型三相交流发电机,它主要由转子总成(即磁极)和定子总成(即电枢)两部分组成。

(1)转子总成:由两块磁爪(共12个磁极)压装在转子轴上,其中绕有磁场线圈,线圈两头分别接在与轴绝缘的两个滑环上,经过滑环和电刷接通激磁电路。

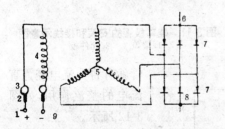

图 3-10　磁场线圈和电枢线圈的连接方法

1.搭铁　2.电刷　3.滑环　4.磁场线圈　5.电枢线圈　6.端盖　7.硅二极管　8.元件板　9.磁场接柱

两个电刷装在与盖绝缘的电刷架内,借弹簧压力保持与滑环接触。一电刷的导线和盖上的"搭铁"接柱联接,另一电刷的导线和通到盖外的"磁场"接柱联接。这两接柱,是将激磁电流引入磁场线圈的接线柱,见图3-10。

(2)定子总成:固装在两端盖之间。三组线圈(即电枢线圈)绕在铁芯上。线圈按星形联接法,各组线圈的一头连在一起,另一头的引出线,分别与元件板的一个硅二极管和盖上一个硅二极管的引线连在一起,如图3-10所示。

2. **整流部分** 在与整流端盖绝缘的元件板上,压装3只硅二极管,每只硅二极管上有引线。元件板由螺柱通到盖外的"电枢"接柱,元件板与引线分别为硅二极管的两端。

在整流端盖上也压装3只硅二极管。这3只硅二极管的导向与元件板的相反。即它的引线的极性与元件板的极性相同,如图3-11所示。

硅二极管是怎样起整流作用的呢? 由于在硅二极管上通过电流时,具有单向导电性,即在正向电压作用下,电流才由阳极向阴极流通,而在反向电压作用时,电流不能由阴极向阳极流通(如能,也是极其微小的)。所以硅二极

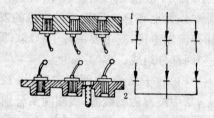

图3-11 硅二极管的安装和接线示意图
1. 端盖　2. 元件板

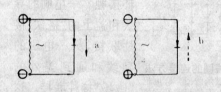

图3-12 硅二极管整流电路示意图
a. 通　b. 不通

管就有将交流电变为直流电的整流作用,如图3-12所示。

(二)硅整流发电机的工作情况

硅整流发电机的工作原理与车用直流发电机的原理相同。其工作情况的不同点在于它发出的是三相交

流电,而通过半导体硅的整流作用变为直流电,同时当发动机运转时,发电机电枢线圈具有一定的电感,对其中通过的交流电呈现感抗,有限制通过的作用,因而其输出的直流电流自动地得到限制,不需另加限制电流的装置。但它的电压则是随着转速变化而变化的。为了得到恒定的直流电压,就必须有节压器进行调节。

1.接线方法　与专用调节器配合使用时,接线方法如图3-13所示。发电机、调节器和用电部分的电路如图 3-14 所示。

2.硅整流发电机和调节器的工作情况　发电机、调节器和用电部分的电路,如图 3-14 所示。

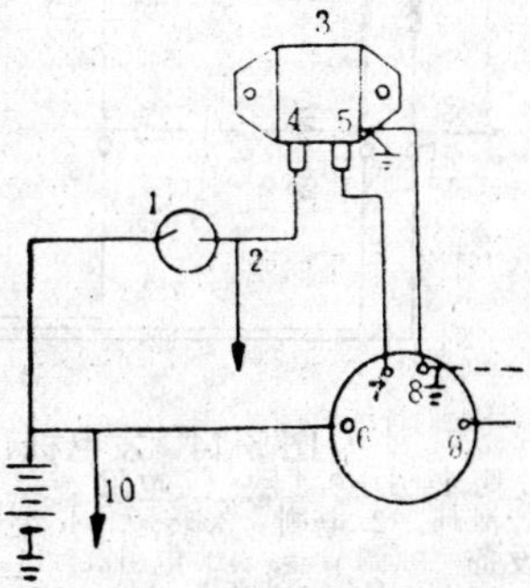

图 3-13　与专用调节器一起工作的接线方法
1.电源开关　2.至用电设备　3.FT61 调节器　4.开关　5.磁场　6.电枢　7.磁场　8.搭铁　9.中性点　10.用电设备

(1)当发电机转速低时:蓄电池电流通过发电机磁场线圈进行激磁,使产生磁场。其电路为:蓄电池正极——电源开关——调节器电枢接柱——触点①和支架——调节器磁场接柱——发电机磁场接柱——炭刷和滑环——磁场线圈——滑环和炭刷——搭铁接柱——蓄电池负极。

蓄电池电流通过调节器铁芯线圈,铁芯产生一定的吸力,其电路为:蓄电池正极——电源开关——调节器电枢接柱——触点①和支架——磁场接柱——发电机磁场接柱——磁场线圈——搭铁接柱——整流端盖和硅二极管——电枢线圈。

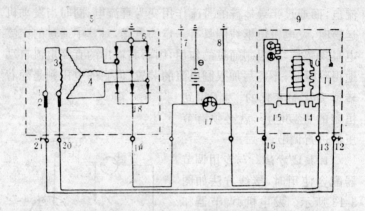

图 3-14 发电机、调节器和用电部分的电路

电阻 1＝1±0.1 欧　　电阻 2＝8.5±0.5 欧　　电阻 3＝13.5±0.5 欧
1.滑环　2.电刷　3.转子　4.定子　5.硅整流发电机　6.端盖　7、8.用电
设备　9.调节器　10.电阻 3　11.支架　12.搭铁　13.磁场接柱　14.电阻 2
15.电阻 1　16.电枢接柱　17.点火开关　18.元件板　19.电枢接柱　20.
磁场接柱　21.接铁

　　由于电压升高,使磁场线圈电流增大,磁场得到增强,这
时调节器铁芯线圈电流由发电机供给。由于电压升高,使电流
增大,铁芯吸力加强。其电路为:发电机电枢线圈──→硅二极
管和元件板──→电枢接柱──→电源开关──→调节器电枢接柱
──→电阻①、铁芯线圈和电阻 3──→搭铁接柱──→整流端盖和
硅二极管──→电枢线圈。

　　(2)发电机输出电压达到工作电压(14 伏)时,这时铁芯
产生的吸力克服了活动触点臂弹簧拉力,使触点①断开。于
是,磁场线圈电路中,自动接入了电阻 1 和电阻 2,共计 9.5
欧的电阻值。所以磁场电流减少,磁场削弱,使发电机输出电
压略为降低。磁场电流的电路为:发电机电枢线圈──→硅二极
管和元件板──→电枢接柱──→电源开关──→调节器电枢接柱
──→电阻 1 和电阻 2──→磁场接柱──→发电机磁场接柱、磁场

线圈和搭铁接柱──→整流端盖和硅二极管──→电枢线圈。

在输出电压降低后,通过铁芯线圈的电流随即减少,铁芯吸力削弱,触点①在弹簧拉力作用下又闭合,磁场电流因不再经过电阻而又得到增大,磁场增强,发电机输出电压升高。到达工作电压后,触点①又被断开,又重复上述过程。如此循环,便保持电压稳定,并不超过工作电压。

(3)发电机高转速时:当发电机高转速时,电压超过 14 伏,铁芯吸力增大,把活动触点臂吸得更低,使触点①闭合。此时,原来通过磁场线圈的电流因触点①接铁而短路,直接流回电枢线圈,如图 3-15。使具有 5～6 欧电阻的磁场线圈中不通过电流,磁场消失至只剩下少量残磁。因此,电压瞬时下降极大。同时调节器铁芯线圈也几乎没有电流通过,铁芯吸力极小,活动触点臂在弹簧拉力作用下,使触点①断开,而触点①闭合。在电压升高后又重新将触点①断开;当超过工作电压时,又使触点①闭合。这样就可以使发电机电压不再随转速升高而升高,只限制在工作电压内。

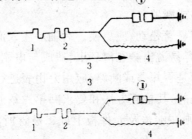

图 3-15　触点①的工作情形
1.电阻 1　2.电阻 2　3.电流　4.磁场线圈

3.用电部分电路

(1)发电机电压低于蓄电池时,用电部分由蓄电池供电。

这时电路为：蓄电池正极 ⟶ 用电设备 ⟶ 搭铁 ⟶ 蓄电池负极。

(2)发电机电压高于蓄电池时，用电部分由发电机供电，并给蓄电池充电。这时电路为：

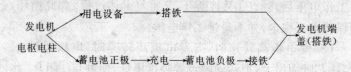

(三)硅整流发电机的使用和维护

1.硅整流发电机的使用   硅整流发电机的使用必须与调节器配合，接铁极性应与蓄电池搭铁极性相同，否则会使硅二极管烧坏。

2.硅整流发电机的检查   硅整流发电机本身结构简单，故障少，一般是当发电机每运行 750 小时应拆开检修一次。检修时，除应检查电刷磨损、元件板和各接线柱的绝缘情况外，如需要检查线圈时，主要是根据测量其电阻值的变化情况，来判定有无短路或断路。

轴承如有显著松动，应更换。后轴承注入润滑脂，其量不宜过多，否则容易溢出溅在滑环上，造成与电刷接触不良。

硅二极管是否短路或断路，应用万用表进行检查。如发电机是负极搭铁的，其检查方法和要求阅第六章五。如发电机是正极搭铁的，则在端盖及元件板上硅二极管所测得的结果与上述相反。

若发现正向电阻值过小，说明硅二极管已短路；反向电阻值过大，则说明硅二极管内断路，必须更换。

应注意的是：绝不允许用兆欧计（摇电箱）或 220 伏交流电源来检查硅二极管和发电机绝缘情况。

3. 硅整流发电机的装复和检验

(1)装复时应注意以下两点：

①转子轴上的定位圈不能装反，否则会改变转子和定子的相对位置而影响发电。

②装电刷时，将电刷弹簧和电刷装入架内，用一根粗约1毫米的钢丝插入盖和电刷架的小孔中，使挡住电刷。待两端盖装合后，抽出钢丝使电刷压在滑环上，如图3-16所示。

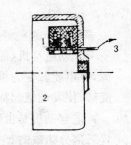

图 3-16　电刷的安装
1. 电刷架　2. 整流端盖
3. 小钢丝最后抽出

(2)空载和发电试验：试验时所用仪表和接线方向如图3-17所示。

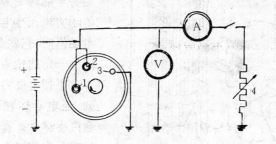

图 3-17　空载和发电试验
1. 电枢　2. 磁场　3. 搭铁　4. 可变电阻

当提高发电机转速时，对发电机激磁方法是：将蓄电池的火线(负极搭铁的，用正极线)碰接一下发电机的磁场接柱即可。

发电机转速为 1000 转/分时，电压应大于 12 伏；发电机转速为 2500～3000 转/分时，电压应保持 14 伏；输出电流为

25 安,即说明发电机是正常的,不要让发电机以高速旋转,因为没有接调节器。

三、起动电动机

起动电动机(简称电起动机或起动电机)由蓄电池供给电源,将电能转变为机械能,通过啮合驱动机构带动发动机飞轮旋转,使发动机起动。

电起动机是由串激式直流电动机、啮合驱动机构、控制装置三部分组成的。

(一)串激式直流电起动机的工作原理和构造

1. 串激式直流电动机的工作原理 电动机是将电能转变为机械能的动力机。当电流通过电动机时,它就会旋转,产生一定的扭矩。

根据电磁力定律得知,通电导体在磁场中会产生运动。直流电动机就是根据这个原理制成的,其工作过程如图3-18所示。它由绕在磁铁上的激磁线圈2和与其串联的电枢线圈3组成。来自蓄电池正极的电流通过激磁线圈2与电枢线圈3后经搭铁返回蓄电池的负极。电动机磁极的磁场与发电机一样,是由激磁线圈2通电后产生的。区别在于激磁线圈2与电枢线圈不是并联而是串联,因此叫做"串

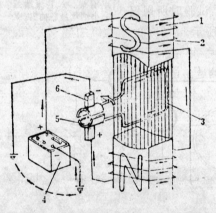

图3-18 直流串激式电动机工作原理
1.磁极铁芯 2.激磁线圈 3.电枢线圈 4.蓄电池 5.整流子 6.电刷

激式"电动机。电枢线圈 3 的下半圈,电流是由外向里流,根据左手定则得知,所受到的推力是向右的,上半圈则相反。所以通电后,电枢反时针旋转。当电枢线圈转过 180°时,线圈原来的上下半圈互换了位置,但在换向器的作用下,电枢中电流的方向不变,所以线圈的运动方向与原来相同,从而保证电枢线圈按一定方向不停地转动。

但是一匝电枢线圈产生的转矩较小,所以实用电动机电枢绕组都是由很多匝数线圈构成的,换向器的片数也随着线圈匝数的增多而增加。

串激式电动机的输出扭矩是与通过电动机的电流平方成正比的,这是一个很重要的特性。只要蓄电池能供给电动机足够的电流,便能产生很大的扭矩,这对发动机的起动是有利的。所以,起动用电动机都用串激式电动机。

2.串激式电动机的构造　电起动机主要由电枢、磁极(定子)、换向器、电刷等部分组成,如图 3-19 所示。

(1)电枢:电枢由铁芯及电枢线圈构成。铁芯用厚 1 毫米的硅钢片叠制成圆柱形,中间孔内装有电枢轴,四周槽内嵌有电枢线圈。为了得到较大的扭矩,流经电枢线圈的电流达 200 安以上,因此线圈多采用粗扁铜条制成。导线与导线之间,导线与铁芯之间,用绝缘纸隔开,为防止导线在离心力作用下甩出,在线圈两端用尼龙无纬带扎牢。电枢线圈按一定次序焊接在换向器铜片的凸起处,电刷在电刷架上的弹簧力作用下,紧压在换向器上。

(2)磁极:磁极由铁芯及激磁绕组构成,固定在壳体上。铁芯和壳体都采用 10 号钢制成。磁极的激磁线圈用粗扁铜导线在铁芯上绕 5～10 圈。为了增大电起动机的扭矩,电起动机有四个磁极相对安装,如图 3-20 所示。

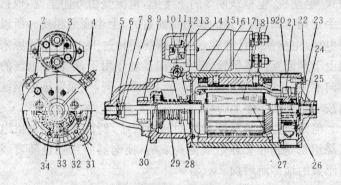

图 3-19 2Q2C 电起动机

1.保护带 2.夹紧螺栓 3.电磁开关 4.输入接线柱 5.前端盖 6.止推
垫圈 7.开口销 8.槽形螺母 9.驱动小齿轮 10.拨叉 11.偏心螺钉
12.弹性销 13.螺栓 14.前盖垫板 15.中盖板 16.绝缘垫圈 17.定子
18.电枢 19.电源接线柱 20.绝缘纸板 21.电刷架 22.对销螺钉
23.绝缘垫圈 24.粉末冶金轴衬 25.防尘堵头 26.换向器 27.电枢轴
28.移动套 29.啮合器弹簧 30.单向啮合器滚子 31.电刷 32.电刷弹簧
33.电刷 34.刷架螺钉

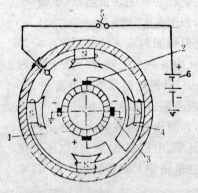

图 3-20 电起动机线路连接示意图
1.换向器 2.绝缘电刷 3.搭铁电刷
4.激磁绕组 5.起动开关 6.蓄电池

激磁绕组与电枢绕组串联,绕组的一端接在外壳的绝缘接线柱上,另一端与两个绝缘电刷相连,经换向器和电枢绕组再回到换向器搭铁电刷形成回路。

(3)换向器:换向器的作用是保证同一位置进入电枢绕组的电流方向不变,使电枢始终朝一个方向旋转。

换向器由铜片和云母片叠压而成,装在电枢轴上,铜片间的绝缘云母不应低于铜片,否则会产生火花烧坏电刷和换向器;同时加速电刷磨损,铜末聚集槽内会造成短路。

(4)电刷:电刷是用铜和石墨粉压制成的,电刷弹簧的压力一般为 8.8～14.7 牛(0.9～1.5 公斤力)。

电刷共有两对,相对的电刷是同极性的。电刷装在后端盖刷架内,安装时,有绝缘导线的电刷应装在绝缘刷架内,裸铜线的电刷装在搭铁刷架内,不要装错。

(5)前、后端盖及中隔板:前端盖又叫安装盖,是铸铁件,电起动机通过此盖安装在柴油机上。后端盖是铝合金压铸件,内装电刷架和电刷。中隔板装在前端盖的止口内,由 3 毫米钢板冲压而成,用以承受电起动机起动时产生的径向力,防止轴翘曲。前、后端盖和中隔板均有滑动轴承,用以支承电枢轴。轴承采用铜基或铁基粉末冶金含油衬套。

(二)电起动机的啮合驱动机构和控制装置

1.啮合驱动机构　为了避免起动后,发动机的飞轮高速带动起动电动机旋转并达到危险的转速,因此起动电动机的啮合机构中,都装有单向滚柱啮合器,以便在发动机起动后,能自动切断它们之间的动力传递。

单向滚柱啮合器的构造和工作过程分述如下:

如图 3-21 所示,单向滚珠啮合器由连接套筒(花键套筒)5、滚柱 4、滑动套筒 7,8、罩盖 2、挡圈 3、起动小齿轮 1、弹簧6、10 等组成。起动小齿轮套装在电枢轴光滑部分,连接套筒内孔有花键槽,套装在电枢轴螺旋花键部分,随轴转动,它与小齿轮柄之间有环槽,内装滚珠,槽的宽窄不等。当电起动机电枢旋转时,转矩由连接套筒传到滚柱,滚柱在套筒带动下,进入弧状楔形槽的窄端,靠摩擦力带动小齿轮一起转动,从而带动飞轮齿圈转动起动柴油机。柴油机起动后,转速逐渐升高,飞轮齿圈带动小齿轮旋转,由于小齿轮和连接套筒同方向旋转,且速度大于连接套筒,因而带动滚柱进入槽的宽阔段而打滑,防止了电枢超速飞散的危险。

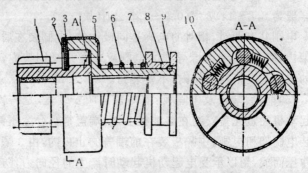

图 3-21　单向滚柱啮合器的构造
1.起动小齿轮　2.罩盖　3.挡圈　4.滚柱　5.连接套筒　6.弹簧　7、8.滑动套筒　9.弹簧挡圈　10.滚柱弹簧

2.**控制装置**　2Q2C 型电起动机采用电磁操纵式控制装置。它的特点是:操作方便,齿轮啮合与分离及时且平稳。缺点是,若使用频繁,触点易烧蚀。其结构和工作过程如图 3-22 所示。

电磁式控制装置主要由铁芯 13、吸拉线圈 L_2、保持线圈 L_1、接触铜片 4、触头接线柱 Z_1、Z_2、回位弹簧 7、拨叉 8 等组成。其工作过程如下:

起动时,电源开关 K 闭合后接通起动开关,其电路是:蓄电池正极 $\longrightarrow$ 熔丝(30 安) $\longrightarrow$ 电流表 $\longrightarrow$ 电源开关 $\longrightarrow$ 起动开关 $\longrightarrow$ 电磁开关接线柱 Z_3 $\underset{\longrightarrow}{\overset{\nearrow}{\searrow}}$(分两路)一路是:$Z_3$ $\longrightarrow$ 吸拉线圈 L_2 $\longrightarrow$ 激磁绕组 5 $\longrightarrow$ 电枢 6 $\longrightarrow$ 搭铁电刷 $\longrightarrow$ 蓄电池负极;另一路是:Z_3 $\longrightarrow$ 保持线圈 L_1 $\longrightarrow$ 搭铁 $\longrightarrow$ 蓄电池负极。此时保持线圈与吸拉线圈均有电流通过,且方向一致,铁芯在两个线圈的磁场力作用下克服回位弹簧的弹力,向

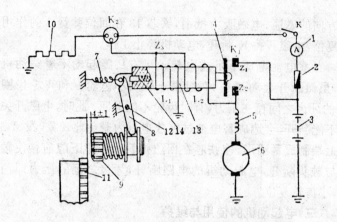

图 3-22　2Q2C 型电起动机的电磁啮合机构

K—电源开关　K_1—电磁开关　K_2—起动开关　L_1—保持线圈
L_2—吸拉线圈　Z_1、Z_2—触头接线柱　Z_3—开关接线柱

1.电流表　2.保险丝　3.电源　4.接触铜片　5.激磁绕组　6.电枢　7.回位弹簧　8.拨叉　9.起动机小齿轮　10.预热塞　11.飞轮齿圈　12.偏心螺钉　13.铁芯　14.弹簧

触头移动,同时带动拨叉把起动小齿轮推向飞轮齿圈。由于吸拉线圈是经电动机搭铁回路的,所以电枢通入小电流而慢慢转动,使小齿轮边旋转边移动和飞轮齿圈较柔和地啮合。

当小齿轮和飞轮齿圈完全啮合时,接触铜片和两触头接触,大量的电流流经激磁线圈和电枢线圈,使电动机全力带动柴油机旋转。这时,吸拉线圈 L_2 被短路失去作用,只有保持线圈使电磁开关保持闭合。

由此可见,起动过程是分为两个阶段进行的,第一阶段为慢转啮合阶段,第二阶段为全速起动阶段,从而减小了起动过程中的冲击。

柴油机着火后,松开起动开关(即 K_2 断开),在最初瞬间,电流从蓄电池正极──→触头──→吸拉线圈──→保持线圈──→搭铁──→蓄电池负极。线圈 L_1、L_2 电流方向相反,产生相反方向的磁通,电磁吸力抵消,铁芯 13 在回位弹簧 7 的作用下复位,电磁开关 K 断开,电动机停止工作。

当蓄电池电压不足或电起动机有故障起动不着柴油机时,虽然断开起动开关 K,但由于驱动小齿轮 9 和飞轮齿圈 11 的牙齿之间存在压力,有时齿轮不能退回。此时,电磁开关 K 不能断开,会造成蓄电池过度放电。为避免此现象,拨叉 8 的上端制成鸟嘴形,使铁芯在回位弹簧的作用下能前移使触片与触头断开,电起动机的电路断开,牙齿之间的压力即消失,小齿轮复位。

(三)电起动机的使用与维护

1. 日常使用与保养

(1)经常检查各部连接状态及导线的紧固情况。

(2)清除导线、接线柱上的氧化物以及电起动机外部灰尘和油污,使之经常保持干净。

(3)冷天起动时,应使用火焰预热 10～15 秒钟,才能使用电起动机。

(4)电起动机只能短时间工作,每次起动时间不能超过 5 秒钟。如一次起动不着,应间隔半分钟以上才能再起动。

(5)柴油机开始工作后,应立即松开起动开关,避免不必要的空转,减少单向啮合器的磨损。

2. 电起动机的检修　当拖拉机累计工作 1000 小时进行三号保养时,应拆下电起动机进行检修。方法如下:

(1)将电起动机分解拆卸。

(2)检查换向器表面。如烧蚀较轻可用"00"号砂纸磨光;如烧蚀严重,表面凹凸不平,失圆度在 0.05 毫米以上,必须重新车圆磨光。

(3)检查激磁绕阻绝缘是否破损,焊接是否牢靠,用布蘸汽油擦掉绕组外面的油污。

(4)检查电枢绕组与换向器的焊接情况,如有脱焊,应焊牢。电枢轴如弯曲应校正,轴颈磨损严重应换新件。如绕组有短路或断路应送修。

(5)检查电刷弹簧的压力,要在 8.8～14.7 牛(0.9～1.5公斤力)范围内,如不合要求应调整或更换。电刷磨损超过全长 1/2 时应更换。

(6)电枢绝缘性能的检查:可用试灯法检验,如图 3-23 所示。试灯亮就说明有搭铁处,为了找到接线的线匣,可将试灯触头沿换向片滑动,当接触到搭铁处的换向片时,灯最亮。

(7)起动小齿轮的齿端最易磨损,若磨损过于严重,应进行焊修。

(8)单向滚柱齿轮啮合器应能承受 254.8 牛·米

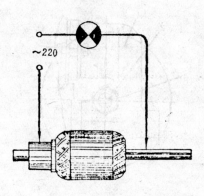

~220

图 3-23 电枢绕组搭铁检验

(26公斤力·米)以上的扭力而不打滑,否则应换修。此外,尚需检查齿轮缓冲弹簧和拨叉等。

(9)检查控制机构,即检查电磁开关接线柱和接触铜片、触头是否良好,有无烧蚀,保持线圈和吸拉线圈有无断路、短路和搭铁现象,必要时进行修复。

3.电起动机的调整

(1)小齿轮位置的调整。电起动机安装后小齿轮端面与飞轮齿圈平面的距离(如图 3-22 所示),上海-50 拖拉机应为 4

±1毫米。如不符合,可在电起动机安装凸缘平面与飞轮壳体之间加减金属垫片调整之。

(2)电枢轴前端槽形螺母(也叫挡环)与止推垫片间隙的调整。此间隙应为 1.5～3 毫米。如不符合,可旋动槽形螺母调整,调好后用开口销固定。

(3)偏心螺钉的调整。偏心螺钉的作用是调整拨叉支点位置,保证小齿轮和飞轮齿圈正确的啮合关系,及电磁铁芯的正确行程。

一般情况下,偏心螺钉宜调整在如图 3-24 所示的位置。由于制造装配等造成的误差,偏心可在 I—II 的角度范围调整。如电起动机小齿轮与飞轮齿圈啮合时出现顶齿,则偏心螺钉应朝"I"的一侧调整;如出现铣齿或齿轮不退回和电源脱不开,则偏心螺钉应朝"II"侧调整。调好后必须将螺母锁紧。

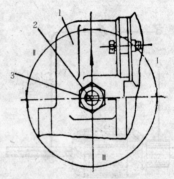

图 3-24　偏心螺钉的调整
1.前盖侧面　2.偏心螺钉　3.螺母

四、其它电气设备

(一)照明设备

大中型拖拉机上有多种照明设备,其功用是照明道路及地面,标示车辆的宽度、转向或停车时发出信号灯光,照明仪表以及夜间检修照明等。

1. 大灯　一般大中型拖拉机设有两只前大灯(又叫头灯)

和一只后大灯。两只头灯安装在柴油机罩壳的前部,属内装式。采用双丝灯泡。夜间公路行驶时,无迎面来车,用远光灯照明道路。田间作业照明和公路夜间行驶时有迎面来车或有道路照明的市区行驶时,应使用近光灯。后大灯主要用于照明拖拉机后方的作业机具。

前、后大灯的构造大致相同,如图 3-25 所示。

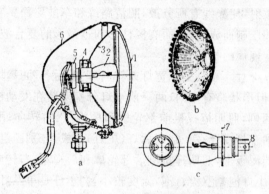

图 3-25 半可拆式头灯

1.散光玻璃 2.灯泡 3.反光镜 4.插座 5.接线器 6.灯壳 7.插头凸缘 8.插片

主要包括以下零部件:

(1)灯壳:由铁皮冲压成,是安装其它零件的壳体。灯壳与散光玻璃连接处有密封垫圈,引出导线与壳体间也有密封圈以防水和尘土进入。灯壳上有连接固定螺栓,用以固定大灯总成。

(2)反光镜(反射镜):反光镜的主要功用是把灯泡发出的光线聚合并导向远方。它用薄钢板冲压成形(抛物线的旋转体表面)经镀铝抛光而成。灯泡的大部分光线经反光镜聚合成一条窄光束,使光度增强几百倍,能使 35 烛光的灯泡照亮车前成百米处的路面。

（3）灯泡及插座：插座与反光镜连接，上有接线柱固定导线用，中间安装灯泡。灯泡采用双丝灯泡。前大灯的远光灯丝位于反光镜的焦点处，光度为 35 烛光，近光灯丝位于反光镜焦点的上方，光度为 35 烛光。后灯泡光度为 35 烛光的单丝灯泡。

（4）散光玻璃：散光玻璃的功用是把反光镜反射的光束折射和散射，使光线有所分散，照清路缘和车前路面。它是由透明玻璃压制而成，其表面有棱柱形和透镜形的复合波纹，能使光线有规律的扩散分布。

2. 小灯　小灯是标宽灯兼转向灯。前后各两只，均为长方体形，但形状略有不同。两只前小灯分别安装在发动机罩壳的左右两侧，照明拖拉机前部轮廓和前视左、右转向；两只后小灯和刹车灯组合在一起叫后灯（尾灯）总成，分别固定在左、右后轮挡泥板上，照明拖拉机后部轮廓和后视左、右转向和制动信号。小灯泡是双丝灯泡，光度较小，刹车灯是单丝灯泡，光度稍大。

3. 仪表灯　在仪表板上有两只仪表照明灯，供驾驶员夜间工作中观察仪表用。

（二）信号装置

1. 电喇叭　大中型拖拉机上一般有电磁振动式喇叭。其结构和电路连接如图 3-26 所示。它由铁芯 18、激磁线圈 16、振芯 2 等组成。激磁线圈 16 绕在线圈架 15 上，线圈一端通过接线柱及导线经喇叭按钮 6、电源开关 8、电流表 9 与蓄电池正极连接；线圈另一端经弹性触点臂 13、触点组 14（包括动触点和定触点）、触点架 1 和接线柱搭铁。振芯 2 的一端与振动膜 4 连接。另一端位于线圈架 15 内并与铁芯 18 保持一定间隙。振芯中部凸肩 A 与弹性触点臂 13 内端保持有间隙。触点组 14 在弹性触点臂的作用下经常处于闭合状态。

在按下喇叭按钮时,电路接通,吸下振芯,带动振动膜 4,并将触点臂 13 推下,使触点 14 分开。此时,激磁线圈 16 的电路被切断,振芯在振膜作用下迅速回位,触点组又闭合,使激磁线圈电路又被接通。因此,在按住喇叭按钮时,激磁线圈通过振芯带动振动膜 4 高速振动而发出响声。蜗壳 3 和盖子 5 起共鸣作用,使声音更响。

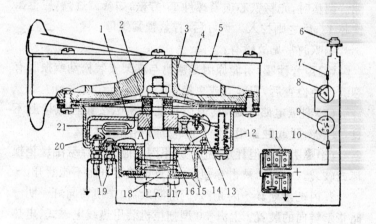

图 3-26 电磁振动式喇叭和电路连接图

1.触点架 2.振芯 3.蜗壳 4.振动膜 5.盖子 6.喇叭按钮 7、10.保险丝 8.电源开关 9.电流表 11.蓄电池 12.调整螺钉 13.弹性触点臂 14.触点组 15.线圈架 16.激磁线圈 17.铁芯锁紧螺母 18.铁芯 19.接线柱 20.壳体 21.电容器 A—凸肩

调整螺钉 12 可以改变触点架 1 的相对位置,从而调节凸肩 A 触点臂 13 间的间隙,借以改变触点闭合的频率,获得不同的音响。

在两触点之间,并联一只 0.7 微法的电容器 21,以消除触点断开时产生的强烈火花,避免烧蚀触点。

在使用喇叭中应注意:

（1）尽量避免长时间的按下喇叭按钮，以防喇叭触点过早烧蚀和蓄电池耗电过多。

（2）定期检查喇叭的触点，如有烧蚀应用"00"号砂纸打磨，并用汽油清洗后吹干。

（3）声音微弱或过大时，可拧动调整螺钉 12 加以调整，反时针方向拧转声响变大，反之声响变小。

（4）如果调整音调，则可调整铁芯 18 与振芯 2 之间的气隙。调整时，先将铁芯锁紧螺母 17 拧松，如音调过高，应退出铁芯 18，反之则拧入。调好后，拧紧锁紧螺母。

喇叭的常见故障有：

（1）声音沙哑，可能原因是喇叭与支架安装松动或振膜有裂缝。经检查后，应紧固或更换。

（2）喇叭电路不通，其原因可能是喇叭按钮触点接触不良，接线断脱或触点组 14 调整不符而不能闭合等。

（3）喇叭不响但耗电量大，其原因可能是触点架绝缘垫损坏或破裂。电容器被击穿短路，触点调整不符而不能断开。

2.闪光继电器　闪光器（闪烁断续器）是使转向灯一明一暗指示转向的装置。上海-50 型拖拉机装用热线电磁式（电热式）闪光继电器。

闪光继电器（图 3-27）的铁芯 1 固定在胶木底板上，铁芯上绕线圈 2。线圈的一端与固定触点 3 相连，另一端与电源接线柱相连。电阻丝 5 与附加电阻 8 用同一根镍铬丝制成，在其相连接处用玻璃绝缘体固定在支架上。电阻丝 5 一端接活动触点臂 10，附加电阻 8 的一端接电源接线柱 6。电阻丝的安装，保证在冷状态时拉紧活动触点臂，使触点 3、4 处于分开状态。

当转向开关 9 使右侧电路接触时，电流由蓄电池正极

——→电流表——→附加电阻——→电阻丝——→活动触点臂(支架)
——→右转向开关——→右转向灯和指示灯——→搭铁——→蓄电池
负极。此时,因接入附加电阻,电流较小,灯光暗淡。经一段时
间后,电阻丝因通电受热膨胀,触点闭合,其电路为蓄电池正
极——→电流表——→线圈——→触点——→活动触点臂——→右转向
开关——→右转向灯和指示灯——→搭铁——→蓄电池负极。由于
附加电阻 8 和电阻丝 5 被短路,线路中电阻小,电流大,灯光
较亮。这时,线圈 2 有电流通过,产生磁力使触点闭合较牢。电
阻丝 5 被短路逐渐冷却而缩短,又拉开触点。如此反复变化,
使转向信号灯一亮一暗发出闪光。

　　使用中,通过调整电阻丝 5 的拉力(用钳子弯曲活动触点
臂)可以改变闪光器的振动频率。其次,由于调整不当或有接
铁处时,往往容易使线圈 2 烧坏,这时要重绕线圈 (0.5 毫米
的漆包线绕 50 圈)或更换新的闪光继电器。

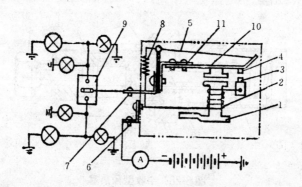

图 3-27　闪光继电器
1.铁芯　2.线圈　3.定触点　4.动触点　5.电阻丝　6.接线柱　7.接线柱
8.附加电阻　9.转向开关　10.活动触点臂

　　3. 制动信号灯　制动信号灯在进行制动时自动接入。制

动信号灯（刹车灯）与后小灯及转向信号灯合装在长方形灯壳内组成后灯（尾灯）总成。刹车灯是单丝灯泡，刹车灯开关由制动踏板控制。当踩下制动踏板时开关接通，制动信号灯发出较强的红光，以示减速或停车。

（三）预热塞

预热塞的功用是在柴油机低温起动时预热进气，缩短起动时间，减少蓄电池电能消耗和减轻柴油机的磨损。

丰收型预热塞是热式火焰预热器，其构造和工作过程如图 3-28 所示。它由油路和电路两部分组成。油路部分主要由带有伸缩套的螺杆、钢球及杆身组成。杆身用以顶住钢球，使燃油通道堵住。杆尾加工成螺纹旋入伸缩套中，并可调节对钢球的压紧力。螺杆的后部装有接头螺母，作为连接燃油通道之用；伸缩套上绕有绝缘电热丝，电热丝的一端与保护套相连而搭铁，另一端与固定架接片连接并与导线相连。预热塞用接头螺套拧入进气歧管内。

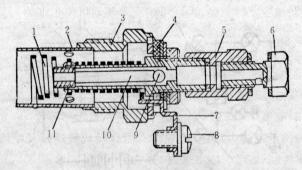

图 3-28 丰收型预热塞

1.电热丝 2.保护罩 3.接头螺套 4.绝缘垫片 5.接头螺母 6.接头螺钉 7.固定架接片 8.导线紧固螺钉 9.钢球 10.杆身 11.带有伸缩套的螺杆

当预热开关旋至"预热"位置接通电路后，电热丝发热并加热伸缩套,使其受热膨胀而伸长,随之杆身也向左移动,钢球逐渐打开燃油通道,燃油流入伸缩套中并向保护罩方向流出。当燃油接触红热的电热丝后即行蒸发燃烧,并在进气管中形成弥漫的火焰加热空气。保护罩的作用在于避免进气流吹熄火焰,并通过保护罩小孔进入新鲜空气以助燃。现在装机的预热塞已有改进,将迎气流方向的小孔堵死一部分,以防火焰熄灭;保护罩的出口在逆气流一面截掉一部分,改成斜口更有利于火焰的形成。当电路切断后,电热丝及伸缩套温度迅速下降,伸缩套收缩,杆身顶住钢球关闭燃油通道,燃油停止流入,预热塞就停止工作。

在使用预热塞时应注意:

(1)每次连续使用时间不得超过 40 秒钟。

(2)使用前,应泵油数次,保证供给足够的油量。

(3)应定期检查预热塞的工作状态是否正常。即通电后半分钟内应有火焰喷出,若不通油应停止使用,以免烧断电热丝;若漏油应及时调整,否则可能引起柴油机飞车事故。

预热塞的常见故障有:

(1)漏油或油路堵塞。漏油是钢球与阀座密封不严所致。可适当调整杆身对钢球的压紧程度,或更换阀杆和钢球并修磨阀座;油路堵塞应清洗油道。

(2)电热丝不发红。主要是电路断路或短路所致。应先检查开关和外电路,再检查电热丝是否烧断或脱焊以及绝缘层是否损坏,然后修理或更换。

(四)仪表及其辅助设备

1. 电流表   电流表是一种重要的电气仪表,它串联在充电电路中,用来指示蓄电池充电放电的电流数值。接线时,电流表的正极,一路接发电机"电枢"("＋")接线柱,另一路接电源开关(电门开关);电流表负极通过 30 安保险丝与蓄电池正极(蓄电池与电起动机的接线处)相接。电流表在静止状态时,指针应指在"0"位。电流表指针摆向"＋"值的方向表示发电机向蓄电池充电。摆向"－"值的方向表示蓄电池向各用电设备放电(不包括起动电机),接线时必须注意这一点。

2.风窗刮水器　风窗刮水器的功用是清除风窗上影响驾驶员视线的雨滴和雪花。拖拉机上装有电动刮水器,如图 3-29 所示,直流电动机 11,固装在底板 12 上。杠杆机构由拉杆 3、7、8 和摆杆 2、4、6 组成,摆杆 2 和 6 上连有刷架 1 和 5。电动机输出的动力,由轴端的蜗轮 10 传给齿轮 9,使与偏于齿轮一侧的销钉相连的拉杆 8 作往复运动,然后经拉杆 3 和 7 使刷架 1 和 5 摆动,使左右橡皮刷在风窗玻璃上呈扇形角进行擦拭。

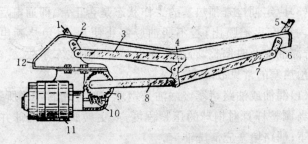

图 3-29　风窗刮水器

1、5.刷架　2、4、6.摆杆　3、7、8.拉杆　9.齿轮　10.蜗轮　11.电动机　12.底板

(五)开关及保护装置

1.电源开关(电门开关)JK422　电源开关是电源至各用电设备的总开关。它是用钥匙转动的暗锁开关,有三个接线柱,即有三个位置,如图 3-30 所示。拖拉机不工作时,将开关转至"0"位后抽出钥匙,全部用电设备的电路都断开。钥匙插

入孔中向右旋转 50°至位置"2",起动电路、喇叭电路和发电机激磁电路接通,适宜于白天田间作业;向左旋 50°至位置"I",全部用电设备都与电源接通。适宜于夜间作业和公路行驶。

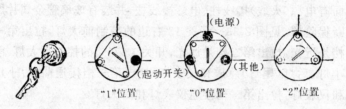

图 3-30　电源开关 JK422 接线图

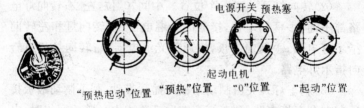

图 3-31　起动开关线路筒图

2.起动预热开关 JK290　起动预热开关 JK290 如图 3-31 所示。有三个接线柱、四个位置,即"0"位、"起动"、"预热"、"预热起动"。

(1)直接起动:当环境温度在 10℃以上或热车时,可用直接起动。即将开关手柄旋转至"起动"位置,直接接通起动电路,起动后手柄退回"0"位。

(2)预热起动:环境温度低于 10℃时的冷车采用预热起动。即将开关手柄先旋转至"预热"位置,预热塞电路被接通,预热进气管内空气,停留半分钟左右,再继续左旋 3°对正"预热起动"位置,预热塞和起动电路同时被接通。起动后立即将手柄退回至"0"位。

3.灯开关　灯开关 JK107,系滑动接触型双档灯开关。上面有电源(火线)接线柱、电灯接线柱,并装有玻璃管金属片熔断保险器,见图 3-33。开关 13 右边的控制前大灯,拉出第一档是近光,拉出第二档是远光;开关 13 左边的控制后大灯、前小灯、后灯(尾灯)总成和仪表灯,拉出第一档接通前、后小灯和仪表灯,拉出第二档接通仪表灯和后大灯。

4.信号开关

(1)电喇叭按钮接在熔丝盒与起动开关电源(火线)接线柱之间的电路上。

(2)转向灯开关有三个位置。中间"0"位,左、右转向灯电路都不通;手柄向左扳,接通闪光继电器、左转向灯和左转向指示灯电路;手柄向右扳,接通闪光继电器、右转向灯和右转向指示灯电路。

(3)刹车灯开关由制动踏板左摇臂带动,踩下制动踏板接通左右刹车灯电路(刹车灯泡在后灯总成内),踏板回位时,电路被切断。

5.保护装置　拖拉机电系保护装置是一只熔丝盒,内装八档熔丝片,在两只双档开关上装有 20 安的玻璃管金属片熔断保险器。

熔丝(俗称保险丝)是防止短路或过载大电流烧毁导线和电器设备的装置。每根熔丝都有规定的工作电流值,见表 3-4。不能任意加粗或用其它金属线代替来增大工作电流。如遇熔丝连续烧断现象时,应查明原因排除故障,然后接上规定的熔丝或代用铜丝。

表 3-4 　　　各档熔丝的工作电流值及所保护的电器

熔丝盒档别	一	二	三	四	五	六	七	八
额定工作电流（安）	6	6	6	6	6	30	10	20
被保护的电器	后大灯	刹车灯	左转向灯	右转向灯	前后小灯	总电源	喇 叭	预热塞
代用铜线直径（毫米）	0.16	0.16	0.16	0.16	0.16	0.7	0.24	0.4

五、电气设备线路

新驾驶员往往对拖拉机电气设备总线路感到很复杂，难以掌握。然而只要抓住其内在的规律性是不难掌握的。而掌握线路对于判断电路的故障及保养与维修又是十分重要的。本节就电路的分析方法与要领作概括地介绍。

（一）线路分析

大中型拖拉机电气设备线路既有一般规律，又有自身的特点，分析电路必须掌握这些规律和特点。其规律和特点可归纳为以下几点：

（1）用电设备采用单线制连接。用电设备只用一根导线与电源相接，另一根则由机体代替（称为搭铁）。

（2）因硅整流发电机是负极搭铁，所以，凡有搭铁极性要求的电气设备都必须负极搭铁。

（3）电动机起动时由蓄电池直接供电，因电流过大，故不经过电流表；其它用电设备由蓄电池供电时，电流均通过电流表。其指针向"一"值摆动。

（4）发电机向蓄电池充电后，各用电设备均由发电机供电，其电流不经过电流表，只有充电电流经过电流表。此时，指针向"＋"值摆动。

(5)各用电设备的一端搭铁,经机体与电源负极相通,另一端均通过开关或电流表等与电源正极相接。同样,电源部分的蓄电池和发电机也是并联向外供电。开关、熔丝、电流表等则串联在电路中,不能搭铁。

(二)电气线路的组成

并联的每一种用电设备与电源均可构成一个完整的回路,它们既可以同时接上开关共同工作,也可单独或先后分别工作而不受其它用电设备接通或切断的影响。由此,可根据设备的主要功用将复杂的电路系统分解成简单的几部分,便于分析、排除电路的故障及保养与维修,并能迅速准确地安装设备、连接线路。

一般大中型拖拉机电气线路可分解为:电源电路、起动电路、照明电路及信号电路四个组成部分。

(1)电源电路(充电电路):包括发电机、调节器、蓄电池、电流表及电源开关。发电机和蓄电池都是负极搭铁,电流表串联在电源开关接线柱和蓄电池正极之间。因发电机开始运转及低速时是由蓄电池供电激磁的。所以,充电电路必须经过电源开关等。根据起动的要求,线路电压不能超过 $0.2 \sim 0.3$ 伏。因此,蓄电池连接电起动机的导线和蓄电池的搭铁线都用粗线,并应连接牢固和接触良好。

(2)起动电路:见前述。

(3)照明电路:包括前大灯、后大灯、尾灯、前后小灯、仪表灯、电流表、电源开关、灯开关和熔丝等。

(4)信号电路:由电喇叭及按钮开关、转向信号灯及转向指示灯、闪光继电器、转向开关、刹车灯及开关、电源开关、电流表等组成。

(三)电气设备总线路图及电气设备安装位置图

1.电气设备安装位置图　如图 3-32。

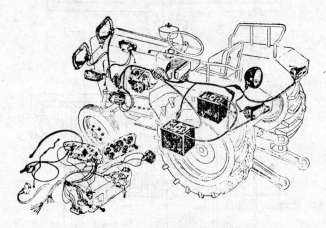

图 3-32　电气设备的安装位置

2.电气设备总线路图　如图 3-33。

第四章　拖拉机的启用、保养
及使用的油料

一、拖拉机的试运转

(一)试运转的概念

　　新的或大修后的拖拉机在投入正式作业之前,按照规定的负荷、速度和时间做适应性运转,并进行相应的检查、调整和保养,这一系列工作称为拖拉机的试运转(也称拖拉机的磨合)。

(二)试运转的原因

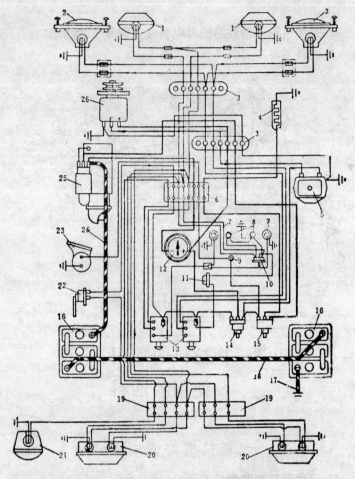

图 3-33　电气设备总线路图

1.前小灯 J107　2.前照灯 ND140×90T-1　3.五头接线板 DP8C1　4.预热塞
5.调节器 FT111　6.八档保险丝盒总成　7.仪表灯 NZ2-1　8.转向信号灯 XD1
9.喇叭按钮 JK260　10.转向灯开关 JK812-1　11.闪烁断续器 SD56　12.电
流表 307　13.双档开关 JK107　14.电门开关 JK422　15.预热起动开关 JK290
16.蓄电池 3-Q-150　17.蓄电池搭铁线　18.蓄电池连接线　19.四线复合插
口组合　20.后灯总成 JK168　21.泰山 25 后照灯　22.刹车灯开关 JK514　23.
喇叭 DL40GS/12　24.蓄电池至起动机连线　25.串激式直流电动机 2Q2C
26.硅整流发电机 JF2200

新的或大修后的拖拉机经验收之后，要做的第一件重要事情是对拖拉机进行试运转，这是因为：

（1）新的或大修后的拖拉机上相对运动的零件（如发动机的曲轴轴颈与轴瓦、气缸套与活塞、活塞环等）表面凸凹不平（相对运动的表面看上去光滑，实际经放大后如图4-1所示），不能形成良好的润滑条件，如果这时拖拉机就以全负荷工作，必将造成相对运动表面的严重拉伤、划痕以及由于局部高温造成的熔接，又随相对运动而撕裂的严重损伤，结果将大大缩短拖拉机重要配合件的使用寿命。

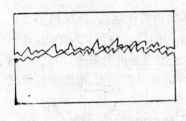

图4-1 零件表面的微观不平度

（2）拖拉机在制造或装配时可能存在一些缺陷，经过运输后，可能产生一些零部件的松动或损伤，如立即投入负荷作业，就可能发生意想不到的大事故。

（3）拖拉机同一般的机器一样，它上面的连接件和传动件在初始工作中，经负载或震动一段时间后，会产生较明显的松动和塑性变形，如紧固轮胎螺母的松动、缸盖螺栓受热后的伸长、传动皮带松弛等。

（三）试运转的目的

（1）在拖拉机全负荷作业前，使相对运动零件表面的凸凹不平度逐渐磨平，形成能够承受重载的光滑的工作表面，改善拖拉机的工作性能，延长拖拉机的使用寿命。试验研究表明，对拖拉机进行较好的试运转后，可使发动机有效功率比工厂标定值提高1％～3％。

（2）及早发现并排除拖拉机在制造、装配和运输过程中产生的事故隐患。

(3)对拖拉机上在初始工作一段时间后产生松动或塑变的一些零部件及时进行紧固和调整,避免零部件的丢失和拖拉机的损坏。

(四)试运转的内容

拖拉机试运转包括制造厂(或修理厂)试运转(俗称试车)和用户试运转两个过程。工厂试运转的目的只是检查装配质量和测定性能指标,试运转的时间很短(一般为10小时左右),达不到上述拖拉机试运转的目的,所以拖拉机试运转主要由用户来完成。

拖拉机试运转的内容包括发动机试运转、拖拉机空行试运转、拖拉机负荷试运转及其相应的技术检查和维护等,并由拖拉机制造厂详细拟订并写在使用保养说明书中,用户可"照章办事"。如无章可循,用户也可以参照以下大、中型拖拉机试运转步骤和方法进行。

大、中型拖拉机试运转的一般步骤和方法如下:

1. 第一步:试运转前的准备工作

(1)清理拖拉机外表,同时检查所有螺栓、螺母等连接件是否松动,并留意需加注润滑脂的部件位置。

(2)对需加润滑脂的部件加注润滑脂。检查发动机油底壳等部位的润滑油量(包括履带拖拉机的导向轮、支重轮和托链轮中的油位,并注意润滑油温度调节开关同当时气候的对应关系)、油箱里的燃油量和水箱里的水量,不足时注意添加。

(3)检查轮胎气压及前轮前束是否符合规定。

(4)接合液压油泵,将动力输出手柄置于高档或低档位置。

2. 第二步:发动机空转试运转　发动机转速由低到高,分别在低速、中速、高速下运转 5 分钟以上。随时注意观察包括声音、气味和排气冒烟等方面的异常情况(也可参考表 4-1)。

表 4-1 大、中型拖拉机发动机试运转规程

机　　型	发动机运转时间(分)			合　　计
	低　速	中　速	高　速	
东方红-802	5	5	5	15
东方红-75(54)	5		5	10
铁牛-55	5	5	5	15
东风-50	5	5	5	15
上海-50	5	15	10	30
泰山-50	5	5	5	15
东方红-40		5	5	10
长春-40(30)	5	5	5	15
丰收-35	5	10	5	20
东方红-28	5	5	5	15
丰收-27		15~20	5	20~25
泰山-25	5	5	5	15

3. 第三步:液压系统的试运转　发动机空转磨合后,即可进行液压系统的试运转。

(1)接合液压油泵,在未连接农具的情况下,推动各液压控制手柄,试验各升降动作是否正常。

(2)在挂接好农具前,检查发动机以中、高速运转时,各液压控制手柄位置的升降(次数在 20 次以上)是否平稳,各连接处是否漏油。

(3)分置式液压系统的试运转:挂接好农具(重量为 100~150 公斤),发动机以中速和高速各运转 10 分钟。在这期间,操纵液压控制手柄,悬挂机构应平稳地迅速提升;分配器在"提升"、"浮动"位置时,控制手柄应能可靠地定位;提升行程终止时,控制手柄在"提升"位置应能自动回位到中立位置,"浮动"位置不能自动回位,F_1P-75A 单阀分配器有"压降"位

置,但不能定位,FP₃-75 三阀四位分配器有"压降"位置,能定位也能自动回位。

4. 第四步:拖拉机空行试运转　拖拉机空行试运转的时间安排可参考表 4-2 进行,同时注意:

(1)特别注意有无异常声音和不正常的气味以及过热等现象,随时观察各仪表读数是否正常。

(2)检查离合器和变速机构的工作情况。

(3)在行驶中适当使用制动器数次;慢速磨合时,作单边制动小转弯,检查差速锁能否结合与分离;在平路面行驶,作高速紧急制动,检查或调整制动器。各档位中,左右转弯应平稳进行,尽量避免急转弯。

(4)检查电气设备的工作情况。

(5)拖拉机空行试运转后,更换发动机油底壳的机油。

5. 第五步:拖拉机负荷试运转　拖拉机负荷试运转的时间安排可参考表 4-3 进行。同样,要随时注意听、看、嗅、摸,发现异常情况,立即停机检查。

如果在所列表 4-1～表 4-3 中未发现自己的机型,可按使用说明书或参考与自己机型功率相当的拖拉机试运转规程进行。

6. 第六步:拖拉机试运转的结束工作　拖拉机试运转结束后,必须更换全部润滑油,并做全面检查和保养。

(1)拖拉机负荷试运转全部结束停车时,趁热放出变速箱和后桥的润滑油(将液压控制手柄放在下降位置,以便同时放出存于液压系统内的润滑油),然后加入少量的柴油,用前进档和倒档各行驶数分钟。同时,使悬挂机构升降数次,清洗液压系统内部,之后将液压控制手柄放在下降位置,脱离液压油泵,放出清洗油,最后添注新润滑油。

（2）停止发动机运转,趁热放出油底壳的润滑油,清洗油底壳和滤清器等,之后,加入新的润滑油。

（3）趁热放出喷油泵、调速器、转向器及液压油箱内的润滑油,并用柴油清洗,然后加入新的润滑油。

（4）重新紧一遍缸盖螺母,使之达到规定的紧度。检查或调整气门和减压机构的间隙。检查或调整离合器、制动器、转向器和前轮前束等。

（5）检查并拧紧所有连接件的紧固螺栓和螺母。

（6）对需加注润滑脂的部位全部重新加注一次润滑脂。

表 4-2　　大、中型拖拉机空行试运转规程

机　　型	各档试运转时间（小时）								合计
	Ⅰ	Ⅱ	Ⅲ	Ⅳ	Ⅴ	Ⅵ	倒Ⅰ	倒Ⅱ	
东方红-802	1	1	1	1	1		0.5		5.5
东方红-75(54)	1	1	1	1	1		0.5		5.5
铁牛-55	慢Ⅳ 1	慢Ⅴ 1	快Ⅰ 1	快Ⅱ 1	快Ⅲ 1		0.5		5
东风-50			0.7	0.7	0.7	0.5	0.5		3.1
上海-50	0.5	0.5	1	1	1	1	0.25	0.25	5.5
泰山-50			0.7	0.7	0.7	0.5	0.5		3.1
东方红-40			1	1	2	2	0.5		7.5
长春40(30)	1	1	1	0.5	0.5	0.5	0.5		6
丰收-35	0.5	0.5	1	1	1	1	0.25	0.25	5.5
东方红-28	1	1	1	1	0.5	0.5	0.5	0.5	6
丰收-27	1	1	1	1			4		8
泰山-25			0.4	0.5	0.5	0.5	0.2		2.1

表 4-3　大、中型拖拉机负荷试运转规程

机　　型	牵引负荷	各档试运转时间（小时）						小计	合计
		Ⅰ	Ⅱ	Ⅲ	Ⅳ	Ⅴ	Ⅵ		
东方红-802	三铧犁(18*)	3	3	2	2	2		12	54
	四铧犁(18)	5	5	5	3			18	
	五铧犁(18)	8	8	8				24	

机　　型	牵引负荷	各档试运转时间(小时)							合计
		I	II	III	IV	V	VI	小计	
东方红-75	三铧犁(18)	3	3	2	2	2		12	
	四铧犁(24)	5	5	5	3			18	54
	四铧犁(30)	8	8	8				24	
东方红-54	24 片圆盘耙(10)	3	3	2	2	2		12	
	三铧犁(18)	5	5	5	3			18	54
	三铧犁(27)	8	8	8				24	
铁牛-55	24 片圆盘耙(10)	4 *	4	3	2	2		15	
	三铧犁(20)	6	5	4	3			18	54
	二铧犁(27)	8	7	6				21	
东风-50	两吨拖车	2	2	4		4.5		12.5	
	24 片圆盘耙	4	4	6		7		21	47
	二铧犁(20)	4	4	5.5				13.5	
上海-50	三吨拖车	0.5	0.5	1	1	2		5	
	24 片圆盘耙(10)	1	1	6	5			13	29
	三铧犁(18)	1	1	5	4			11	
泰山-50	2.5 吨拖车		2	2	4	4.5		12.5	
	24 片圆盘耙(10)		4	4	6	7		21	47
	二铧犁(20)		4	4	5.5			13.5	
东方红-40	两吨拖车	3	3	3	3	2	2	16	
	24 片圆盘耙(10)	5	5	5	5			20	51
	二铧犁(20)	5	5	5				15	
长春 40(30)	三吨拖车	5	4	4	4			17	
	24 片圆盘耙(10)	6	6	6				18	55
	二铧犁(20)	10	10					20	
丰收-35	三吨拖车	0.5	0.5	1	1	2		5	
	24 片圆盘耙(10)	1	1	6	5			13	25
	三铧犁(18)	1	1	5				7	
东方红-28	三吨拖车	5	4	4	4			17	
	24 片圆盘耙(10)	6	6	6				18	55
	二铧犁(20)	10	10					20	

注1. 表中"牵引负荷"一栏中括号()中的数字代表"耕深"或"耙深",单位是厘米。

2. 针对铁牛-55 而言,表中档位"I II III IV V VI"分别对应"慢 IV 慢 V 快 I 快 II 快 III"。

3.三吨拖车可代替耕深 12 厘米的二铧犁；

24 片圆盘耙(耙深 10 厘米左右)可代替 24 行播种机(行距 15 厘米)，相当于五吨拖车；

41 片圆盘耙(耕深 12 厘米左右)可代替悬挂二铧犁(耕深 20 厘米)，相当于 7 吨拖车；

耕深为 27 厘米的悬挂二铧犁可代替耕深为 18 厘米的三铧犁；

耕深为 24 厘米的三铧犁可代替耕深为 18 厘米的四铧犁；

耕深为 27 厘米的三铧犁可代替耕深为 22 厘米的四铧犁；

耕深为 24 厘米的四铧犁可代替耕深为 20 厘米的五铧犁；

耕深为 30 厘米的四铧犁可代替耕深为 24 厘米的五铧犁。

为帮助读者能灵活运用前面所述大、中型拖拉机试运转的一般步骤和方法，下面给出东方红-802 拖拉机试运转的详细内容和步骤，供参考。

1.试运转前技术状态的检查

(1)检查拖拉机外部各零部件的完整性，有无短缺或损坏情况。

(2)检查拖拉机外部紧固零件的紧固情况，应特别注意外部重要连接部位的螺栓或螺母有无松动现象，必要时进行拧紧或锁牢。

(3)检查履带的张紧度，应符合规定要求。

(4)按润滑表(略，参阅有关使用说明书)向各润滑点加注润滑脂或润滑油，检查柴油机油底壳、变速箱与后桥、液压油箱的油位，应符合规定。

(5)在减压状态下用手柄摇转柴油机曲轴，检查曲轴转动情况，应灵活平顺；同时将润滑油压送到各摩擦表面，对柴油机进行预先润滑。另外，在摇转柴油机曲轴时，还可以检查各部位有无异响或卡滞现象。

(6)加足燃油和冷却水。

2.试运转的内容和程序

(1)柴油机空转试运转:柴油机空转试运转共进行15分钟;开始5分钟用怠速运转,再提高转速至中油门运转5分钟,最后再将油门扳到最大位置运转5分钟。

空转试运转中,要随时注意倾听和观察柴油机运转情况,注意水温表、油压表和油温表的读数,查看有无漏油、漏水、漏气现象。发现故障应及时排除。

(2)液压悬挂机构的试运转:液压悬挂机构的试运转应在柴油机标定转速1550转/分下进行。液压油箱的油温应在35~55℃范围内。将农具连接在悬挂机构上,扳动分配器手柄重复升降20次左右,悬挂机构应升降平稳。提升终了时,分配器手柄应能自动回到"中立"位置。

在试运转过程中,要检查油管接头和各连接处有无漏油现象,根据液压油箱油液有无泡沫,检查有无空气被吸入,发现故障要及时排除。

(3)拖拉机空驶试运转:拖拉机空驶试运转共进行5.5小时,从Ⅰ档到Ⅴ档依次各空驶1小时,倒档空驶0.5小时。拖拉机空驶时,向左、右进行平缓地转弯,只在低档空驶时进行几次单边制动急转弯。

空驶试运转中,要注意拖拉机各部分的运转情况和各仪表的读数,检查离合器、转向离合器和制动器的调整是否正确,发现故障要及时排除。

(4)拖拉机带负荷的试运转:拖拉机带负荷试运转共进行54小时。拖拉机的负荷大小和各阶段、各档试运转时间的分配见表4-3。

拖拉机带负荷试运转时,挂钩负荷可根据当地的情况,选用不同的农具以调节耕深的办法来达到。例如:在熟地上耕深

16～18厘米,第一阶段牵引三铧犁,第二阶段牵引四铧犁,第三阶段牵引五铧犁。

在负荷试运转过程中,要注意拖拉机各部分的运转情况和各仪表的读数,发现故障要及时排除。试运转中,要按照规定进行班次技术保养。

3.试运转后的技术保养 试运转完毕的拖拉机必须立即进行全面技术保养,内容如下:

(1)趁热放出变速箱、后桥和最终传动内的齿轮油,清洗放油螺塞,然后加入适量煤油或柴油,用Ⅰ档和倒档各行驶1～2分钟予以清洗（尽量不要转向）,趁热放出清洗油,然后换加新齿轮油至规定油面。

(2)趁热放出柴油机油底壳内的润滑油,清洗机油粗滤器和精滤器,放油后30分钟再卸下油底壳、机油泵和吸油盘进行清洗,清洗后换加新润滑油。

(3)趁热放出导向轮、支重轮和托带轮内的润滑油后,换加新润滑油。

(4)放出喷油泵、调速器、起动机减速器、空气滤清器和液压油箱内的机油并按规定换加新机油。

(5)放出冷却水,用清洁软水清洗冷却系。

(6)检查并拧紧各连接部位的螺栓和螺母,柴油机前后支承,变速箱及后桥前后支承、万向节、支重台车等连接部位的紧固情况。

(7)检查和调整拖拉机各部分,主要是气门间隙、喷油器、离合器和小制动器的间隙、转向杆的行程、制动踏板的自由行程、驱动轮的轴向游动量、风扇皮带张紧度、履带张紧度等。

(8)按照拖拉机润滑表(略,参阅有关使用说明书)检查并加注润滑油和润滑脂。

经过试运转和技术保养后的拖拉机方可投入使用。

（五）试运转的注意事项

（1）在整个试运转过程中，自始至终要注意"看、听、嗅、摸"，尤其是要经常检查各仪表读数，注意发动机的声音和零件发热现象，发现异常现象，应立刻停车检查。

（2）拖拉机上的一些重要配合件修理或更换后，可参照前面讲的拖拉机试运转的全过程，有选择地进行拖拉机的试运转或做短期试运转。如更换拖拉机活塞环后，让发动机在低、中和高速下各运转数分钟，拖拉机在各档位下空行半小时，最后让拖拉机在 50% 的负荷下工作数小时等。

二、拖拉机的技术保养

拖拉机的技术保养通常指适时地对拖拉机做些清洗、紧固、调整、更换、添加等维护性工作。

（一）拖拉机技术保养的目的

拖拉机的工作环境一般比较恶劣，拖拉机进入正常工作一段时间后，便会由于拖拉机上零部件的堵塞、松动、破损、腐蚀以及配合间隙的增大等造成拖拉机功率的下降、燃油消耗率的上升和拖拉机生产率的降低等，甚至造成一些恶性事故的发生。另外燃油、润滑油、冷却水等也会逐渐消耗，直至规定的存量以下，以致拖拉机的正常工作条件遭到破坏。因此按时按要求做好拖拉机的技术保养工作，就能恢复拖拉机上零部件的工作能力和拖拉机的正常工作条件，经常让拖拉机在良好的技术状态下工作，达到大大延长拖拉机的使用寿命的目的。

（二）拖拉机技术保养的分类

1. 分类　拖拉机由于各零部件损耗的快慢程度不一样，

所需保养的时间间隔不一样,如拖拉机在田里工作一天下来,常需要清理空气滤清器,而发动机润滑油路的清洗则可以在相对较长的工作时间以后完成,因此根据保养间隔的不同,拖拉机的技术保养分为班保养和定期保养。

(1)班保养:拖拉机每班(一般 10 小时左右)工作开始或结束时,对拖拉机的技术保养。它实际上是定期保养的一种。

(2)定期保养:按规定的时间间隔对拖拉机各零部件的技术保养。大部分国产拖拉机的定期保养分为一、二、三、四号,即把保养间隔时间相同,并且是保养间隔时间较短的零部件的保养归在一起称为一号保养。包括一号保养内容在内,加上一些保养间隔时间相同且较一号保养间隔时间长的零部件,归在一起,形成二号保养。以此类推,分别形成三、四号保养。

2.有关术语解释

(1)保养周期:零部件的保养时间间隔或两次同号保养间的时间间隔。由于高一号保养的内容除包括比它低一号的保养内容外,还增加了若干保养内容,因此高一号保养的周期是低一号保养周期的整数倍。保养号越高,保养周期越长,每次需保养的项目或零部件的数目越多。

(2)四号五级保养制:班保养加上一、二、三、四号定期保养。

(3)低号保养和高号保养:习惯上称一、二号保养为低号保养;三、四号保养称高号保养。

由于班保养也是一种定期保养,所以有的对班保养和定期保养不加以区分,统一按级别划分,即分为一级、二级、三级保养等。其中一级保养即为相应的班保养。

(三)拖拉机保养周期的计量

拖拉机保养周期是拖拉机技术保养的重要组成部分,对它的计量通常有两种方法,即按拖拉机工作小时计量和按燃油消耗量计量。

(1)按工作小时计量:指根据拖拉机的实际累计工作时间,作相应级别的保养工作。这种方法的优点是简便易行。缺点是没有考虑到拖拉机零部件的磨损与拖拉机工作负荷的相互关系,造成一些零部件保养不及时而导致恶性事故的发生或者过于频繁而导致浪费。由于拖拉机上许多重要零部件在相同的工作时间内,工作负荷不同时,磨损的快慢大不相同。又因为拖拉机所进行的各种作业其负荷程度常常不一样。显而易见,单凭时间长短来进行拖拉机的技术保养工作是不尽合理的。此外,对拖拉机累计工作时间的记录常不准确,亦会造成按时保养的盲目性。

(2)按燃油消耗计量:指根据拖拉机的累计燃油消耗量做相应级别的保养工作。这种方法的优点是能够确切地反映拖拉机上许多重要零部件的磨损程度。它是拖拉机作业时间和工作负荷的一个综合指标。尽管负荷不同,作业量及作业时间不同,但如果两台拖拉机耗用了同样数量的燃油,可以认为它们作了同样数量的功,大体上受到了同等程度的磨损,应当接受同样的保养。缺点是当发动机燃油系工作不正常时,如出现漏油等,或燃油系中某些配合件磨损大而引起的燃油消耗量的异常增多时,便会导致拖拉机上零部件的实际保养周期的缩短。另外,一些零部件如空气滤清器等零件的损耗速度主要与拖拉机工作时间有关,而与拖拉机工作负荷关系不大。对这些零部件,按燃油消耗量来进行技术保养,显然是不太合理的。

了解以上两种拖拉机保养周期的计量特点后,在使用厂方提供的拖拉机技术保养说明时,可灵活运用。应避免在特殊使用环境下,完全照书本进行拖拉机技术保养。如在拖拉机进行较多的固定作业期间内,燃油消耗量并不能反映底盘中多数零部件的磨损程度,此时便可延长底盘中一些零部件的保养周期。相反,当拖拉机在水田等相对底盘来说比较恶劣的环境下作业时,应该加强它的保养工作。在风沙大的天气下作业,就应该缩短空气滤清器等零部件的保养周期。对采用的一些新技术,如更换了滤清效率高的机油滤芯时,可适当延长机油更换周期等。

拖拉机的保养周期通常由拖拉机制造厂根据有关试验和实际使用经验制定出来,并同时列出工作小时和主燃油消耗量两种计量制的保养周期,在使用中,应以主燃油消耗量为主,适当考虑作业时间。当然,必要时也可以工作小时计量制为主。表4-4列出了国产部分大、中型拖拉机的保养周期。

表4-4　　几种国产大、中型拖拉机的定期保养周期

机　　型	保养周期　工作小时(小时)/主燃油消耗量(公斤)			
	一　号	二　号	三　号	四　号
东方红-802	50～60 / 500～700	240～250 / 2500～3000	480～500 / 5000～6000	1400～1500 / 15000～18000
东方红-75(54)	50～60 / 500～700	240～250 / 2500～3500	480～500 / 5000～6000	1400～1500 / 15000～18000
铁牛-55	50 / 400	150 / 1200	300 / 2400	900 / 7200
东风-50	50	250	500	1000
上海-50	125	500	1000	
泰山-50	50	250	500	
东方红-40	50～60 / 200～240	250 / 1000	500 / 2000	1000 / 4000
长春-40(30)	100～120 / 460～540	300～360 / 1400～1640	1000～1200 / 4600～5400	
丰收-35	60 / 270	120 / 540	360 / 1620	720 / 3240
东方红-28	100～120 / 400～480	300～360 / 1200～1400	1000～1200 / 4000～4800	
丰收-27	60	120	240	480
泰山-25	200 / 500	400 / 1000	1200 / 3000	

(四)大、中型拖拉机技术保养的内容

拖拉机技术保养的内容由拖拉机制造厂根据科学试验并经实践反复修订之后订出,写在拖拉机使用说明书中,用户可根据说明书进行拖拉机技术保养工作。实际上,由于拖拉机更换驾驶员或几经转手,说明书能保存完好的不多,给用户正确进行拖拉机技术保养工作带来困难,为此本书归纳了大、中型拖拉机技术保养的主要内容,并列举大、中型拖拉机技术保养规定各一实例,可供用户在保养工作时参考。

1. 大、中型拖拉机技术保养内容

(1)班保养(每班开始工作前或结束后进行)

①清理拖拉机外部尘垢。

②检查各连接件处的螺栓螺母是否松动,尤其是燃油系统或润滑油路中的连接处是否有渗漏现象。在清理和检查的同时,留意一下拖拉机上注油点的位置。

③检查各处润滑油油面,必要时添加。对注油点加润滑脂。

④加水、加燃油,并查看有无漏水、漏油现象。

⑤起动车后,查看各仪表读数是否正常,并检查随车工具是否齐备。

(2)一号技术保养:执行班保养内容,并完成:

①清洗空气滤清器滤网、柴油粗滤器、机油滤清器。

②放出燃油和沉淀的脏油,飞轮壳体和转向机构中的脏油及水等。

③检查主离合器、制动器踏板和转向离合操纵杆的自由行程,必要时进行调整,检查履带销情况及履带张紧度。检查风扇皮带的张紧度。

(3)二号技术保养:执行一号技术保养的内容,并完成:

①更换发动机油底壳中机油,清洗粗、细机油滤清器、通风管及其滤芯。

②检查气门间隙,必要时予以调整。

③有关小起动机或电起动系统的保养请参见后面的举例。

(4)三号技术保养:执行二号技术保养的内容,并完成:

①彻底清洗空气滤清器,柴油粗、细滤清器,燃油箱及其顶盖填料。

②趁热放出后桥中润滑油,用柴油清洗后桥后,注入新的润滑油。更换油泵、调速器、起动机减速器、支重轮、导向轮、随动轮中的润滑油(参见表4-5)。

(5)四号技术保养:执行三号技术保养内容,并完成:

①清除冷却系水垢。

②拆下气缸盖清理积炭,检查进、排气门的密封情况。

③检查曲轴第三连杆轴颈空腔中的油垢沉积量,检查凸轮轴和凸轮、挺杆,检查连杆轴承、主轴承锁紧情况以及平衡块紧固情况。

④清洗喷油嘴,并检查喷油压力和雾化质量。

⑤检查并调整起动机和检查电气设备。

(6)液压悬挂系统的技术保养:目前一般大、中型拖拉机都带有液压系统或液压悬挂系统。因此,除了对发动机、底盘等做技术保养外,还要对液压悬挂系统进行技术保养。

①液压系统的班技术保养。对液压悬挂系统而言,出车前分别把操纵手柄扳到"提升"、"下降"等位置,检查其工作是否正常。并在升降农具的过程中,查看有无漏油。下班后要清理液压悬挂系统外部的油泥,之后检查各连接处的紧固情况,并查看是否有渗漏情况。

表 4-5　大、中型拖拉机用油

用 油 部 位	用油名称和规格	备 注
燃油箱	轻柴油：冬用一10号、一20号、一35号，夏用0号、10号	要沉淀过滤，把住燃油净化关
油底壳、喷油泵、调速器、液压油箱	冬用 ECA-20 号柴油机油，夏用 ECA-30 号或 ECA-40 号柴油机油	每班检查油面，添足机油，必要时换机油
空气滤清器	沉淀后的废机油	
起动机油箱	15 份汽油加 1 份柴油机油	15 比 1 是按容积计量的
起动机调速器、风扇及皮带张紧轮轴承、支重轮轴承、托链轮轴承、导向轮轴承	冬用 EQB-30 号汽油机油，夏用 EQB-40 号汽油机油	三号保养时，加新油一次；每班检查油位一次
变速箱、中央传动、最终传动、转向操纵箱、动力皮带轮轴	冬用 80W/90、85W/90 号齿轮油，夏用 90 号齿轮油东方红-40 拖拉机用汽油机油	每班检查油位一次。三号保养时，清洗内部，必要时换油
发电机轴承	2 号钙钠基润滑脂	二号保养加油一次，三号保养换新油
导向轮拐轴衬套、水泵轴后衬套、离合器分离轴承、转向离合器分离轴承、回转轴支架	2 号、3 号钙基润滑脂	每班加油一次
制动器杠杆、转向器操纵杆轴、前轮轴承、悬挂机构上杆支架销	2 号、3 号钙基润滑脂	一号保养加油一次
半轴外轴承、离合器脚踏板、起动机减速轴承、离合器前轴承、主动轴前轴承	2 号、3 号钙基润滑脂	二号保养加油一次
悬挂机构斜杆、转向节半轴轴承、方向盘止推轴承	2 号、3 号钙基润滑脂	二号保养加油一次
各油杯	钙基润滑脂	

注：此表是综合一般常用拖拉机用油。

②在工作 50～60 小时后，对可加润滑脂的地方注入润滑脂。例如，向提升臂与油缸顶杆的连接套、上拉杆回转铰链和上轴的油杆注入润滑脂等。

③在工作 480～500 小时后,除完成前面的保养工作外,用柴油清洗液压油路系统,清洗滤清器和油箱等,之后更换液压油。最后重复班技术保养的内容。

注意:由于目前拖拉机所用润滑油的质量在不断提高,润滑油相应的使用或更换时间在延长,因此,在实际保养工作中,应根据实际情况,灵活地进行润滑系统的保养工作。

2.实例 下面给出厂家规定的(即使用说明书中的)大、中型拖拉机的技术保养内容各一例,从中可以了解一下具体保养规程的异同,以便帮助我们能灵活运用前面归纳的大、中型拖拉机的技术保养内容。

实例1 中型拖拉机技术保养规程——长春 30/40 型技术保养规程。

拖拉机的技术保养分以下四级进行:

一级技术保养:在每工作 10 小时后进行(燃油耗量 46 公斤)。

二级技术保养:在每工作 100～120 小时进行(燃油耗量 460～540 公斤)。

三级技术保养:在每工作 300～360 小时进行(燃油耗量 1400～1640 公斤)。

四级技术保养:在每工作 1000～1200 小时进行(燃油耗量 4600～5400 公斤)。

注意:二、三、四号保养必须在室内或四周有防灰尘设施的场所进行。有关柴油机部分的各项保养,可参照 395T 型和 495A 型柴油机使用说明书进行。

一级技术保养:拖拉机的一级技术保养又称每班技术保养,它是保证拖拉机正常工作的主要环节,必须完成下列各项保养要点:

①每班工作结束以前，要检查正在工作的拖拉机上各种仪表是否正常工作，转向操纵系统、离合器、液压系统、电气设备的工作情况，并听诊柴油机、传动系统及行走部分有无杂音等不正常响声。

②拖拉机熄火后，进行外部完整性检查，清除尘土污垢。

③检查拖拉机外部螺栓的紧固情况（当用 4～6 档工作时，应 5 小时左右检查一次），特别要注意前梁支座与柴油机、柴油机与底盘、前梁摇摆轴止动螺栓、左右转向臂、转向垂臂等处的所有固定螺栓的紧固情况。

④检查柴油机油底壳和变速箱的油面。

⑤清理空气滤清器的滤芯和清洗集尘盘、内腔通道灰尘。

⑥向拖拉机添加燃油和冷却水。

⑦检查前、后轮轮胎充气压力。

⑧检查变速箱、液压泵和前、后轮轴承等的发热程度（齿轮和液压泵使用温度范围为 10～60℃）。

⑨检查农具的情况。

⑩检查拖拉机所有外部油杯是否安装牢固可靠，并按润滑表注油。

⑪检查风扇皮带的松紧度。

⑫检查制动器和离合器的效能。

⑬在交接班时，交班驾驶员必须向接班驾驶员说明拖拉机和农具的技术状况。

二级技术保养：

①完成一级技术保养的各项工作。

②由柴油箱内放出柴油沉渣，检查并在必要时清洗 柴油滤清器。

③更换机油，清洗油底壳及滤网，检查机油滤清器纸质滤

芯、柴油滤清器纸质滤芯,必要时更换。

④检查气门弹簧是否完整,锁夹是否脱落。检查和调整气门间隙。

⑤检查或调整转向机构球头连接处的间隙。

⑥检查蓄电池各单格中电解液液面高度,必要时添加蒸馏水。正常液面高度应比极板保护板高10～15毫米。夏天4～7天,冬天半个月应检查一次蓄电池液面的高度。

⑦检查电解液的密度(特别是在冬天)和蓄电池外壳是否完整。蓄电池盖上的通气孔不得堵塞。

⑧从蓄电池极桩上取下导线夹头,清理接触表面氧化物,然后将导线夹头可靠地紧固在极桩上,并在表面涂上钙基润滑脂。

⑨清洗液压油箱。

三级技术保养:

①完成一、二级技术保养。

②放出柴油箱内的沉渣,清洗柴油箱并吹净各油管。

③检查柴油滤清器滤芯的情况,必要时更换滤芯,并清洗滤清器体。

④放出喷油泵体和调速器体内的机油,并进行清洗。

⑤清理空气滤清器的集尘盘和滤芯,必要时更换滤芯。

⑥清除预热塞上的积炭。

⑦清洗冷却系统。

⑧检查喷油器的工作压力和喷油量。

⑨检查前轮轴承的轴向间隙,间隙大时应进行调整。

⑩检查离合器和制动器间隙,必要时调整。

四级技术保养:

①完成一、二、三级技术保养的各项工作。

②清洗冷却系统水垢。

③取下柴油机的气缸盖,清除缸盖上和活塞上的积炭。检查气门的密封性,必要时加以研磨。

④检查凸轮轴轴向间隙,必要时进行调整。

⑤检查连杆螺栓,主轴承螺母紧固情况。

⑥检查喷油泵供油均匀性,喷油器的喷油质量和压力。

⑦检查凸轮和挺杆的磨损情况。

⑧检查并测量活塞和活塞环的磨损情况。

⑨检查并测量气缸套内孔的磨损情况。

⑩检查并测量曲轴各轴颈的磨损情况,并清洗曲轴油道。

⑪检查主轴瓦和连杆瓦的磨损情况。

⑫清洗 机体各主油道。

⑬检查水泵零件和冷却系统各软管连接处的密封情况。

⑭检查水泵泄水孔,如滴水严重,更换水封。

⑮用汽油清洗 离合器的摩擦片和刹车带上的摩擦片表面。

⑯检查各齿轮的啮合情况,检查、调整主动齿轮间隙。

⑰检查前后轮胎的磨损情况,如果磨损不一致(左右两轮的轮胎面磨损相差甚大时)则须互换轮胎。

⑱检查拖拉机在行驶时所有操纵装置的动作,对这些装置进行必要的调整。

实例 2:大型拖拉机技术保养规程——东方红-802 技术保养规程

东方红-802 型拖拉机技术保养周期见表 4-6。

表 4-6 东方红-802 型拖拉机技术保养周期

保 养 级 别	拖拉机工作时间(时)	相当柴油耗量(公斤)
班次技术保养	10～12	100～150
一号技术保养	50～60	500～700
二号技术保养	240～250	2500～3000
三号技术保养	480～500	5000～6000
四号技术保养	1400～1500	15000～18000

班次技术保养：

①清除外部油泥和尘土。拖拉机各部机构的油泥和尘土如不清除，一方面会加速零件的磨损，另一方面由于它的遮盖，往往不容易发现存在的故障，而可能造成更大的事故。

清理柴油机和传动部分的油泥和尘土，应特别注意全部加油口，并应将需要添加、检查的润滑点的加油口、油杯擦拭干净，免得将不洁的污物带入各部件的内腔。

清除行走部分上填塞的草杆和泥块。

②检查并拧紧各部位的螺钉、螺母。应特别注意检查柴油机、导向轮、支重台车、驱动轮和最终传动与车架的固接情况。拧紧螺钉、螺母时，应用尺寸合适的扳手，不允许用钳子或錾子。

③按照润滑图表(略)的说明检查油位和润滑各保养点。

④检查柴油机及底盘各部分的运转以及各仪表是否正常，操纵机构是否良好。

⑤检查风扇皮带张紧度，履带下垂度，必要时进行调整。

⑥清除空气滤清器集尘碗中的尘土。

⑦检查水箱冷却水位，必要时添加。

一号技术保养：除完成班次技术保养项目外，增加：

①清洗机油粗滤器和空气滤清器的滤芯总成,并更换滤清器底壳中的机油。

②放出柴油沉淀杯中的沉淀水和杂质,放出柴油箱中的沉淀油。

③放出转向离合器和飞轮壳的渗漏积油。

④检查主离合器,制动器踏板和转向离合器操纵杆的自由行程,必要时进行调整。

⑤向水泵轴承内加注润滑脂。

二号技术保养:除完成一号技术保养项目外,增加:

①清洗机油细滤器转子。

②清洗起动机油箱沉淀杯和化油器浮子室滤网。

③更换柴油机、喷油泵、调速器的润滑油,此项工作应在热车时进行。

三号技术保养:除完成二号技术保养项目外,增加:

①清洗柴油机润滑油路及喷油泵、调速器、润滑油腔,并换加新油。此项工作应在热车时进行。清洗变速箱、中央传动、最终传动、起动机减速器、导向轮、支重轮和托带轮的润滑油腔并换加新油。此项工作应在热车时进行。

②清洗柴油箱内壁、柴油粗滤器、柴油细滤器壳体内部及更换滤芯,清洗通气管、起动机油箱、发电机轴承、化油器进油滤网及浮子室。

③检查气门间隙、喷油器、起动机离合器及自动分离机构、火花塞电极间隙、磁电机白金间隙、后桥轴向间隙及圆锥齿轮啮合情况、驱动轮轴承间隙、支重台车和支重轮的轴向间隙,必要时进行调整。

四号技术保养:除完成三号技术保养项目外,增加:

①清洗冷却系内的水垢,清洗离合器及转向离合器摩擦

片和制动带。

②检查曲轴第Ⅲ连杆轴颈内腔的油泥厚度,必要时进行清洗。

③清洗风扇皮带张紧轮及皮带轮内腔,并换加新油。

④拆洗化油器。

⑤检查气门的密封性,必要时应予研磨。

⑥检查连杆盖、主轴瓦盖的锁紧情况。

(五)冬季拖拉机技术保养的特点

冬季气温低,给拖拉机的起动和润滑造成一定的困难。因此,除了包括正常的技术保养的内容外,冬季拖拉机技术保养还具有以下特点:

(1)进入冬季,发动机、变速箱和后桥壳体要换用冬季用润滑油。并注意喷油泵调速器壳体润滑油位不要过高,以防止飞锤甩不开引起飞车。

(2)在每天作业结束后,放尽水箱及缸体中的冷却水,以避免冷却水结冰或出现冻裂事故(冷却系中加防冻液的可不放水)。

(3)如果气温过低,每天作业结束后,也应把油底壳里的润滑油放出,并放于室内,待下次起动车前,再将润滑油加入油底壳或将润滑油加热后加入油底壳,然后摇转曲轴,让发动机内部运动件表面充满润滑油。

三、拖拉机使用的油料

大、中型拖拉机使用的油料有柴油、润滑油、液压油和用于拖拉机上小起动机的少量汽油,了解这些油料的规格和性能,对正确灵活地选用和科学地保管好油料具有重要的实际意义。

（一）拖拉机用油的来源

汽油、柴油、润滑油等油料均是由石油炼制出来的。天然石油呈黑色或红棕色，是一种具有特殊色味的粘稠液体，密度在 0.75～1.0 克/厘米³ 之间，主要组成元素是碳和氢，另外含有少量的氧、硫、氮等元素。

从石油中炼制汽油、柴油等各种油料的过程可以概括为：首先通过蒸馏的方法把石油按不同温度范围分馏成几种馏出物或称粗产品；如 200℃ 以下可得到汽油馏分，200～370℃ 可得到煤油、轻柴油馏分；370℃ 以上可得到润滑油、重柴油等。然后采用各种精制方法，除去石油中所含硫化物、氧化物、氮化物、胶质和沥青质等有害物质；最后将各精制馏分进行调配，再加入一些不同作用的添加剂，就形成了具有不同性能和不同用途的各种油料。

油料中的各种添加剂是化学合成制品，一般较贵，但只要在燃油中添加甚微的数量（如抗氧化添加剂用量仅 0.005%～0.15%），就能显著改善油品的性质。

（二）拖拉机用油的主要使用性能指标及其在使用上的意义。

1. 汽油的主要使用性能指标及其在使用上的意义　汽油发动机对汽油使用性能的要求是：

（1）有良好的抗爆性：汽油抗爆性是指汽油在发动机内燃烧时抵抗爆震燃烧的能力，用辛烷值表示。汽油的辛烷值越高，其抗爆性就越好。

拖拉机用的汽油的辛烷值一般是 56～76。

（2）有良好的蒸发性：汽油的蒸发性指汽油由液态转化为气态的特性。蒸发性好的汽油容易和空气均匀混合，从而使发动机易于起动和工作平稳。但汽油的蒸发性也不宜过大，以免在燃油系中产生气阻现象,影响供油。

(3)氧化安定性要好:汽油的氧化安定性指汽油抵抗贮运和使用过程中产生氧化变质的能力。氧化安定性差的汽油易产生较多的胶质,造成辛烷值的降低、燃油系的堵塞和产生大量积炭。另外,汽油氧化后,产生一些酸性物质使得酸度增大,从而增大了汽油的腐蚀性。当容器或燃料中含有水分时,汽油就会腐蚀金属。

2.柴油的主要使用性能指标及其在使用上的意义 柴油机和汽油机的主要不同点在于柴油以液体状态在高压、高速下直接喷入气缸,不用点火而依赖气缸压缩产生的高温而自燃,柴油和空气的混合过程在气缸内完成。而一般汽油机则是汽油和空气在气缸外的汽化器内完成混合,并依靠点燃使混合气燃烧。因此,柴油机对柴油使用性能的要求是:

(1)有良好的燃烧性:柴油的燃烧性主要用十六烷值和馏程来表示。柴油的十六烷值越高,燃烧性越好,发动机工作越平稳。反之,十六烷值低的柴油,由于在压燃过程中自燃延迟期的增长而造成发动机工作粗暴。但是柴油的十六烷值过高,会使燃烧不完全,冒黑烟,耗油量增加,同时也会带来低温环境下柴油的流动性差、发动机起动困难等问题。所以十六烷值应适当,一般在 40~60 之间为宜。

馏分轻的柴油蒸发性好,因此,起动性能好,燃烧完全。高速柴油机一般以使用馏分轻的柴油为宜。但是,馏分过轻,十六烷值降低,开始燃烧时就有大量的轻质馏分蒸发并参加燃烧,气缸压力迅速增大,造成柴油机工作粗暴。

(2)有良好的流动性与雾化性:柴油的流动性与雾化性主要用粘度、凝点或冷滤点来表示。

粘度是表示油料稀稠程度的指标。对柴油机来说,粘度要适当,过大过小均会对形成均匀的柴油和空气的混合气产生不良影响。而混合气不均匀时,会造成燃烧不完全,油耗增大和功率下降,燃烧室积炭等。此外,粘度过小的柴油对柱塞副、喷油器等精密偶件的润滑作用差,这些零件的磨损相应增大。

柴油的凝点指柴油开始失去流动性时的最高温度。它表明柴油在低温时的流动性,我国轻柴油按凝点划分牌号。柴油的凝点越低,其低温流动性就越好,适用于气温低的地区。

冷滤点:柴油温度降低至凝点以前,就会析出针状的石蜡晶体,而使柴油发生混浊,这一温度称为混浊点(又称浊点)。当温度继续下降到浊点下某一温度,析出的石蜡使滤清器滤网堵塞造成严重供油不足,使柴油机停止工作。这个温度被称为冷过滤堵塞点,简称冷滤点。它的测定是按SY2413—83《柴油冷滤点测定法》进行的。行车试验证明,冷滤点与柴油实际使用的最低温度有良好的对应关系,可作为根据气温选用柴油的依据。这一指标已为我国所采用。

(3)腐蚀性磨损要小:柴油中的硫化物,水溶性酸或碱,以及有机酸会造成柴油容器和燃油供给系尤其是其中的精密零件的腐蚀和磨损,它们在柴油中的数量应严格加以限制。如果使用含硫量较高的柴油时,可以用缸筒镀铬等方法,以减少腐蚀作用。在冬季使用时,起动前进行预热和工作中保持发动机正常的水温,使水蒸汽不易凝结,能减少硫分燃烧产物引起的腐蚀性磨损。

柴油蒸发或燃烧后的残渣物称做残炭,其中的盐类物质燃烧后的生成物称做灰分。前者表明柴油在气缸里形成积炭的倾向,后者不仅会增加活塞环和气缸的磨损,而且掺在积炭中,使积炭的坚硬性和腐蚀性都增加,因此它们在柴油中的含量都应低于规定的限量。

3.润滑油的主要使用性能指标及其在使用上的意义　润滑油由基础油和添加剂组成,常用添加剂有清净分散剂、抗氧抗腐剂、油性剂、抗磨剂、增粘剂、抗泡剂、防锈剂等。润滑油在摩擦表面间起着六个方面的作用:即润滑、冷却、保护、密封、清洗和减震作用。因此,对润滑油的要求是:

(1)要有良好的润滑性:润滑油对零件润滑作用的好坏主要取决于粘度和粘温性。

粘度要适宜:粘度是润滑油的重要性能指标。润滑油的粘度应适当,粘度过大时,因其阻力大,会造成发动机起动困难和运转中较大的能量损耗,同时因流动性差,造成起动时润滑油不能及时流到各个润滑表面上,加速零件的磨损。另外,流动性差,还使润滑油的散热和洗涤作用变差。但是,粘度过小,润滑油难以停留在零件表面形成润滑油膜,因而造成润滑不可靠。另外,润滑油容易窜入燃烧室燃烧,造成积炭增多和机油消耗量增大。

粘温性要好:润滑油粘度随着温度的升高而降低,反之,则会增大。润滑油随温度变化而变化的性质称为粘温性能。变化愈小,润滑油品质愈好。表示润滑油粘温性能的指标,我国现采用国际上通用的粘度指数,即粘度指数越大,表示润滑油的粘温性能越好;反之,则越差。

由于拖拉机的发动机起动阶段和正常工作阶段温度不一样,发动机工作时,各个润滑部位的工作温差又比较大,如曲轴箱的温度为 40～90℃,主轴瓦处的温度约 95℃,活塞环的温度则高达 300℃。因此,粘度指数大的润滑油不仅在发动机起动时(温度低)能较快地流入各润滑部位,而且当发动机工作温度变高时,其粘度不致于变得过小而失去可靠的润滑作用,从而能保证各个润滑部位都有足够、适宜的润滑油。所以,拖拉机要求润滑油的粘度指数要大。

(2)氧化安定性要好:润滑油氧化后的标志是油品中的酸性物质、沉淀物、泡沫和粘度的增大。特别是润滑油在高温下氧化后,会在燃烧室、气缸、活塞组等各润滑处形成积炭和漆膜等,使附有这些沉积物的零件表面出现过热和堵塞现象,对发动机的工作和零部件的寿命均带来严重的危害,如气门烧损、活塞环粘结、喷油头堵塞等。因此,为减缓机油的氧化,并防止氧化产物产生腐蚀,润滑油中常加有抗氧抗腐剂,如T202(添加量 0.5%～1.3%)等。

(3)有良好的清净分散性:润滑油的清净分散性,即是使油氧化和热分解所形成的沉淀和漆膜保持微粒状态分散在油中,而不使其凝聚成大片沉积在金属表面的特性。为提高润滑油的清净分散性常加入 3%～5%的清净分散添加剂,如T104、T105 等。

(4)有较小的腐蚀性:为了减小润滑油对发动机各部件的腐蚀作用,汽油机油和柴油机油都加有 0.3%～1.0%的抗氧抗腐添加剂。

4.齿轮油的主要使用性能指标及其在使用上的意义　齿轮油也是润滑油的一种,其使用性能如粘度、粘温性等的要求如同前面讲的一样。由于齿轮油工作环境的特殊性,还有一些特殊的要求:

(1)有较好的油性:齿轮油的油性是指齿轮油在金属表面上形成一层紧密牢固的油膜的能力。在负荷大或转速高的工作环境下,齿轮油层将变得很薄,此时能否保证可靠的润滑,不是决定于润滑油的粘度,而决定于润滑油膜的强度即油性。为了提高油性,齿轮油加有油性添加剂。

(2)有较好的极压性能:油性添加剂在较高的工作温度和

高负荷下也会失去作用,因此对在高温、高压环境下工作的齿轮油应加入极压添加剂。极压添加剂能使油膜强度提高并牢固地附着在摩擦表面上。

(3)有较好的抗泡性能:齿轮油因经常受到齿轮的搅动而产生气泡,这种气泡容易破环润滑油的油膜,因而会造成齿轮表面磨损加剧,甚至烧结,同时,加速油的氧化,造成油的溢漏等。因此通常加入抗泡沫添加剂。

(三)汽油的选用和贮运、使用注意事项

1.汽油的牌号和选用 大、中型拖拉机上的小汽油起动机一般采用马达法辛烷值 66 号和 70 号两种牌号的汽油(或写作 66/MON,70/MON)。

2.汽油的贮运和使用注意事项 由于空气、金属(尤其是铜、铅)、光和水对汽油的氧化具有较强的催化作用,而且也会造成挥发损失,温度高时,氧化和挥发更为严重。因此,对汽油的贮运和使用应注意:

(1)容器尽可能装满汽油,存于地下或阴凉处。

(2)避免水分进入油罐。

(3)容器应定期清洗,盖要盖严。

另外,为提高抗爆性,汽油中常加入四乙基铅,含四乙基铅的汽油有剧毒,使用中应避免这种汽油与人体皮肤的接触,千万不要把它作清洗剂或溶剂使用。

(四)柴油的选用和贮运、使用注意事项

柴油分为重柴油和轻柴油两大类。重柴油适用于转速低于每分钟 1000 转的中、低速柴油机。轻柴油则用于转速不低于每分钟 1000 转的高速柴油机。大、中型拖拉机发动机均为高速柴油机,使用轻柴油。因此,下面主要介绍轻柴油的选用和贮运、使用注意事项。

1.轻柴油的牌号和选用

轻柴油按质量分为优级品，一级品和合格品三个等级，每个等级的轻柴油按凝点分为 10、0、－10、－20、－35 和－50 号等六种牌号。

轻柴油的选用原则如下：

(1)根据凝点和气温选用:过去要求轻柴油的凝点(即其牌号中的数值)应比当地气温至少低 10～12℃。由于引入了冷滤点这一新概念,冷滤点温度比凝点高(国产 0 号以下各号轻柴油的冷滤点比凝点高 4～6℃),只要所选轻柴油的冷滤点不高于当地最低气温即拖拉机工作时的环境温度即可。因此,根据所选(0 号以下各号)轻柴油的凝点比当地气温至少低 4～6℃的原则选择不同牌号的轻柴油。

轻柴油的选用与当地最低气温的对应关系见表 4-8。

表 4-8　轻柴油的选用与当地最低气温的对应关系

轻柴油牌号	0	－10	－20	－35	－50
当地最低气温(℃)	4	－5	－5～－14	－14～－29	－29～－44

10 号轻柴油适用于环境温度较高的地区和有预热设备的高速柴油机。

(2)根据经济原则选用:柴油的凝点越低,其价格越高。因此,在满足所选柴油凝点比当地最低气温低 4～6℃的要求下,尽可能选用凝点高的柴油。不要为了加大安全系数而一味选用低凝点柴油。

根据历史气候资料的统计计算,得出各地可能的最低气温(参见表 4-9),可供机手们选用轻柴油时参考,这些资料尤其是对各地油料主管部门或油料经营大户更有参考价值。

表 4-9 各地区风险率为 10% 的最低气温 (℃)

地 区 \ 月份	1 月份	2 月份	3 月份	11 月份	12 月份
河北省	−14	−13	−5	−6	−12
山西省	−17	−16	−8	−9	−16
内蒙古自治区	−43	−42	−35	−32	−41
黑龙江省	−44	−42	−35	−35	−43
吉林省	−29	−27	−17	−17	−26
辽宁省	−23	−21	−12	−12	−20
山东省	−12	−12	−5	−4	−10
江苏省	−10	−9	−3	−2	−8
安徽省	−7	−7	−1	0	−6
浙江省	−4	−3	1	2	−3
江西省	−2	−2	3	4	0
福建省	−4	−2	3	1	−3
台湾省①	3	0	2	1	2
广东省	1	2	7	7	2
广西壮族自治区	3	2	8	9	4
湖南省	−2	−2	3	4	−1
湖北省	−6	−4	0	1	−4
河南省	−10	−9	−2	−3	−8
四川省	−21	−17	−11	−14	−19
贵州省	−6	−6	−1	−1	−4
云南省	−9	−8	−6	−5	−8
西藏自治区	−29	−25	−21	−22	−29
新疆维吾尔族自治区	−40	−38	−28	−25	−34
青海省	−33	−30	−25	−28	−33
甘肃省	−23	−23	−16	−16	−22
陕西省	−17	−15	−6	−9	−15
宁夏回族自治区	−21	−20	−10	−12	−19

说明：①台湾省所列的温度是绝对最低气温，即风险率为 0% 的最低气温。

②各地区风险率为 10% 的最低气温是从中央气象局资料室编写的《石油产品标准的气温资料》中摘录编制的。某月风险率为 10% 的最低气温值，表示该月中最低气温低于该值的概率为 0.1，或者说该月中最低气温高于该值的概率为 0.9。

③推荐风险率为10%的最低气温用来估计使用地区的最低操作温度，这对柴油机在低温操作时的正常设备防寒，燃油系统的设计，柴油的生产、供销及使用提供可靠的气温数据。

④4～10月份的最低气温未列入。

2.柴油的贮运和使用注意事项

(1)柴油机上柴油供给系中的柱塞副等配合件的配合间隙非常精密，它们的表面光洁度也非常高，加上柴油的供给压力高(是汽油供给压力的50～80倍)和喷射速度快，如不注意柴油的清洁或净化，不仅耗油率将大大增加，而且燃油系精密配合件的寿命将大大缩短，因此，使用柴油前应采取一些净化措施。

柴油的净化措施一般有沉淀和过滤两种。沉淀净化是根据在柴油存放期间，密度比柴油大的机械杂质和水分会自然下沉的原理进行的，使用柴油前，将它存放至少48小时，加油时抽取上层柴油。这种净化措施方便、经济，但它的缺点是有些杂质的密度比柴油的密度小，不能沉淀。另外，当气温较低时，柴油的粘度增大或含蜡析出时，净化效果将会变差。因此，除沉淀净化措施外，还应辅助以过滤净化措施，如加油时采取滤网过滤等。

为保证在使用中柴油清洁，应按规定对柴油粗、细滤清器进行清洗。

(2)如想在低温下使用高凝点柴油，可采用废气或循环水等预热方法，起动发动机时，先用低凝点柴油，直至被预热的高凝点柴油流动后，再换用高凝点柴油，停车后，注意放出高凝点柴油。

(3)不同牌号的柴油可掺兑使用。在冬季缺少低凝点轻柴油时，可以在高凝点轻柴油里掺入低凝点轻柴油。如当月的最低气温为 0℃,不宜使用 0 号柴油,但可将 0 号柴油与低凝点柴油按一定比例掺兑,使其凝点在 $-5 \sim -10℃$ 之间即可使用。

(4)柴油中可适当掺入煤油使用。在冬季缺少低凝点轻柴油时,可以在高凝点轻柴油里掺入 10％~40％的煤油,如在 0 号柴油中掺入 40％的煤油,可获得 -10 号的柴油。但是不能掺入汽油。柴油中有汽油存在,发火性能将显著变差,导致起动困难,甚至不能起动,同时还有着火危险。

(5)柴油应存放于避光的阴凉处,同时避免水的侵入。

(五)润滑油的选用和贮运、使用注意事项

润滑油是润滑剂中的一种,大、中型拖拉机上常用的润滑油有汽油机油、柴油机油和齿轮油。

1. 拖拉机用汽油机油　根据 GB7631.3－89 规定,我国汽油机油分为 EQB、EQC、EQD、EQE 和 EQF 等五种(其中第一位字母"E"代表内燃机油,第二位字母"Q"代表汽油机,第三位字母代表等级)。按其使用性能由高级到低级的排列顺序是 EQF、EQE、EQD、EQC、EQB。

EQB 级汽油机油(GB485－84)是目前广泛使用于拖拉机上的老产品,以矿油、合成烃油或以矿油和合成烃油混合油作基础油,再加入多种添加剂配成,适用于缓和条件下工作的汽车、拖拉机或其它汽油机,具有一定的清净分散性和抗氧抗腐性。EQB 分单级和多级。单级 EQB 汽油机油根据其粘度不同,分为 20、30、40 三个牌号。它同旧牌号汽油机油的对应关系是:

EQB-20　　即原 HQ-6

EQB-30　　即原 HQ-10

EQB-40　　即原 HQ-15

多级 EQB 汽油机油(ZBE31001—87)适用的对象同普通 EQB 单级油,但适用的温度范围较宽,可以冬夏通用。它按 100℃时的运动粘度和低温流动性划分为 5W/20、10W/30、15W/30、20W/30 四个牌号。

2.拖拉机用柴油机油 根据 GB7631.3—89 的规定,我国柴油机油分为 ECA、ECB、ECC、ECD 等四级(其中第一位字母"E"指内燃机油,第二位字母"C"指柴油机,第三位字母"A","B"等字母代表等级)。

ECA 柴油机油(GB5323—85)是我国农用拖拉机上常用的柴油机油。它加有多种添加剂,具有一定的清净分散性和抗氧抗腐性,适用于缓和至中等条件下工作的轻负荷柴油机。根据其粘度的不同,分有 20、30、40 和 50 四个牌号,它同旧牌号柴油机油的对应关系如下:

ECA-20　　即原 HC-8

ECA-30　　即原 HC-11

ECA-40　　即原 HC-14

ECA-50　　即原 HC-18

3.拖拉机用齿轮油 我国车用齿轮油按 GB7637.1—89 分为 CLC、CLD 和 CLE 三个等级(其中第一位字母"C"代表齿轮)。

CLC 级车辆齿轮油是一种普通车辆齿轮油,适用于中等速度和负荷比较苛刻的手动变速器和螺旋锥齿轮驱动桥。CLC 中加有抗氧剂、防锈剂、抗泡剂和少量极压剂等。它按粘度分为 80W/90、85W/90 和 90 三个牌号。CLC 级齿轮油正取代着过去大、中型拖拉机常用的 20 号、30 号齿轮油。20 号(冬用)和 30 号(夏用)两种牌号的齿轮油属普通渣油型齿轮油,即以原油蒸馏后的残渣油为原料制成的,颜色呈黑褐色,质量差,已不能满足实际使用要求,目前正在被上述普通车辆齿轮油代替。

4.拖拉机用润滑油的选用

(1)按润滑对象选用润滑油种类: 汽油发动机、柴油发动机和齿轮传动部位的润滑应分别选用汽油机油、柴油机油和齿轮油。

高速柴油机必须选用柴油机油,而不能用汽油机油代替,这是因为柴油机比汽油机工作条件苛刻,容易出现因产生高温沉积物而造成活塞环粘结等问题;又由于柴油机压缩比高,常采用铅青铜合金等材料做轴承,这些材料很容易遭到腐蚀。因而,柴油机油中加有较多清净分散剂和较多的抗氧抗腐剂等多种添加剂。

齿轮传动部位必须选择齿轮油,这是因为齿轮传动的特点是齿面接触面积小,即单位面积上的载荷大和接触时间短,齿面上的润滑油膜易遭到破坏,齿轮油中加有油性添加剂和极压性添加剂,这些添加剂能增强润滑油粘附在金属表面的能力和在高负载下形成一层坚固油膜的能力。

大、中型拖拉机各部位使用润滑油情况参见表4-5。

(2)根据工作条件的苛刻程度选用不同等级的润滑油:一般农用拖拉机选用 EQB 级汽油机油,ECA 级柴油机油和 CLC 级车辆齿轮油,它们均属低等级润滑油,均能满足拖拉机的使用要求。

当然,高级润滑油也可以用于要求较低的发动机上,但从经济角度考虑,是不合算的。不能把低等级的润滑油用在要求使用较高等级润滑油的发动机或其它部位,否则会造成机器零件的早期磨损和损坏。

(3)根据季节或气温的不同选用不同粘度的润滑油:气温

低时,选用粘度较小和凝点较低的润滑油,例如,选择汽油机油或柴油机油时:

①在气温不低于-15℃的地区,冬季可选用单级油EQB-20和ECA-20(旧6号汽油机油和8号柴油机油);夏季则需换用EQB-30和ECA-30(旧10号汽油机油和11号柴油机油)。

②在全年最低气温不低于-5℃的地区,EQB-30和ECA-30可全年通用。

③在两广、海南等地炎热的夏季(气温在30℃以上),应选择EQB-40和ECA-40(旧15号汽油机油和14号柴油机油)。

④在长城以北或其它气温低于-15℃的寒冷地区,应选用多级油。

又如选择齿轮油时:在气温不低于-10℃的地区,可全年使用CLC-90;在气温不低于-12℃的地区,可选择CLC-85W/90;在气温不低于-26℃的寒冷地区,冬季应使用CLC-80W/90。

(4)根据负荷和磨损情况选用润滑油:磨损较严重的旧拖拉机连续进行重负荷作业,可选用粘度大的润滑油,例如ECA-40柴油机油等。

5.润滑油的贮运和使用注意事项

(1)水和高温能增加润滑油的腐蚀性和加速润滑油的氧化变质,必须避免水侵入润滑油中和远离热源。

(2)没有适合粘度的润滑油,可用粘度较低和粘度较高的同种油品混合调制,但应注意它们的质量指标必须与所需润滑油相近。不应用柴油和煤油等轻质油来调制润滑油,否则闪点降低,易发生危险。

(3)机油内不能混入齿轮油,以免机械杂质增大,油品的粘温性、清净分散性能和抗氧化性能等严重恶化。

(4)换用新机油时,要将旧油放净;齿轮油的工作温度不高,使用中质量变化不大,一般可在旧油里补充新油,如油质变得太坏,则须全部换上新油。

(5)不要为保证可靠的润滑而选择过大粘度的润滑油,或认为粘度越高,润滑效果越好。这样做不仅会造成发动机燃油消耗显著增加,还会造成发动机机件在初始润滑阶段较大程度的干摩擦和磨损。

(6)要保持油箱油位于油表尺上的上下刻度之间,油面过低会加速机油变质,甚至因缺油引起机件烧坏;油面过高,会从气缸和活塞的间隙中窜进燃烧室,使燃烧室中的积炭增多。

(7)齿轮油的使用寿命较长,如使用单级油,在换季换油时,放出的不到用油时限的旧油可在再次换油时使用,旧油应妥善保管,严防水分、机械杂质和用过油料污染。

(六)润滑脂的选用和贮运、使用注意事项

润滑脂是一种润滑剂,由矿物润滑油加稠化剂组成。与润滑油相比,润滑脂的优点是,能用于一些特殊的环境及不能用或难以用润滑油润滑的工作部件,如拖拉机离合器总成,以免离合器片附着甩来的润滑油而失去工作能力;另外,一些敞口的和垂直安装部件也不得不采用润滑脂,否则润滑油难以保持在上面;在潮湿和存有腐蚀性气体的环境里采用润滑脂,可以减轻零部件的锈蚀;润滑脂的粘温性比润滑油宽,适宜于某些温度变动较大的部件润滑;由于润滑脂是半固体状油膏,因而可防止尘土、碎屑进入摩擦表面,可作为填充材料,防止物料流失,也可减低噪音和震动。缺点是,起动摩擦阻力大,造成起动负荷大;导热性差,几乎不起冷却作用;清洗和更换较麻

烦等。

了解以上特点,对用户灵活选用润滑油和润滑脂,具有重要的实际意义。

1. 拖拉机用润滑脂 拖拉机等农业机械上常用的润滑脂有四种:

(1)钙基润滑脂:按针入度分为 ZG-1、ZG-2、ZG-3、ZG-4四个牌号,牌号中"Z"和"G"分别表示"脂"和"钙"字汉字拼音的首位字母,后面的数字表明润滑脂的稠度大小,数字越大,则润滑脂越稠,数字越小,则润滑脂越稀。

(2)钠基润滑脂:按针入度分为 ZN-2、ZN-3 两个牌号,其中"N"表示"钠"字汉字拼音的首位字母。

(3)钙钠基润滑脂:按针入度分为 ZGN-1、ZGN-2 两个牌号。

(4)锂基润滑脂:按针入度分为 ZL-1、ZL-2、ZL-3 三个牌号,其中"L"表示"锂"字汉字拼音的首位字母。

2. 润滑脂的选用 选用润滑脂,主要考虑以下三个因素:

(1)工作温度:最高工作温度应比滴点低 20～30℃或更低。如果工作温度达到所选润滑脂的滴点,润滑脂会流失而失去润滑作用。

如果润滑部件所处环境的工作温度过低,也要考虑所选润滑脂是否适用。如过低的温度可能造成脂中的水分结冰、滑脂变得过硬等。

(2)水分或潮湿情况:被润滑部件处于有水或潮湿的环境,则应选用具有良好抗水性的钙基润滑脂或锂基润滑脂。

(3)工作负荷和工作速度:高速低负荷,则选用牌号小(即较稀)的润滑脂。反之,选用牌号大(即较稠)的润滑脂。同样的工作负荷和工作速度条件下,环境温度较高时,润滑脂牌号可提高一级。

另外,选择时,也要考虑经济性.性能越好的润滑脂,其价格越贵。如钙钠基、锂基润滑脂的价格较贵,各种润滑脂具有很强的使用特点,比较容易选用。现将它们的使用特点和如何具体选用归纳于表 4-12。

表 4-12　各种润滑脂的使用环境和选用

种　类	使　用　特　点
钙基润滑脂	耐水不耐温;高速转动时可能产生油皂分离或析油,并且附着能力不如钠基润滑脂;低温时,其中所含水分易结冰,故使用温度亦不能太低
钠基润滑脂	耐高温不耐水;不宜用于潮湿环境
钙钠基润滑脂	耐高温,耐水性中等,不适用于低温环境
锂基润滑脂	耐高温耐水,使用温度范围宽,相比前三种脂而言,用量可减少1/3,使用寿命可延长一倍以上。

牌　号	适用温度 (℃)	工作负荷与速度	选　用　环　境
ZG-1	55 以下	中速轻负荷	小轴承、水泵,北方冬季小农具等
ZG-2	60 以下	中速中负荷	中型机械轴承,冬季用于拖拉机、农具等
ZG-3	60 以下	低速重负荷	大轴承、汽车水泵,夏季用于拖拉机、农具等
ZG-4	65 以下	低速重负荷	同上(用在磨损较大的运动副上)
ZN-2	120 以下	中小负荷	冬季拖拉机、农机的发电机、磁电机等
ZN-3	120 以下	中负荷	夏季拖拉机、农机的发电机、磁电机等
ZGN-1	80 以下		拖拉机轮毂轴承、万向节、各类电机、
ZGN-2	100 以下		水泵轴承等
锂基	20～120		可代替以上各种润滑脂

3.润滑脂的贮运和使用注意事项

(1)润滑脂的存放不要采用木制容器,以免木料吸油而使油脂变质。

（2）严禁灰尘、沙粒等机械杂质的混入。

（3）根据各类润滑脂的使用特点，存放时的温度和湿度要注意适度。

（4）更换润滑脂时，最好将零部件清洗干净。

（5）对已混入水而变质的钠基润滑脂，可加热脱水，并在180～200℃温度下均匀混合油皂，即可恢复使用。

（6）锂基润滑脂不宜用大容器盛装，以避免出现析油现象。

第五章　拖拉机的驾驶

掌握拖拉机驾驶的基本知识，了解拖拉机安全操作的要求，对于安全行驶，提高生产率，防止事故发生，延长使用寿命，具有重要意义。

一、出车前的检查和准备

（一）检查和准备工作

1.检查内容

（1）检查发动机油底壳的润滑油油面高度是否在正常高度范围内。

（2）检查水箱是否有足够的水。

（3）查看档位，档位应在空档。

上述三项检查内容直接涉及机车的使用安全性，不可遗漏。

（4）检查柴油箱和起动机小汽油箱的燃油是否足够；检查变速箱、喷油泵等各处的润滑油是否足够。

（5）查看各管路系统是否有漏油、漏水现象。

（6）检查各重要连接部件的螺栓等紧固件的紧固情况。

（7）查看轮胎气压是否足够，履带拖拉机的履带张紧度情况。

（8）检查随车工具和备用件是否齐全。

（9）检查电器、照明及信号是否完好。

（10）如不用液压系统和动力输出轴，应分别将它们的操纵手柄置于"分离"位置。

（11）摇车准备。由于发动机是在许多内部零件表面无足够润滑油的环境中开始起动，加之温度低，润滑差，直接起动很容易加速发动机的磨损，尤其是对长久停放的拖拉机，更是如此。因此，起动前插入摇把，扳动减压手柄至减压位置，并将油门放到最小位置，摇转曲轴数分钟，使发动机油底壳里的润滑油流到各个润滑表面，让发动机内部各零部件得到预润滑。同时也可以发现发动机是否有卡阻现象，以免发生事故。

2. 安全注意事项

（1）出车前的检查和保养过程中，一定要注意认真检查拖拉机上易松动部件的联接紧固情况，以免发生松脱造成事故。如：电气连接线路，尤其是蓄电池、起动电机各接线柱的松动可能产生漏电或打火，造成火灾，使用悬挂系统时，上拉杆及下拉杆的连接处如不锁好，会造成悬挂装置和农具的损坏或农具与拖拉机轮子相碰而发生事故；动力输出轴和后面机器间的联轴节如未插牢紧固在轴上，易发生传动轴甩出造成伤人事故等。

（2）蓄电池上面一定不能放有铁器和易燃物（如硬纸板

等)类的东西,以免行车过程中,铁器同蓄电池摩擦碰撞发生打火现象造成火灾。

(3)无冷却水、无机油、变速杆不是置于空档位置时,绝对不能起动拖拉机,防止发生烧瓦、抱轴、拉缸以及拖拉机上无驾驶员时拖拉机突然开动发生事故。

(二)柴油发动机的起动

大、中型拖拉机的起动方式一般分为电动机起动和小汽油机起动两种方式。一些中型拖拉机如东方红-28、泰山-25等,除采用电起动和小汽油机起动外,备有手摇起动装置。

1.手摇起动

(1)把油门放至中油门位置,挂空档,操纵减压手柄至减压位置。

(2)紧握摇把,顺时针摇转曲轴,由慢到快,摇至最快时,使减压操纵装置回到正常工作位置,直至发动机起动。拿出摇把后,减小油门。

(3)发动机中低速运转,等待拖拉机温度上升到正常范围。

2.电动机起动 电起动又分为直接起动和预热起动两种方法。气温低时采用预热起动。

(1)直接起动

①把油门放至中间位置,挂空档,操纵减压手柄至减压位置。

②插入钥匙,顺时针转动,接通电路。

③顺时针转动起动开关直接到起动位置,等到发动机转速上升后,将减压操纵装置放回到正常工作位置,发动机即可起动,最后将起动开关转回到原来位置即"0"位。

④发动机在中、低转速空转,至拖拉机温度上升到正常范

围。

（2）预热起动：当气温较低时，直接起动，发动机不易着火，这时可采用预热起动。

预热起动操作大致与直接起动相同。不同之处是起动开关首先置于预热位置，停留 20 秒左右（不得过长），然后转至预热起动位置。除此之外，当温度很低时还应配合以水、机油等预热工作。

（3）电起动注意事项：每次操纵起动开关时的持续时间不要超过 5 秒，每次间隔时间为 30 秒以上，连续起动次数亦不能超过 3～4 次。否则易造成蓄电池过度放电或造成电机过热烧毁等。

3. 小汽油机起动　尽管小汽油机起动操作较复杂，由于其在寒冷季节起动可靠，仍为目前大、中型拖拉机所采用的一种方法。现将小汽油起动机的操作程序归纳如下：

（1）挂空档，将减压手柄置于减压位置，油门拉杆放于熄火位置，用小油门。

（2）按下自动分离机构，结合主发动机，然后放手。

（3）离合器手柄放在分离位置，使小起动机与主机处于分离状态。

（4）打开汽油箱开关、汽化器进气口盖，节流阀和阻风门稍微打开，按下浮子，直至汽油充满浮子室。

（5）将绳子按顺时针方向绕飞轮两周左右，以快速、大力、大摆幅向远离拖拉机的方向拉绳子。

（6）小汽油机起动后，稍关小节流阀，开大阻风门。

（7）将离合器手柄向右扳到结合位置，让主发动机开始运转预热 2 分钟左右。然后，使减压操纵装置回到正常工作位置，并将熄火拉杆放于供油位置，直至主发动机起动。

（8）发动机起动后，将离合器手柄扳到分离位置，关闭阻风门、节流阀，并按下磁电机断路按钮，使起动机停止工作，并关好进气口盖和汽油箱开关。

如在寒冷气候条件下起动，有的起动机（如东方红-75等）按减压预热Ⅰ、Ⅱ依次顺序预热，且配有起动机变速手柄，也按Ⅰ、Ⅱ档顺序接合。

小汽油机起动时注意事项：

（1）不准用纯汽油起动，汽油和柴油机油比例为15：1，且每次起动持续时间不要超过15分钟，以免烧坏发动机。

（2）起动绳绕在飞轮上的圈数不能太多，拉绳时的摆幅不能小，绳子更不能缠在手上，以免起动机反转造成伤人事故。

（3）在发动机预热运转期间不要供油。

（4）起动机变换档位时，要通过离合器手柄的"分"、"离"过程实现。

（三）发动机起动后的检查

（1）拖拉机发动机起动后，一定要检查各仪表读数，正常机油压力为196～490千帕（2～5公斤力/厘米^2），最低不应低于147千帕（1.5公斤力/厘米^2），如不正常，应马上熄灭发动机，以免发动机内部零件产生剧烈干摩擦；当油温达50℃左右，水温60℃左右时，拖拉机方可投入正常工作。水的正常工作温度为70～90℃。

（2）检查拖拉机下面或地面上有无漏油、漏水现象。

（3）听听有无异常声响，发现声音不正常，应注意随时熄火查明原因。

（4）嗅嗅有无异常气味，如有不正常气味，应马上熄火，查明原因。

（四）应避免的不正确起动方法

1. *溜坡起动* 溜车起动是将拖拉机停放在坡道上,先挂上高档,分离离合器并松开制动器,靠拖拉机重力的下滑分力使拖拉机沿坡道溜下,当拖拉机达到一定速度时,再接合离合器,同时供油使发动机起动。溜坡起动,害处很多,主要有:

(1)柴油机没有预热过程,由于较长时间停车,各摩擦表面的润滑油已流回油底壳,突然高速运转,机油不能及时输送到各摩擦表面,使零件的磨损加剧。

(2)溜坡起动时由于离合器接合过猛,很容易使离合器等传动零件受到过大的冲击载荷而损坏。

(3)柴油机起动后急需刹车,对行走机构各零部件,特别是轮胎的磨损较大。

(4)起动后,拖拉机的速度较高,不易控制,容易发生事故。

(5)采取这种起动方法需预先将拖拉机停在坡道上,或采取别的方法将拖拉机移到坡道上,容易发生事故或浪费人力。

2. *车拉起动* 车拉起动是用已起动着的汽车或拖拉机等机动车辆作动力,拉动需起动的拖拉机进行起动。车拉起动,前车必须挂低档,被起动的车挂高档,同时分离离合器,待需起动的拖拉机的柴油机达到一定转速时,接合离合器,将拖拉机起动。这种方法的危害是:

(1)由于需起动的拖拉机挂高档,一旦着车,必然高速前冲,容易与前车相撞,发生事故。

(2)需起动的车被拖着走,接合离合器后若没有起动着,则驱动轮产生滑移,加剧轮胎的磨损。

(3)起动过程中,多次猛烈地接合离合器,容易导致离合器等零件的严重磨损。

(4)若较长时间拉不着,使大量柴油进入气缸,冲刷气缸壁与活塞之间的油膜,必然加剧气缸套与活塞及活塞环的磨损。同时,柴油漏入油底壳,会稀释机油,破坏其润滑性能。

3. 明火起动　明火起动是指在冬季时,用明火加热燃油箱、油底壳等,提高燃油及机油温度以利起动。明火加热油底壳,容易使机油变质,影响润滑效果。明火烧烤燃油箱,不仅会破坏机体表面的漆层,稍有疏忽还会烧坏油箱、油管等,严重时还可能引起火灾或油箱爆炸。

4. 加油起动　加油起动是从进气管加少量机油,以提高气缸套和活塞的密封性能。它易使活塞环胶结,失去弹性或卡死在活塞环环槽中,反而会降低气缸的密封性。

事实上目前确有一种自燃点较低的起动燃料,它是由70.%的乙醚＋27%的 200 号溶剂油(或航空煤油)＋3%的机油混合而成,其自燃温度约为 191℃,易压燃着火。起动时用针管吸取起动燃料 10 毫升左右注入进气管,再正常起动便可顺利起动。但这种起动燃料在使用中应特别注意安全,因为这种起动燃料易蒸发损耗和引起火灾。要严加密封,低温保存,每次使用注入量不能太多,严禁将起动燃料加入油箱中,以防止着火和气阻。有条件时,可以采用起动燃料。

5. 吸火起动　吸火起动是将空气滤清器摘掉,使柴油机吸入带火的空气。缺点是未经过滤的空气及燃烧的灰烬被吸入气缸,不仅会加速气缸套、活塞环、活塞、气门及气门座等零件的磨损,而且易使燃烧室积炭。

6. 无水起动　无水起动是不加冷却水起动。无水起动后,温度迅速上升,骤加冷却水,极易使机体、缸盖等破裂。

最后,对于由电动机起动的拖拉机来说,因蓄电池亏电或其它故障原因造成拖拉机不能起动,不得已采用车拉起动时,应严格按照下述要求进行操作:

（1）做好正常起动前的准备工作，并摇转发动机曲轴，察看机油压力表的指针是否正常。

（2）拉车所用钢丝绳的长度不得过短。

（3）被牵引拖拉机挂高档，牵引的拖拉机挂低档，起步时注意前后联系好。

（4）起步前踩住被牵引的拖拉机的离合器，起步后平稳接合离合器，待发动机预热数分钟后，将减压操纵杆放回工作位置，并加大油门。

（5）发动机起动后，通知牵引的拖拉机停车，并迅速踩下离合器，把档位扳回到空档位置。

二、拖拉机驾驶操纵要点

（一）拖拉机的起步

发动机发动后，必须以中速空转暖车，机油压力保持在147千帕（1.5公斤力/厘米^2）以上，水温升至40℃左右时，即可开动拖拉机。到水温升至60℃左右时，拖拉机可以开始负荷作业。

起步时随时注意观察一下四周空间，观察行人和可能的障碍物等情况。

1. 一般条件下的起步

（1）将离合器踏板踩到底，把变速杆挂到低档上，如一时挂不上，将变速杆回到空档位，松开离合器踏板，再踩下离合器踏板，重新挂档。

（2）挂上档后，慢慢松开离合器踏板，并稍稍加大油门，使拖拉机平稳起步。

（3）挂上档，松开离合器踏板时，油门的大小应根据拖拉机牵引的负荷大小来定，即牵引负荷小，油门适当小些；牵引负荷大,油门适当大些,以免因起步阻力过大而使发动机突然熄火。

2.**坡道起步** 在上下坡中起步拖拉机,要求驾驶员具有熟练的驾驶技巧,即能够熟练、准确地配合运用离合器、制动器和油门。这是因为上坡起步很容易造成拖拉机的下溜或熄火,下坡起步容易造成挂不上档而发生溜坡现象,使拖拉机失控而酿成事故。

(1)上坡起步:

①踩住制动,再踩下离合器踏板,挂低档。

②利用手油门加大油门。

③慢慢松开离合器踏板,感觉离合器已部分接合上时,再慢慢松开制动器,此时制动器和离合器踏板是处于同时松开的过程,直到拖拉机慢慢起步行驶。

(2)下坡起步:下坡起步的操作方法基本上与上坡起步的操作方法相同,不同之处是油门应适当小些,而不是加大。

3.**田间作业中的起步** 在田间作业时,拖拉机所挂农机具入土时都产生一定的阻力,尤其是翻地等重作业的阻力非常大,按常规起步,松开离合器踏板前,一定要加大油门,以免拖拉机拉不动农具而熄火。

因农机具入土过程中拖拉机停车或熄火而重新起步时,拖拉机应先挂倒档,使农机具倒退出土壤,将农机具升起,再起步,切忌原地升犁或原地起步。

4.**陷入泥泞地的起步**

(1)陷入泥泞地的轮式拖拉机起步:要在车轮前下方铺垫一些物体(如碎石等),以增强轮胎同地面的附着力。如果是单边驱动轮打滑,可锁定差速锁,同时保持方向盘位于正前方,待拖拉机起步驶出泥泞陷坑时,再将差速锁操纵装置回位。

（2）陷入泥坑的履带拖拉机起步：此时起步阻力较大，为不使主离合器因负荷过重而打滑烧损，应先将主离合器踏下，挂低速档，双手均匀拉起左、右转向离合器手柄，慢慢松开离合器踏板，随后同时缓慢松回两个转向离合器手柄，使拖拉机平稳起步。避免使用猛踩、猛松主离合器的方法起步，以免毁坏部件或发生事故。

（二）拖拉机的变速

拖拉机变速可通过控制油门和换档两种方式实现。前者可实现小范围内的变速，后者变速幅度大。

拖拉机牵引负荷大或起步、上坡、通过低洼不平的路面时，采用低速档，以获得大的牵引力；拖拉机进行运输作业或负荷小的田间作业时，可选用高速档，以提高生产率。

换档分停车换档和行进中换档，后者需要掌握一定的技巧才能实现。如操作不熟练，很容易产生打齿现象或换不上档，任何时候换档，一定先踩下离合器踏板，后实现换档。下面介绍一下不停车换档操作要点：

（1）低档换高档：由于将要参与啮合的一对齿轮中，从动齿轮的线速度比主动齿轮的线速度低。为使两者的线速度近似或相等，需事先加大油门，使从动齿轮的转速适当提高，然后迅速减小油门并踩下离合器踏板，将变速杆推入空档，稍停顿一下，待主动齿轮转速适当降低后，再及时换入高档。最后松开离合器。低档换高档必须逐档进行，不能越档变速。

（2）高档换低档：与低档换高档时的情况相反，将要参与啮合的一对齿轮中，从动齿轮的线速度高于主动齿轮的线速度。因此，为了使两者的线速度相近或相等，应事先减小油门，使从动齿轮的转速适当降低，然后踩下离合器踏板，将变速杆推到空档位置，随即松开离合器踏板并加大一下油门，使主动齿轮的转速适当提高。以后,再踩下离合器踏板,及时换入低档。最后松开离合器踏板。这种操作方法需要两次操纵离合器,故通常称为"两脚离合器"换档法。

拖拉机重负荷作业时,必须停车换档,并在踩离合器的同时减小油门,以防发动机突然卸荷造成转速过高或飞车。

(三)拖拉机的转向和差速锁的使用

1. 转向 拖拉机任何情况下的转向都应在减速的过程中实现,先减小油门或换低档,再转弯。转弯的操作要点是:转大弯时,方向盘慢转慢回正;转小弯时,方向盘快转快回正;回转方向盘一定要在拖拉机转弯结束之前开始。

转弯时,由于拖拉机前后轮轮迹不重叠,后轮轮迹偏向内侧,而人眼注意焦点在前轮,因此转弯时不要使前轮太靠近内侧,以免内侧后轮越出路外或碰上障碍物。

拖拉机牵引或悬挂农具转弯时,一定要同时注意前面和后面,必要时,要脚踩离合器,用非常慢的速度来完成转弯的过程,以防止出现拖挂的农具挂钩碰周围障碍物或碰撞拖拉机轮胎等事故。田间作业时,必须先将农具的工作部件升至地表以上后,才能进行拖拉机的转向操作。

由于地面松软或滑溜造成地面与前轮的侧向附着力比较小,从而使方向盘转向发生困难时,可踩下转向一侧的制动踏板,通过单边制动来协助拖拉机转向。

履带拖拉机的转向:转大弯时,将转向杆迅速平稳地向后拉到底,左转弯时拉左转向杆,右转弯时拉右转向杆,转弯后将转向杆迅速平稳地放回。转小弯或急弯时,先将转向杆拉到底,再踏下同侧的制动踏板,拖拉机即可向左或向右急转弯,快转弯结束时,先松开制动器踏板,再放回转向杆。

2. 差速锁的使用 轮式拖拉机一般都装有差速锁,当接合差速锁时,可使最终传动两个从动齿轮强制性地同速转动,从而使两个驱动轮能同速转动,以消除一个驱动轮陷入泥泞地里造成的单边滑转,使拖拉机从泥泞地里出来并继续前进。待拖拉机走出滑转地段之后,松开差速锁,差速锁装置即可自动退回到原位。

在接合差速锁时,一定要使拖拉机停驶后再接合。拖拉机转弯时,由于两驱动轮的速度不一样,因而绝对不能使用差速锁。反过来说,使用差速锁时严禁拖拉机转弯。

(四)拖拉机的倒车

(1)倒车时应采用低速,遇到凸起地段时,可适当加大油门,一旦越过凸起地段,马上减小油门,缓慢倒车。

(2)倒车起步时,要特别注意慢慢松开离合器踏板,倒车过程中,必须前后照顾,密切注意有无人员或障碍物。

(3)倒车挂接农机具或倒车入库时,要通过踩踏离合器踏板减速,协助完成倒车过程,并随时准备好踩踏制动器踏板。

(4)倒车时的转向操作基本上同前进时的转向操作。

(5)拖拉机配带牵引农具作业时,一般不允许倒车。

(五)拖拉机的停车

1.减速与制动 拖拉机停车过程即是拖拉机的减速加制动过程,下面叙述拖拉机减速的道理和拖拉机制动的正确操作方法。

(1)减速:前面已述拖拉机的变速可通过减小油门和换档两种方式实现。停车前的减速一般采用减小油门的方法。即在拖拉机挂档正常行驶过程中,迅速减小油门,使柴油机转速降低,从而强制降低拖拉机的行驶速度,因拖拉机的行驶速度随柴油机转速的变化而变化。如果只是简单地踩下离合器,由于拖拉机惯性力的作用,拖拉机会继续前冲而不会迅速减速。

减小油门使拖拉机行驶速度得以变慢的程度与拖拉机档位有关,档位越低,拖拉机减速程度就越大。

(2)间歇制动:减小油门后,车速仍然较快时,可以在不踩离合器的情况下,短暂而连续多次地踩制动器踏板(俗称"点刹"),使拖拉机能更快地减低行驶速度。减小油门能靠柴油机的低速运转来抑制拖拉机的行驶速度,但在拖拉机行驶速度降低的过程中,总是伴随着拖拉机因惯性向前滑行的现象,通过点刹,可以进一步帮助抑制这种"惯性现象"。

(3)紧急制动:先迅速减小油门,然后双脚同时迅速踩下离合器踏板和制动器踏板,可以使拖拉机在最短距离内停车。

由于紧急制动容易造成拖拉机或所带农机具的损坏,对拖拉机上所载人员也很不安全,因此不到万不得已,不要采用紧急制动。

2.停车

(1)正常停车:一般平地停车或正常停车的操作是:在到达停车地点之前,提前减小油门,待减速后,踩离合器,再踩刹车,然后将变速杆放于空档位置,关油门熄火,并锁定刹车。

(2)快速停车:当发生异常情况需要快速停车时,可以同时采取减小油门和点刹的方法,使拖拉机行驶速度迅速降低。

(3)紧急停车:也称急刹车。采用紧急制动方法即可使拖拉机在尽量短的距离内停车。但当拖拉机处于下坡行驶时,禁止采用这种停车方法,以免发生翻车的严重事故。在冰雪路上和雨季里,也不要采用这种方法,以免发生侧滑甚至翻车等事故。

(4)田间作业后的停车:在农田作业时,应先使农具出土放在地面上,然后再停车,以免拖拉机重新起步时的阻力过大。

由于拖拉机从事田间作业后,水温、机油温度都很高,因此,此时的停车过程除减小油门、降低车速,踩离合器和制动器踏板,挂空档外,再接合离合器,让发动机继续空转一段时间,利用发动机风扇和水泵循环水的作用,使水温、机油温度逐渐降低,之后再关闭油门熄火,以免缸体周围水温急剧上升使机体因受这种骤热而胀裂。如果拖拉机后面带悬挂农具,关油门前还需将悬挂的农具降至地面,并使之处于浮动位置状态,以保护好液压悬挂系统和保证安全。

(5)坡道停车:一般情况下应避免在坡道停车。如果要在坡道停车,应注意上坡停车挂前进档,下坡停车挂倒档,停车后将制动器锁定,并在车轮下面垫上楔木或石块等物。

(6)停车地点的选择:拖拉机在公路上的停放地点要符合交通规则,不能暂停或停放于路口、铁路口、桥梁、弯路、坡路和窄路,以及距离上述地点 20 米以内的路段;道路一侧有障碍物时,不能停放在对面一侧与障碍物长度相等的地段内;不能停放在公共场所出入口、施工地段、人行横道等地段;不能停放在公共汽车站、电车站、急救站、加油站、消防栓或消防队门前以及距离上述地点 30 米以内的路段。在农田作业区或村镇居民居住区,要选择不妨碍其它车辆的行驶、避风沙和防晒的地方。

(六)拖拉机驾驶中的安全注意事项

(1)拖拉机工作时,随时注意观察各仪表的读数是否正常,尤其是水温和机油压力表读数。

(2)驾驶拖拉机过程中,听到来自发动机或底盘的异常声响,应随时停车检查。

(3)驾驶拖拉机过程中,闻到如焦糊味等异常气味时,应及时停车仔细查找产生异常气味的部位。

（4）拖拉机的发动机在行驶或作业中突然飞车时，不得采用踏下离合器踏板并摘档的方法卸荷；应即时减小油门，同时踩制动（在不分离离合器的情况下）将车强行憋灭，如不能使发动机熄火时，要想办法迅速切断供油或堵死进气管使发动机熄火。

（5）临时停车时，不得让发动机长时间怠速运转。

（6）拖拉机长时间带重负荷工作后，发动机不许马上熄火，以免发生机体骤热而胀裂；冬天停车放水时，应待水温降至65℃以下时进行，以防机体骤冷而破裂。

三、拖拉机道路安全驾驶

拖拉机从事公路运输作业时，一般行驶速度高，行驶距离远，出车前必须对拖拉机及拖车的技术状态进行严格的检查，如机车外部各重要部位的联接是否牢固可靠，转向、离合、制动装置的工作是否正常，照明系统的技术状态是否良好，尤其是要安装好转向指示灯和喇叭。出车前还必须配备好易损件的配件（如灯泡）和保养、维修工具。如长期进行公路运输，应选择宽轮距。农村道路条件差，凹凸不平，坡道多，路经村庄、桥梁、田埂等较多，要求驾驶员要特别注意安全，驾驶技术要熟练，精力要集中，尤其是要根据地面的起伏状况，控制好油门。

（一）一般道路安全驾驶基本技能

（1）行驶路线：正确地选择行驶路线，对拖拉机轮胎、机架等机件的使用寿命和燃油的消耗影响很大。尽可能保持直线行驶，不许无故左右摆动，否则很容易发生碰人、碰车等重大事故；避让障碍物时，应提前转动方向盘予以让开，不可行到跟前后骤转方向盘；路面宽且平坦时，应靠右侧行驶；路面窄但拱度较大,判断不会出现对车或超车的情况下,可在道路中间行驶,因为在拱形路面中间行驶能保证车轮受力对称,不会产生偏重或偏磨,加上道路中间行车的轮迹多,路基坚实,路面平整,方向易掌握,而人的坐姿自然不偏斜,有利于减轻驾驶员的疲劳程度和节省油料。

(2)行驶速度:拖拉机的行驶速度对驾驶员的视觉、心理、行车安全、燃油消耗影响很大。随着车速的提高,驾驶员的视觉明显变得模糊,视野变窄,精神上的紧张程度也越来越强,发生事故的概率随之增大,驾驶员应综合权衡自己的车型、道路、气候、拖载情况以及过往车辆、行人情况,确定合适的车速。

首先应尽量保持车速均匀,不能时快时慢;通过桥梁、铁路、隧洞以及会车时,均需提前减速;通过房屋、居民区、路口、岔道时,应减速行驶,并应密切注意车马、行人动态,提高警惕;如遇凸凹不平的坑洼路面时,要降低车速,保持正确的驾驶姿势,尽量不使身体随车跳动,以便稳住油门,保持拖拉机平稳行驶。

总之,在考虑经济车速的同时,一定要更加重视安全行驶速度,严格遵守安全交通规则的限速规定,一般大、中型拖拉机正常行驶速度在每小时 20 公里左右,最高车速应控制在平稳行驶而不发生摇摆的范围内,一般不超过每小时 30 公里。严禁采用任意调整调速器等方法来提高车速。

(3)行车间距:拖拉机与前车必须保持一定的间距。间距的大小与当时的气候、道路条件和车速等因素有关,即气候和道路条件越差(如雨天、路面光滑等),车速越快,则行车间距要求越大。行车间距应保持在当前车制动时,后车能安全平稳地减速直至停车而不发生碰撞的范围内。

(4)转弯:转弯驾驶技术要点是减速,鸣喇叭,开转向指示灯,靠右行。在转弯过程中,车速太快,在离心力的作用下容易向外倾翻;如果是在光滑的路面上过急转弯,车轮向外侧滑,同样容易造成翻车。因此,应尽量放大转弯半径,降低车速慢慢通行。弯道段的视野一般不太开阔,往往弯道这边和那边的车、人相互之间不能提早发现对方,因此常用鸣喇叭提前告知对方来车和行人,及时避让。通常如需行驶在来车行驶路线上,必须在转弯前80~100米处减速,并用喇叭和灯光(夜间)等安全设备促使来车注意。靠右行可避免出现与来车迎面相撞的事故。

(5)会车:会车时应减速、靠右行。注意两交会车之间的间距应保持大于最小安全间距,即两车会车时的侧向间距最短不可小于1~1.5米。因为拖车的宽度都比拖拉机大,如果以拖拉机的宽度为基础来会车,留的间距过小,就会发生拖车刮、蹭对方车辆的事故。雨、雪、雾天、路滑、视野不清时,会车间距应适当加大。同时要注意有关过往非机动车辆和行人,并随时准备制动停车。

在有障碍物的路段会车时,正前方有障碍物的一方应先让对方通行。在狭窄的坡路会车时,下坡车应让上坡车先行,但下坡车已行至中途而上坡车未上坡时,上坡车应让下坡车先行,这是因为正在上、下坡途中,车辆一般不允许换档或停车,以免出现滑坡现象,造成重大事故。夜间会车,在距对方来车150米以外必须互闭远光灯,改用近光灯。在窄路、窄桥与非机动车会车时,不准持续使用远光灯。

如果拖拉机带有拖车会车时,应提前靠右行驶,并注意保持拖拉机与拖车在一条直线上。

(6)超车:超车前首先要观察后面有无车辆要超车,被超车的前面有无前行的车辆以及有无迎面而来的车辆或会车，并判断前车速度的快慢和道路宽度情况，然后向前车左侧接近，并打开左转向灯，鸣喇叭，如在夜间超车时还需变换远近光灯，加速并从前车的左边超越，超车后，必须距离被超车辆20米以外再驶入正常行驶路线。

超越停放的车辆时，必须减速鸣喇叭，同时要注意停车的突然起步或车门打开并有人从车上下来，或有人从车底下向道路中间的一侧出来的情况出现，并随时准备制动停车。

当被超车示意左转弯或掉头时，或在一般视野不开阔的转弯地段，不允许超车。在驶经交叉路口、人行横道或遇有规定行驶时速不准超过20公里的情况时，或因风沙等造成视线模糊时，或前车正在超车时，均不允许超车。

驾驶员发现后面的车辆鸣喇叭要求超车时，如果道路和交通情况允许超车，应主动减速并靠右行驶，或鸣喇叭或以手势示意让后面的车超车。不准让路而不减速，更不允许加速行驶或故意阻挠对方超车。

（7）停车：同前述停车内容。拖拉机暂时停车时应注意，驾驶员不准离开拖拉机；开车门时不准妨碍其它车辆和行人通行；在夜间或遇风沙、雨、雪、雾天等光线昏暗的气候时，必须开示宽灯、尾灯、雾灯。

（8）挂带拖车行驶：拖拉机只准挂带一辆拖车进行运输作业。根据拖拉机的功率来确定允许挂带拖车的最大吨位数。出车前，必须认真检查主车同挂车之间的连接是否牢固可靠或牵引保险销是否插牢；调整好拖车制动器操纵杆件的自由行程和制动蹄片间隙，使使用制动器时能迅速制动，停止使用制动后能迅速解除制动器摩擦力；检查防护网或保险链和拖车的标杆、标杆灯、制动灯、转向灯、尾灯是否齐全有效。

倒车时,注意保持主车与拖车形成的角度不能过大,如有偏斜,随时修正。修正方向时,按主车转向的相反方向转动方向盘,避免拖车侧滑或与主车直交。倒车时要耐心,不怕倒车次数多。

(二)夜间道路安全驾驶

夜间驾驶时的光线不如白天,一般驾驶员的精力也不如白天,因此应控制好车速,谨慎驾驶。

(1)要正确运用好灯光。前面讲过,夜间会车,双方在150米开外应将远光灯改为近光灯,若一方没有将远光灯改用近光灯,另一方千万不能开赌气车,也不关远光灯,而应主动靠右侧停车,待对方通过后再继续行驶。遇有迎面而来的非机动车辆和行人时,也应改远光灯为近光灯。

(2)驾驶员要注意积累夜间驾驶的经验,如发现远方路面有黑影,车到近处黑影消失,一般是路面上的浅坑,如黑影仍存在,则表明有较深的坑,应减速通过或下车勘察后通过;行驶中若灯光突然照射到公路一侧,一般表明正接近弯道处,如灯光照射的路面突然消失,可能是急转弯或下陡坡,此时应立即减速。

(3)夜间绝不允许开疲劳车,如稍感疲倦或眼睛视线不十分清楚,应马上找个适当的地方停车休息。否则,在对面来车灯光的照射下,极易发生事故。停车后,将拖拉机变速杆挂入低档,并锁定制动,用木块或石块等物塞住拖车轮,以防溜滑。

(三)山坡道路安全驾驶

(1)上坡行驶:上坡前应根据拖拉机装载质量、坡道长度和坡度并根据经验确定合适的车速,一般选择偏低档,尽量避免上坡途中换档。具有熟练的驾驶技术,在上坡途中换档时,也不能掉以轻心,动作要敏捷,在车速还没有出现明显下降时完成换低档过程。

上坡途中遇到凹凸不平的坑洼时,必须减速,以防拖拉机被颠簸起来造成后翻,万一出现后翻趋势时,应立即踩一下离合器,使拖拉机靠惯性作用压回地面;上坡受到阻力时,不得采用挂低档、踩放离合器(处于半接合状态)和猛轰油门的方法冲过去,这样做最容易造成坡地后翻。

拖拉机在上坡中途已无力继续上行时,应在不分离离合器和不摘档的情况下,将制动踏板踩到底,设法使发动机熄火,并锁好制动器,停车后用木块等障碍物垫在车轮下面,然后想法减轻拖拉机负载量,并重新起步。

如果出现滑坡情况,驾驶员应沉着冷静,千万不能踩离合器摘档,只能通过踩制动强行停车阻止下溜。

爬坡度较大的坡或后面带有较重的悬挂农具时,最好采用倒车的方法,将拖拉机倒上坡或在拖拉机前加上足够的配重。

(2)横坡行驶:拖拉机应尽量避免在横坡上行驶,尤其是当坡度较大时,应绝对禁止横坡行驶,如不得不在坡度较小的横坡上行驶,应挂低档慢速行驶,因横坡行驶途中遇到凹凸不平处发生颠簸时很容易侧翻。必要时横坡行驶前应调宽拖拉机轮距。

横坡行驶过程中,一定要把牢方向盘,保持直线行驶,避免来回打方向盘。一旦出现突然情况需要调整方向盘时,应向下坡方向转动方向盘,不得向上坡方向转动方向盘。

(3)下坡行驶:必须挂低档、小油门行驶。严禁中途换档,更不准空档溜坡。这是因为拖拉机下坡时,拖拉机的质量可分解成垂直于路面的压力和沿斜坡面的下滑力,拖拉机在这个下滑力的推动下产生加速运动,坡度越大,这个下滑力就越大,拖拉机向下运动就越快,随着斜坡长度的增加,拖拉机沿坡面向下行驶的速度也会越来越快,因此由于斜坡面的特点,拖拉机会越滑越快。而正常情况下拖拉机的行驶速度由慢到快的变化是由发动机的转速由低到高的变化来控制的,如果档位和油门固定不动,发动机即在一固定转速下运转,拖拉机就会在稳定的速度下行驶。实际上,下坡途中拖拉机在下滑力作用下的越滑越快,同拖拉机在发动机转速控制下的匀速行驶互相矛盾,结果,发动机由原来推动拖拉机行驶变成牵阻拖拉机行驶,使拖拉机不致越走越快,对拖拉机的快速下坡起到了牵制和制动作用。

下坡途中,如出现拖拉机滑坡现象,可采取"点刹"和"死刹车"相结合,使拖拉机减速直至熄火。如果长时间连续死刹制动器,由于摩擦生热,使制动器温度急骤上升(有时可达300～400℃),使制动效能急剧降低,制动力矩大幅度下降,出现了制动系统的"热衰退"现象而使制动失效。

(4)傍山险路驾驶:傍山险路的一般特点是:弯道比较多,且由于山坡的影响,弯道处的视野很不开阔,尤其是急转弯处的路段。因此,拖拉机在经过傍山险路时应做到:

①减速靠右行驶,到转弯路段必须鸣喇叭,要特别注意弯道处突然出现对面来车的情况。

②在山路行驶时与前后车辆的间距应比一般公路上的间距大,尤其是上、下坡路段上。

③要随时注意观察前面两旁有无路标,如行至危险路段,应停车察看,或山石有无塌落的可能,或靠山崖一侧的路基是否坚实,确认安全后,再继续行驶。

④随时注意制动性能是否有变化,如发现制动性能有异常,应提前停车检修,要确保制动器性能良好。万一制动器突

然失灵,千万不能慌张,应迅速减小油门,并设法用车厢一侧向山边靠拢撞擦,等车速降下后,看准时机,利用山或山坡为屏障将车停住。

(四)泥泞道路安全驾驶

(1)选择坚实路面或循前辙行驶。

(2)避免中途换档和停车。

(3)遇转弯时,要缓打方向盘,因急转方向盘易造成前轮侧滑而发生事故。如果行驶中发生侧滑,应迅速减降车速,向后轮滑动方向转向,以修正拖拉机的行驶方向,避免继续侧滑。待前轮与车身方向一致后,再继续驶入正常路线,切忌急制动或乱转向。转弯时,可配合单边制动,减少回转半径。

(4)遇拖拉机陷车打滑时,应停车,将车轮下的软泥土清理一下,找些树木或石块等物填在车轮下面,重新起步。如果陷车打滑后加大油门,前后冲越,拖拉机不仅会越陷越深,而且还会加剧磨损或损坏,同时使拖拉机驶出陷坑更为困难。

如果拖拉机两边车轮的打滑程度不一样,可以锁定差速器,利用打滑程度轻的一边轮胎的附着力较大,增加拖拉机驶出陷坑的机会。但驶出陷坑后,要马上分离差速锁。

(五)漫水道安全驾驶

(1)首先要探明水深和漫水路面的软硬情况。过水路时,最好有人在前探路。

(2)过水路时,选择顺水流斜线方向行驶,避免迎水流方向行驶时的水位相对升高而造成拖拉机各部位的进水,同时也可避免因阻力过大造成陷车。

(3)低档行驶,中途不换档、不停车,不急打方向盘。

(4)如涉水较深影响发动机工作时,涉水前应采取一些保护措施,如保护电器装置不为水浸(如将蓄电池放到高处),密封好机油加油口、量油尺处以及各部位的检视口,拆下风扇皮带等。

(5)通过漫水路后,先继续低速行驶,利用轻踩制动踏板的方法,使制动摩擦片的水分充分蒸发,待制动器功能恢复正常后,再换入正常档位行驶。

(六)冰雪路面安全驾驶

由于冰雪路面的附着系数小,使拖拉机很容易滑行或侧滑,驾驶起来难于控制,极易产生事故,因此驾驶员要格外小心。

(1)必须低速行驶,一般时速不准超过 20 公里,必要时,要采取防滑措施,如安装防滑链等。

(2)遇有障碍物,要提前缓打方向盘,避过障碍物后,慢慢回正方向盘,绝不允许猛打方向盘。会车时,也要提前打方向盘。

(3)行车间距比一般路面上行驶时的间距应更大,一般不得小于 50 米。

(4)遇情况可利用点刹,使拖拉机减速,绝对不允许急刹车。

(5)任何时候不允许脱档滑行。

(6)在冰雪道路上停车,应选择有利于重新起步的停车地点,如停留时间较长,要注意检查轮胎是否会与地面冻在一起。

(七)通过铁路、桥梁、隧道安全驾驶

(1)通过铁路:通过有看守人的铁道路口时,如观察到道口栏杆关闭或红灯亮或看守人员在示意停车,必须将拖拉机停在停止线以外或距离铁轨 5 米以外;通过无人看管的铁道路口时,要尽其所能朝两边看一下,确认无火车通过时,再低速驶过铁道路口。

万一拖拉机停在铁道路口上时,要沉着处理,或是尽快设法将拖拉机移出铁轨,或是沿铁轨朝迎火车开来的方向迅速跑动,以便及时设法让火车紧急制动停车。

(2)通过桥梁:靠右边,低速平稳地通过桥梁。如同时有几辆拖拉机过桥,过桥前可根据桥头附近的过往车辆装载吨位限制和车速限制,决定是否要加大行车间距或是逐个通过。避免在桥上换档、制动和停车。

过木桥或窄桥时,要停车察看一下,认为安全后,也要尝试着慢慢通过,注意有无异常声响和桥面变形情况,并准备随时停车。

过窄桥之前,如对面来车准备过桥,应主动靠右停车,待对方过桥后,再行通过。

(3)通过隧道:过隧道之前,注意检查拖拉机装载高度是否超出隧道的限高。通过隧道时,打开灯光,鸣喇叭,低速通过。

(八)特殊气候下的道路安全驾驶

(1)风沙和雾天气候下的驾驶:出现风沙和雾天时,主要是能见度低,视线不良,因此应注意:

①降低车速行驶,一般时速不要超过 20 公里。

②开小灯,示意车宽,并多鸣喇叭。

③如果能见度太低,应找合适的地方停车休息,待风沙或大雾消散一些,再行驶。

(2)雨雪天驾驶:雨、雪天驾驶,由于视线不良和路面较滑,因此应注意:

①一般时速不准超过 20 公里。

②遇有障碍物或会车时,均应提前减速避让。

③转弯要缓打方向盘。

④禁止急刹车。

⑤雨天,行人慌忙躲雨,雪天,行人和自行车容易滑倒,所以行车时要随时准备减速停车。

(3)酷暑天驾驶:酷暑天,气温燥热,加上拖拉机发动机的高温烘烤,极易引起驾驶员情绪的烦躁和疲劳,因此要注意途中休息。由于机体温度高,润滑条件较差,机件磨损加剧,所以也要注意停车休息,利用发动机风扇,使机身逐渐降温,但不可马上使发动机熄火,更不能用冷水直浇使发动机降温。经常注意检查和添补蓄电池电解液(加蒸馏水)。

(九)其它的安全驾驶规定

(1)严禁酒后开车。酒后开车,由于酒精对人心理和行为的不利影响,会使饮酒后的驾驶员判断情况不准,色彩分辨不清,操作错误增加,尤其是对人的反应能力影响很大。饮酒后人的反应速度降低,反应时间增加2～4倍,故应严禁酒后开车。

(2)严禁机组带病作业。机组技术状态不佳,潜伏故障隐患,关键时刻会突然爆发出来,造成事故。所以,应保持机组良好的技术状态,并经常检查,消除事故隐患。

(3)严禁陡坡横向耕作或横坡行驶。这是因为在陡坡横向耕作或横坡行驶时,易发生侧翻事故,故应严格禁止。

(4)严禁用铁轮在公路上高速行驶。

(5)严禁加油时吸烟及用明火烤车、烤油,以防失火。

(6)严禁超速、超载或串连拖车。拖拉机的速度和装载量是有严格规定的,如果超过允许使用范围,将使各部零件受力超过限度,造成严重损坏或加快磨损,严重影响机车的使用性能及使用寿命。

超负荷作业时,由于气缸内进气量一定、供油量增加而产生不完全燃烧,既消耗了燃油又污染了环境,同时对机车的动力性、经济性也有不良影响。

　　超速、超载工作,会增加行驶中的惯性力,增大制动距离,一旦拖车的制动不能稍先于拖拉机,则会由于拖车巨大的惯性力而顶撞拖拉机,容易造成翻车,对安全的威胁极大。

　　串连拖车,增大了机组长度,操纵性能变差,转弯时拖带过长,易发生事故。所以,只许"一车一挂",并装好保险防护链条。

　　(7)禁止在驾驶中吸烟、饮食和闲谈,以免分散驾驶员的注意力,且烟雾妨碍视线,降低行车的安全性。

　　(8)严禁非驾驶员开车。非驾驶员一般不掌握驾驶拖拉机的必备知识和技能,他们一遇险情常心慌意乱,同时会因为技术经验差而错误操作,出事故的机会较多。因此,要严格禁止。

　　(9)在患有妨碍安全行车的疾病或过度疲劳时,不准驾驶车辆。驾驶员应该是体格健全、身体健康的人,如患有某些妨碍行车安全的疾病,如手脚畸形、色盲(尤其是红绿色盲)、夜盲、立体盲等,因为手脚畸形的人不便于操纵拖拉机,色盲患者不易辨清红绿灯,夜盲患者不能在夜间辨别路面障碍物,而立体盲则是近年来才发现的一种盲症,这种患者的立体视觉缺失,不能正确感受外界立体空间,对交通安全造成的危险比色盲和夜盲还要严重。即使是正常人,一旦患有如眼疾、手脚受伤等疾病,也不准驾车,否则极易造成交通事故。

　　人在长时间或高强度工作情况下,大脑皮层细胞损耗过多,又由于不能及时休息和睡眠使大脑皮层细胞得到恢复,这样,人的生理机能下降,表现出头昏脑胀,身体乏力,困倦思睡等现象,这就是疲劳。车辆驾驶工作枯燥单调,劳动条件差,作业时间较长,而操作技能又要求较高,因此,驾驶员在驾车中易产生疲劳。疲劳对安全有很大威胁,它影响人的正确判断能力和反应能力(包括反应的正确性、准确性、灵活性和反应速度)。常常有这样的情况,驾驶员由于过度疲劳,以致行车时打瞌睡,丧失对车辆的控制能力,导致翻车、撞车,造成重大伤亡事故。

另外,还需指出,一旦驾驶的拖拉机发生了事故,驾驶员必须立即停车,保护现场,设法抢救伤者(如需移动现场物体时,须设标记),并及时报告当地事故处理机关,听候处理。

四、拖拉机田间作业安全驾驶

(一)出车前的准备

拖拉机田间作业之前,除完成"出车前的准备和起动"的全部内容外,还需做到:

(1)出车作业前,应勘察道路、地块和田块间的道路情况,多数情况下,要在田块间、地头处做些填平沟渠和推平高埂等道路准备工作,对大坑洼、暗沟和水池等处要作好标记,并注意所做标记也能在光线暗淡的情况下加以识别。因许多时候拖拉机要工作到很晚才能返回。

(2)认真检查机具的技术状态,检查拖拉机和农具的联接是否牢固。

(3)根据拖拉机的情况及作业的农艺要求,正确、合理地编配作业机组。认真做好作业次序、行车路线的计划安排。

(4)动力输出轴上装有联轴节时,必须拆下联轴节。

(5)水田作业时,拖拉机发动机上的加油口和各检视窗口、制动器、电气设备等应有防水、防泥的措施,以免各部件因泥水进入而造成损坏。

（6）收获作业时，拖拉机排气管口要装有火星收集器。

（二）田间道路安全驾驶

一般田间道路狭窄，凹凸不平，拖拉机因颠簸厉害而难于驾驶，且牲畜和非机动车辆多，加上多数农民不太懂交通法规，给拖拉机安全行车带来一定困难。因此，驾驶员应做到：

（1）低速耐心驾驶。通过凸凹路面时，要保持正确的驾驶姿势，上身紧贴靠背，两手紧握方向盘，以免身体随车跳动。尽量保证油门位置相对固定。遇大坑洼和槽沟时，应减小油门驶入，待车轮滚入沟底时，再加大油门驶出。遇较大凸形地面时，驶上凸形地面前适当加大油门，下滑时，迅速减小油门，利用惯性溜下。

（2）遇行人、牲畜要减速行驶，并随时准备制动停车。对牲畜或畜力车尽量不要鸣喇叭，以免牲畜受惊失控。

（3）遇汽车时，拖拉机应让道行驶。

（4）行驶途中，不允许在悬挂机械上放置重物或坐人。

（5）拖拉机所带农具大或多时，通过乡镇、路口和行人多的地区时，要有人在机组后面护行。

（三）田间作业安全驾驶

田间作业安全驾驶，除包括前面所述"道路安全驾驶"的内容外，要特别强调以下内容：

（1）根据地块情况和农艺要求，选择合适的田间作业行走方法，以提高工作效率。

（2）作业中转弯或倒车之前，一定要使已经入土的农具工作部件升出地面，然后再转弯或倒车，以免损坏农具或造成人员伤亡事故。

（3）在地面起伏较大的地块上作业时，要勤检查农具与拖拉机连接处是否有松动或脱落。

（4）如果农具上需要有农具手配合工作时，在拖拉机驾驶员和农具手之间要有联络信号的装置，以免因动作失调而出现事故。

（5）绝对不许在悬挂机具升起而又无保护措施的情况下，爬到悬挂机具的下面进行调整或检修工作。

（6）有两名驾驶员交替驾驶拖拉机作业时，在田头处休息的那名驾驶员不允许睡觉，尤其是夜晚更不能如此。

（7）带悬挂农具的拖拉机，如暂停时间较长，应将悬挂农具降落到地面，这样可保护液压悬挂系统和防止意外事故发生。

五、驾驶员的培训和考核

拖拉机除了从事田间和公路运输作业外，还要配带相应的各种农具从事不同的田间作业，一名拖拉机驾驶员也常常是其它农业机械的驾驶员，一人承担多种任务。因此，要想成为一名合格的拖拉机驾驶员，必须经过严格的培训，掌握一定的理论知识和基本的驾驶操作技能，通过考核，取得驾驶执照。

（一）怎样才能成为一名拖拉机驾驶员

1. 驾驶员的自身条件

（1）年满 18 周岁。一些地方农机监理部门还规定了最高年限为 40 周岁，这是考虑到驾驶拖拉机从事田间作业劳动强度大，作业环境差，易发生事故。

（2）具有初中或相当于初中文化程度。

（3）身体健康。经指定医院进行身体常规检查合格，尤其重视对视力（包括辩色能力、视野宽度）和听力的检查。身高要在 160 厘米以上。

2.拖拉机驾驶员的分类 拖拉机驾驶员分为:

(1)学习驾驶员(或称学员):从报名学习理论知识和基本驾驶操作技能开始,进行培训期间的学员。

(2)实习驾驶员:培训结束经考试合格后,发给签有"实习期"的驾驶证,学员此时即转为实习驾驶员。实习期一般为半年,这期间,驾驶员可单独驾驶拖拉机。

(3)正式驾驶员:实习期间没有发生违章行为,期满后,即可换取正式驾驶员证,成为一名正式拖拉机驾驶员。

拖拉机驾驶员证分为:

(1)轮式拖拉机驾驶证:包括大、中型轮式拖拉机、小四轮拖拉机及手扶拖拉机驾驶证。

(2)履带式拖拉机驾驶证:包括推土机、平地机等驾驶员证。

3.学员报名手续

申请人需持单位、个人证明,向当地农机监理部门提出申请,领取并填写《拖拉机驾驶员登记表》,经审核,具备条件后,即发给有效期为 1 年的《中华人民共和国农用拖拉机学习驾驶证》,至此,即成为学习驾驶员,以学员身分参加拖拉机驾驶员培训班进行系统学习。

大中型拖拉机驾驶员的培训期一般不少于 4 个月。

4.驾驶员的培训和考核 具体内容将在后面介绍。

5.驾驶员的审验和违章处罚

(1)审验:是针对已经获取驾驶证的驾驶员的一种例行的安全教育措施,每年一次,它包括对驾驶员的政治态度、思想品德、组织纪律、道德作风、身体状况以及工作日记和各种证件等的审验。

对无故不参加审验的驾驶员,发出警告,逾期仍不参加审验者,给予延审或吊销执照的处分。

(2)违章处罚:对违反交通管理条例的拖拉机驾驶员有四种处罚:警告,罚款,拘留,吊扣驾驶证。吊扣驾驶证的处罚可以单处,也可以与其它处罚并处。

6.驾驶员的准驾、增驾与异动

(1)准驾:指学员经过学习和考试之后,获得准许驾驶拖拉机的资格证明。一般是一次学习一种机型,然后考相应机型的驾驶证。

(2)增驾:指学员经过考试,取得所学机型的驾驶证之后,因工作需要,可增报另一种机型的驾驶考核,即称之为增驾。

申请增驾者需持本人当年审验合格的驾驶证和需要增驾的拖拉机行驶证及所在单位证明,到当地农机监理机关填写《驾驶员申请增驾登记表》。经审核同意后,发给增驾学习证,进行学习,学习时间相对较短,考试时免考理论科目。

(3)异动:一是指驾驶员的工作调动,如从甲地调往乙地,不必更换原证件上的地址与单位,而在异地记录栏里注明新单位即可,这也称为"转籍"或"过户"。二是指原单位名称更改或本地区小范围内的工作调动,在异动栏里记录服务单位的新名称,这也称为"变更"。

(二)拖拉机驾驶员的培训和考核

拖拉机驾驶员的培训内容分为理论学习和驾驶实践两大部分。理论学习包括交通法规和机械常识,驾驶实践包括基本驾驶操作技能,场内驾驶和公路驾驶。因此,驾驶员通过书面答卷形式参加理论知识部分考试,通过桩考和路考完成驾驶实践的考试,考试合格后,即可获取相应的驾驶执照。

1.道路交通规则

(1)道路交通规则概述:交通规则是国家法律的一种,是社会治安管理的重要组成部分。《中华人民共和国道路交通管理条例》(1988年3月9日由国务院颁布)即为道路交通规则。另外,各地还有根据当地实际情况颁布的附加规则。《中华人民共和国道路交通管理条例》中包括交通信号、交通标志和交通标线、车辆、车辆驾驶员、车辆装载、车辆行驶以及处罚等内容(大部分内容已在安全驾驶中讲述,此处不再赘述)。

(2)交通标志:交通标志是交通规则的重要组成部分。它分为主标志和辅助标志两大类。主标志又分警告标志(警告车辆、行人注意危险的标志)、禁令标志(禁止或限制车辆、行人交通行为的标志)、指示标志(指示车辆、行人行进的标志)和指路标志(传递道路方向、地点、距离信息的标志)四类;辅助标志设在主标志下起辅助说明作用。

与拖拉机行驶有关的道路交通标志图见附录Ⅱ。

2.机械常识　机械常识即有关拖拉机的构造,原理及正确操作等内容。本书第一、二、三章已作了介绍。

3.桩考　桩考是驾驶实践考核中的场内驾驶考试。场内驾驶是在有一定设施和障碍的场地内,训练学员关于拖拉机发动、起步、转向、倒车、制动、停车和通过障碍等方面的基本操作技能。通过学习、训练,培养学员的判断能力、目测能力及适应环境的能力。

场内驾驶考试(或桩考)是指在场地上树立桩杆,拖拉机按一定的要求穿杆或倒退移库行驶,以考核驾驶员正确驾驶机车的技能。

大中型轮式拖拉机可以带挂车进行考核,也可以不带挂车进行考核。

(1)大中型轮式拖拉机带挂车考桩:如图5-1a、图5-1b所示的行走路线,拖拉机从桩杆①和②之间进入,按图上箭头所指方向穿桩行驶，从桩杆②和③之间驶出。

如有下列情况之一者为不及格：

①途中停车。

②熄火。

③车速不稳或使用离合器半联动。

④压线。

⑤未按规定路线行驶。

一次失误可再考一次，两次失误须重新安排补考。

（2）大中型轮式拖拉机不带挂车考桩，考桩示意图参见图5-2所示。

4.路考　路考是对驾驶员实践中道路驾驶的考试。通过道路驾驶的训练，可以增加学员在公路上的实际驾驶知识，提高行车中的适应性和应变能力。也可以称之为是一种"实战"训练。

路考是一项综合性的考验，一般选择路面情况比较复杂的路段进行，正常情况不少于3千米。在所选路段内，考试者要进行起步、变速，穿越障碍、过十字路口、左右转弯、调头倒车，停车、熄火等驾驶操作过程。其具体内容和要求是：

（1）起动：起动前，按照例行保养（班保养）规定项目，做好出车前的准备和检查工作，才能起动柴油机。

（2）起步：用高Ⅰ档、中油门平稳起步，不允许有冲击、震抖或熄火现象。

（3）换档：要在行进中及时、准确、迅速地完成换档操作，不能使齿轮发出冲击响声。

（4）目标停车：将机车平稳地在定点目标停住。驾驶员肩部应与定点相齐平，前后不得超过0.2米。

（5）公路调头：要求一次顺车完成调头，在道路条件不许

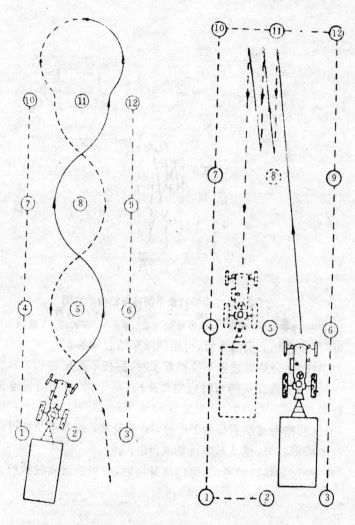

图 5-1a　大中型轮式拖拉机带
挂车公路桩考穿桩示
意图

图 5-1b　大中型轮式拖拉机带
挂车公路桩考移库示
意图

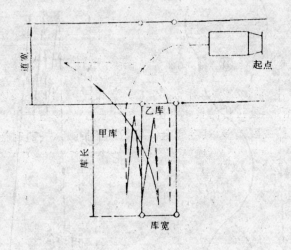

图 5-2 大中型拖拉机不带挂车桩考示意图

○ 桩位 ── 边线 ⇢ 前进线 → 倒车线

库长──2 倍车长 库宽──车宽加 60 厘米 道宽──车长的 1.5 倍

可时,经考核人员同意后,可用倒顺车结合调头。

(6)在公路斜坡停车换档起步时,后移不得超过 0.5 米。

(7)公路调头转弯时应用低速档(高Ⅰ档)小油门慢速前行。

(8)路考成绩满分为 100 分,70 分及格。路考不及格可缓补考或即补考,视实际项目要求而定。

经过上述四种考试,每门都及格后,方可领得驾驶执照。

第六章　拖拉机常见故障及其排除方法

随着拖拉机工作量(如作业亩数、作业小时或运输里程)的增加,拖拉机的技术状况将逐渐恶化,致使拖拉机工作能力降低,故障增多,甚至完全停止工作。因此,认真研究拖拉机技术状况变化的规律,采用科学的故障诊断方法,及时发现、判断和正确排除拖拉机故障,这是保证拖拉机作业安全,发挥拖拉机效能,提高拖拉机运用、保养、维修水平的重要手段之一。

一、拖拉机故障现象及其原因

所谓拖拉机故障是指拖拉机或总成、机构、系统部分或完全丧失工作能力的现象。拖拉机在使用过程中,由于其技术状况变坏,工作能力下降,拖拉机故障也就随之发生。因此,要了解拖拉机故障现象及其原因,首先应从分析拖拉机技术状况的变化规律及其影响着手。

(一)拖拉机故障的变化规律

在拖拉机使用过程中,随着其作业量的增加,技术状况的恶化,最终将使拖拉机的动力性下降、经济性变坏及可靠性降低,并相继出现种种外观症状,其中主要有:

(1)拖拉机最大装载量(或牵引力)降低。

(2)运输加速时间与加速距离增加。

(3)燃油与润滑油消耗量增加。

(4)制动迟缓、失灵。

(5)转向沉重。

（6）作业中出现振抖、摇摆或异常声响。

（7）排烟增多或有异常气味。

（8）作业中因技术故障而停歇的时间增多。

以上这些外部症状既表明拖拉机工作能力的部分或完全丧失，又反映拖拉机故障的存在。

拖拉机故障与拖拉机作业时间的关系，即拖拉机故障变化规律，可以分为三个阶段：早期故障期、偶然故障期和耗损故障期，如图 6-1 所示。

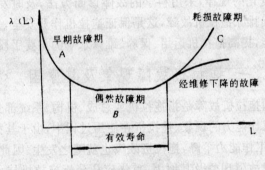

图 6-1　浴盆曲线

图中曲线 A 段为早期故障期，相当于拖拉机的试运转阶段，故障率随作业量增加而下降，在开始时零件故障率高，随后逐渐降低，其原因主要是制造或修理工艺、材料质量等所引起的。

曲线 B 段为随机故障或称偶然故障期，其故障的发生是随机的，没有一种特定的故障起主导作用，其主要原因是使用不当，操作疏忽，管理不善，润滑不良，维护欠佳等原因所引起的。

曲线 C 段为耗损故障期，故障率随作业量的增加而不断升高，最后出现大量故障，其主要原因是由零件疲劳老化、磨损所引起的。

（二）拖拉机故障现象的特征

拖拉机的故障现象可以用反映拖拉机故障变化的故障状态信号来表示。当拖拉机工作异常时，拖拉机出现的典型故障状态信号有以下五种：

1. 渗漏　是一种比较直观的故障信号，它主要是由于机件的磨损、腐蚀、裂纹等因素所造成的，例如散热器、气缸冷却水套的渗漏。

2. 裂纹　零件表面的裂纹。

3. 腐蚀　零件产生腐蚀后，几何尺寸将减薄。

4. 异常振动　振动是旋转机件工作异常的信号，如发动机的曲柄连杆机构、水泵、油泵、传动轴、齿轮和车轮等工作中产生的故障，常可发出异常振动信号。

5. 异常声响　异常声响信号可以显示发动机曲柄连杆机构、配气机构以及传动系的齿轮、轴承等的故障。

拖拉机的故障信号又可用拖拉机在运行过程中反映拖拉机的各种各样技术状况信号来表示。拖拉机的技术状况信号，一般可以分为以下五种：

1. 机械信号　在拖拉机工作过程中，由于机构的运动，会产生一系列动作状态变化的信号，如振动、声音以及由此派生的温度等信号。

2. 电磁信号　拖拉机的电气设备，如发电机、起动电动机、照明灯、电喇叭等，它们在工作时会发生电流、电压、磁感应密度和部分放电等电、磁信号。

3. 温度信号　发动机的冷却系、润滑系以及传动系统中的变速器、中央传动等总成，在工作过程中会随时显示它们的温度状态。

4. 压力信号 发动机的润滑系机油压力、进气歧管的真空度、气压制动系统压力等,都以压力信号的形式显示它们的工作状态。

5. 化学信号 机油中化学元素(铁、铬、铅、硅等)的含量,和发动机废气中一氧化碳、碳化氮、碳烟含量的变化,都以其化学信号的形式显示它们工作的状况。

当上述技术状况信号随着技术状况恶化,其信号值超出了一定的允许值时,拖拉机故障的现象就随之发生,如机油压力过低、水箱开锅、照明线路断路等。因此,拖拉机故障现象是拖拉机技术状况变坏的一种典型表现。

由于拖拉机丧失工作能力的速度、程度、范围以及影响等方面的差异,拖拉机的故障现象还表现出不同的类型。

1. 在拖拉机丧失工作能力的程度方面

(1)致命故障:危及拖拉机作业安全,引起主要总成报废或对环境造成严重影响,而造成重大经济损失的故障。如发动机报废,转向节臂断裂,制动管路破裂,操纵失灵等。

(2)严重故障:可能导致主要零部件、总成严重损坏,且不能用更换易损备件和用随车工具在较短时间内排除的故障。如发动机缸筒拉缸,后桥壳裂纹,操纵轮摆动,曲轴断裂等。

(3)一般故障:使拖拉机工作性能下降,但一般不会导致主要零部件、总成严重损坏,并可用更换易损备件和用随车工具在较短时间内排除的故障。如风扇皮带断裂使发动机冷却系停止工作,从而使拖拉机停止工作。

(4)轻微故障:一般不会导致工作停止和性能下降,不需更换零件,用随车工具在短时间内能排除的故障。如轮胎气门芯渗气,车轮个别螺母松动,离合器因调整原因分离不彻底,变速器侧盖渗油等。

2. 在使用中故障形成的速度方面

(1)渐进性故障:拖拉机或其机构由正常使用状况转化为故障状况是逐渐进行的。在转化为故障状况之前,表征拖拉机或其机构技术状况的参数是逐渐变化的。

(2)突发性故障:是指拖拉机在发生故障前没有任何可以观察到的征兆,故障的发生是突然的。

3. 在拖拉机丧失工作能力的范围方面

(1)完全故障:是指拖拉机完全丧失工作能力而不能作业的故障。此类故障是由于拖拉机或其零件、部件在正常工作状态下突然停止功能造成的。如制动管路爆裂、转向节臂折断等零部件故障均导致整机或子系统突然丧失功能形成完全故障。

(2)局部故障:是指拖拉机部分丧失工作能力,即降低了使用性能的故障。拖拉机或其子系统的工作特性随着时间的延长而逐渐降低,当达不到规定的功能时即形成故障。如摩擦副的磨损,弹性件的硬化,油料的变质等都会使拖拉机性能或部分性能下降。

4. 在使用中性能的影响方面

(1)功能性故障:这类故障的出现常常伴有某些功能上的丧失或不完善的故障。如发动机发动不着,轮式拖拉机制动跑偏等。这类故障的特点是两个或者三个故障现象决定一个故障部位,并且这类故障现象很容易被拖拉机驾驶员发现。

(2)伴随性故障:由于拖拉机技术状况发生变化后而伴随出现的一种故障现象。如发动机异响,传动系异响,发动机过热等。

(三)拖拉机故障现象的原因

1. 拖拉机技术状态恶化的原因　通过上述拖拉机故障的

变化规律及故障现象的分析可知,拖拉机故障形成主要是由于拖拉机在使用过程中技术状况恶化的结果,即由于拖拉机技术状况变坏,达不到规定的功能或失去正常工作性能的现象。因此拖拉机故障的原因分析就必须从拖拉机技术状况变坏的原因分析着手。

拖拉机技术状况变坏的根本原因是在拖拉机工作过程中随着作业量的增加,组成拖拉机总成、系统、机构的零部件原有尺寸、几何形状及表面质量发生了变化,破坏了零件之间的配合特性和正确位置。这种状态变化的主要原因有:相互摩擦零件间产生自然磨损;与有害物质相互接触的零件被腐蚀;零件长期在交变载荷作用下产生疲劳,零件在外载荷、温度、残余应力作用下发生变形;橡胶及塑料等非金属制品零件和电器元件因长时间工作而老化;使用中由于偶然事故造成的零件损伤等。

由于构成拖拉机总成、机构、系统的零件中表面相互运转的配合件非常多,因此拖拉机大多数故障是由于零件磨损引起的。

2. 配合零件磨损特性曲线 拖拉机上两个相配合零件的磨损量与其使用时间之间的关系,可用磨损特性曲线来表示,如图 6-2 所示。由图可以看出,零件的磨损规律可以分为三个阶段:

第一阶段是零件的试运转期(ak_1)。这一阶段的特征是在较短的时间内,零件的磨损量增长较快,当配合件经过试运转之后,磨损量增长速度开始减慢。零件在试运转期的磨损量主要是与零件表面加工质量及试运转期的使用情况有关。

第二阶段为零件的正常工作期(k_1k_2)。这阶段特征是零件的磨损量随拖拉机使用时间的增加而呈缓慢增长趋势。这

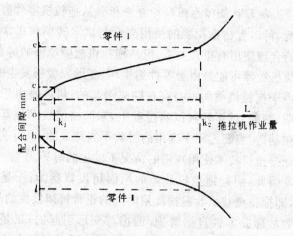

图 6-2 配合件的磨损特性曲线

是由于零件已经过了初期试运转阶段,工作表面的凸出尖点部分已经磨掉,零件表面已经试运转得比较光滑,而相配合零件之间的间隙仍处于允许限度之内,润滑条件已相当改善,所以此阶段磨损量的增大是缓慢的,即在较长时间内相配合件的间隙增大不多,就整个期间的平均情况来看,其磨损强度(单位时间内的磨损量)基本上是不变的。在正常工作阶段中,零件的自然磨损取决于零件的结构、材质、表面硬度、运用条件及运用情况。就运用方面来说,如果运用得合理,拖拉机就能保持良好的技术状况,自然磨损期相应延长。

第三阶段是零件的加速磨损时期。其特征是:相配合零件间隙已达到最大允许使用极限,磨损量急剧增加。由于间隙增大,冲击负荷增大,润滑油膜难以维持,从而使磨损量急剧增加达到一定程度时,将出现故障,异响、漏气,甚至失去工作能力。若继续使用则将由自然磨损发展到事故磨损,使零件迅速损坏。

3. 拖拉机故障原因的综合分析　从拖拉机零件磨损规律分析,可以看出拖拉机的使用寿命与试运转期和正常工作期内的合理使用有很大关系。但从拖拉机故障原因的综合分析,拖拉机故障可能是由于零件的损坏、变形或磨损发生的;可能是由于拖拉机结构本身存在缺陷引起的;可能是由于零件在制造、装配、试运转和试验过程中,未严格按技术规范进行或是在制造、装配过程中选用的材料不当造成的;也可能是在不遵守拖拉机技术使用规则的情况下发生的等等。

因此,引起拖拉机故障的原因可以概括为:一是自然因素,即拖拉机技术状况按使用时间的正常规律发生的故障,大多数故障是零件自然磨损、蚀损与变形引起的;二是人为因素,即由于人为因素在拖拉机设计、制造、使用保养中造成的故障,如设计制造的个别缺陷;驾驶操作违反规程;不合理使用;超载;不执行强制维护,维修质量不高;使用劣质配件或燃油、润滑材料不符合规定等。

(四)影响拖拉机技术状况恶化的因素

1. 载荷的影响　拖拉机超载,零件的磨损速度迅速上升。因为超载使各总成的工作负荷增加,工作状态不稳定;发动机处于高负荷且在不稳定情况下工作,造成冷却系水温和曲轴箱内的机油温度过高等。这一切均使发动机磨损量增大。

2. 燃油、润滑材料品质的影响

(1)燃油品质的影响:柴油品质的好坏对发动机零件磨损影响很大,如柴油中重馏分过多,造成燃烧不完全而形成积炭,使气缸磨损增加,同时容易堵塞喷油嘴,破坏发动机工作。

柴油的粘度对喷油泵柱塞磨损也有影响。粘度过低时,柴油的润滑作用降低,加速柱塞偶件的磨损。

柴油的十六烷值,影响发动机的起动性和工作平稳性,选择不当,将使起动困难并使工作粗暴,工作粗暴将增加发动机的冲击载荷,加剧机件的磨损。

当柴油中含硫量由 0.1％增加到 0.5％时,柴油机气缸和活塞环的磨损量将增加 20％～25％,柴油机的铜铅合金轴瓦也将加速蚀损。因此,国家规定柴油含硫量不得超过 0.1％。

(2)润滑材料品质影响

①机油:机油品质对发动机磨损的影响主要与其粘度、粘温性和抗氧化性能有关。

机油的粘度过大,则流动性差,在低温起动发动机时,不易到达摩擦表面,使润滑条件变坏,加速发动机磨损。若粘度过低,则润滑系统的油压过低,机油供应不足,不能形成可靠的油膜,易出现半干摩擦状态,同样会加速发动机的磨损。

机油的粘温性好,不仅在低温起动发动机时,能保证机油较快地流入各润滑部位,而且当发动机温度变高时,又能使其粘度不致变得过小而失去可靠的润滑,大大降低发动机的磨损。

机油抗氧化性能差时,在使用过程中会逐步变质,形成沉淀、积炭、漆膜。沉淀会影响机油在润滑系内的通过能力,即易堵塞油道、油管和滤清器等,破坏润滑系统的正常工作。积炭是热的不良导体,燃烧室、活塞顶上若覆盖了积炭,便使零件过热,发动机易产生异常燃烧。漆膜会粘附在活塞环上,降低其弹力和活动性,甚至使活塞环卡死,刮伤气缸。

②润滑脂:在使用润滑脂润滑时,要注意合理选择不同牌号的润滑脂,不可随意滥用。同时要注意清洁,不可混入灰土、砂石或金属屑等杂物,以防增加机件磨损,降低润滑脂的润滑作用。

3.零件质量的影响　零件质量是指零件结构设计的合理

性、零件选材的优劣以及零件的加工质量等方面，这是零件使用寿命长短的基础。现代的拖拉机在零件结构设计合理性问题上作了周密考虑。在制造工艺方面力求采用最新技术，努力提高加工质量。选材方面，合理地考虑了材料的硬度、强度及耐磨性。

4. 驾驶技术的影响　驾驶是否按照操作规程要求进行，直接关系到机件的使用寿命。正确的操作方法应为：冷摇慢转、预热升温、及时换档、轻踏慢抬、掌握温度、避免灰尘等。这是延长拖拉机使用寿命的有效办法。驾驶中要注意发动机的工作温度是否正常，润滑状况是否良好，换档要及时轻快，减少冲击载荷，等等。

5. 维修质量的影响　及时地和高质量地维护拖拉机是减少零件磨损、延长拖拉机使用寿命的关键。如能依照维护周期、作业项目、技术要求，定期进行调整、紧固、检查、润滑，及时排除故障等，不但能保持拖拉机的完好技术状况，且能减少零件的磨损，延长拖拉机的使用寿命。

二、拖拉机故障的诊断原则及其方法

所谓诊断是指在不解体条件下确定拖拉机技术状况，查明故障部位及原因的检查。诊断不仅要求能判别拖拉机技术状况合格与不合格，以控制拖拉机状况，而且要求在一定程度上定量地确定拖拉机各机构、系统、总成、零件的技术状况，以便掌握它们的损坏规律，发现并及时排除故障，保持或恢复其良好的技术状况和使用性能。

(一)拖拉机故障的诊断原则

拖拉机故障的诊断原则为：搞清故障现象，联系构造原理，具体分析检诊，尽量减少拆卸。

1. 搞清故障现象　拖拉机故障诊断时,首先应尽可能完整地搜集故障现象,更多地了解拖拉机的技术状况。

故障现象是一定的故障原因在一定工作条件下的表现。当变更工作条件时,故障的现象也会随之改变,而且只有在某一种技术状况下故障现象的表露最为明显。因此,只要不危及安全,加剧故障,就应争取变更发动机或拖拉机的工作规范,运用经验检查的各种手段,了解故障现象在不同条件下的表征情况,以及较全面搞清故障现象。在分析综合性故障时,尤其要注意这一点。

2. 联系构造原理,分析故障原因　在搞清故障的基础上,要联系拖拉机各部构造和工作原理,大致分析出故障的原因。

由于不同机型的各部结构差异,以及各部件类型与工作原理的差别,使产生故障的部位或构造上薄弱环节各不相同,在某些部位产生故障的常见原因也不尽相同。因此,在分析故障现象时,必须注意联系本机型各部的构造和工作原理。例如,由于各种不同性质的响声产生的原因不同,所以发声部位、响声特征、出现时机和变化规律等都不同,这是区别各种不同性质响声的特殊依据。

3. 分析故障尽量减少拆卸　盲目的乱拆乱卸,或者由于思路混乱与侥幸心理而轻易拆卸,常会带来不良后果,并可能引起新故障。因此,故障诊断要贯彻“由表及里,从简到繁”的原则,尽量不拆卸或少拆卸。

(二)拖拉机故障的诊断方法

所谓诊断方法是指诊断时所采取的诊断手段、诊断的对象和诊断的过程等三个基本内容。

1. 拖拉机故障诊断的基本手段　拖拉机故障诊断,目前国内采用的方法有以下两种:

(1)人工直观诊断法:人工直观诊断法,又称为感观法,即借助于检测人员的感官和相当简单的技术装备,如"听诊器"、扭力扳手等进行检查的方法。这种诊断法可以概括为看、听、嗅、摸、试、问六个字。

看,即观察发动机的排烟颜色,发动机的异常动作和拖拉机各总成渗漏情况等。

听,即听其声响,如异常声响发出的部位,声响轻重等。

嗅,即用鼻闻拖拉机在运转中散发出的某些特殊气味来判断故障之所在。这对诊断电系线路、摩擦衬带等处常见故障简便有效。

摸,即用手感触试可能产生故障部位的温度、振动情况等,从而判断出轴承是否过紧,制动有否拖滞、供油管道有无脉动等。

试,即试验验证。用试车的方法去验证故障的部位;用单缸断油法判定发动机异响的部位;用更换零件法来证实故障的部位等。

问,即调查。除驾驶员诊断自己所驾机车外,任何人在诊断前必须问明情况,包括机车已作业的小时(或作业亩、运输里程)、作业的环境条件、近期的维护情况、故障发生前有何预兆,是突变还是渐变等。

总之用人工直观法诊断故障,能通过"六字"方法,先搞清故障征象,后通过具体分析,从简到繁、由表及里、按系分段、逐步推理,诊断出故障之所在。

(2)现代诊断法:现代诊断法,也称为仪表法。这种诊断法是在拖拉机及其总成不解体条件下用测试仪表与检验设备来确定拖拉机或总成的技术状况和故障,并尽可能以室内检验设备模拟作业条件来代替实际作业情况的一种科学诊断方法。正是由于诊断故障的速度快、准确、不需解体、能发现潜隐故障，并且省时省工，因此现代诊断法具有明显的优点。

2. 拖拉机故障诊断的基本过程　　不论采用感观法还是仪表法，其诊断的基本过程是：首先要求拖拉机处于或接近实际工作的状况，然后对拖拉机工作过程的参数（如发动机功率、油耗、制动距离等）和伴随工作过程所表现出来的参数（如发热、噪声、振动等）进行测量，再将测得的参数与原始参数的额定值、允许值和极限值进行分析、比较，最后对所检验的拖拉机、总成或系统等的技术状况和故障作出正确的结论。

为了尽快找到故障的原因，可以根据拖拉机具体的系统或机构的情况，采用顺源或逆源的诊断形式。例如轮式拖拉机气压制动失灵故障的诊断，可以采取顺源诊断形式，即按照制动系统的组成，首先由空气压缩机开始，然后按系统逐步检验贮气筒、控制阀、管路及接头、制动气室，最后检查制动蹄与鼓的状况。又例如，对于磁电机点火系火花塞断火故障的诊断次序，则可采用逆源诊断的方法，即首先检查火花塞跳火情况，然后依次检查高压线、磁电机的断电触点等。

在故障诊断过程中也可采用隔断、比较和验证等方法进一步确诊故障之所在。

隔断法：故障分析过程中，常需断续地停止或隔断某部分、某系统的工作，以观察故障征象的变化；或使故障征象表露得明显些，以便于判断故障部位或机件。分析发动机故障时，常用断缸法，即依次断续地使多缸发动机的某一缸停止供油，使某缸暂时停止工作，以便对该缸进行听诊，或者根据故障征象的变化，分辨故障是局部性的还是普遍性的。

比较法：分析故障时，如对某一零件有怀疑，可采用将零部件用备件替换或与相同件对换的方法，并根据故障征象的变化,来判断零部件是否发生故障和发生的部位。例如,当怀疑第 2 缸的喷油器发生故障时,可将它与另一缸的喷油器对换安装,若故障征象随之转移到另一缸,则表明原来装在第 2 缸上的喷油器有故障,如果征象不随之转移,则表明故障是由其它原因引起的。

验证法:其方法是对故障的某些部位或部件,采用试探性调整和试探性排除等措施,观察征象的变化,以验证故障分析的结论是否合乎实际。采用试探法措施,应注意减少部件拆卸,更应避免将部件分解为零件。进行试探性调整时,必须考虑恢复原状态的可能性,确认不致因此产生不良后果,并应避免同时进行几个部位或同一部位的几项试探性调整,以防互相混淆,引起错觉。

3. 拖拉机故障诊断的基本参数 对拖拉机故障诊断参数,一般采用以下二种选择方法。

(1)选择既能全面反映最复杂机构技术状况的变化又能大大简化诊断过程,带有综合性特征的故障症状的诊断参数。例如,测量曲轴箱窜气量、机油烧损量之类的诊断参数来判断发动机曲柄连杆机构的磨损情况,和发动机的功率、起动性能等方面的故障。

(2)选择能表现个别机构、系统、部件故障状态所特有征象(或称信号)的诊断参数。例如:

测量机构中摩擦力的损失,可确诊拖拉机传动系和行走系的技术状况,以及车轮轴承、制动器调整的正确程度。

测量机构和系统的热状况,可以确诊发动机润滑及冷却系统的工作能力,变速器、离合器的工作情况。

测量机构中配合零件和安装尺寸状况的变化,可查明机构的调整破坏情况和螺纹联接的强度。

测量系统和配合副漏气、漏油量,可以了解配合副如气缸活塞组件、配气机构气门的密封性,缸盖衬垫的完好情况。

分析机构工作时发生的噪声和振动,可以诊断发动机曲柄连杆机构、配气机构、传动系、车轮等的技术状况。

采样分析发动机和传动系中的润滑油,可以判明零件的磨损程度。

测量电气系统的电磁信号,如电流、电压、磁感应密度等,可以诊断电气设备、线路的工作状况,等等。

三、柴油发动机的常见故障及其排除方法

(一)柴油发动机的响声判断

在发动机工作中,内部发出不正常响声,主要是由于相互配合的零件磨损松旷或调整不当以及修理质量不高所造成的。发动机如有不正常的响声,不但会加剧机件磨损,甚至会造成事故性的损坏。因此,应及时进行正确的判断,以便采取必要的措施。

由于发动机产生不正常响声的因素很多,而且同一因素产生的响声,又因发动机温度的高低、负荷大小、转速快慢等因素而有所不同;在同一台发动机上,不同性质的故障反映出来的响声往往相似;或在不同的发动机上,同样性质的故障而反映出来的响声却不一样;加上正常声音和不正常的响声混杂在一起,因此,给我们正确的分析判断故障带来了一定困难,同时用文字准确的形容各种不正常响声的音调也是有困难的。实践经验告诉我们,要认识和掌握各种响声的规律,应从响声的部位、声音的大小和尖锐程度、温度高低、负荷大小、转速快慢等对声音变化的影响,去反复实践,认真分析,才能准确掌握。根据一般经验,发动机常产生的不正常响声主要有

以下几点：

1.活塞敲缸响

(1)现象

①在气缸体上部听到一种连续不断的金属撞击声。

②急速时响声清晰。多只气缸敲缸时，加速时响声噪杂。

③无负荷突然加速时声音显著，中速时一般不易听出。

④发动机温度低时，响声明显，温度升高后，响声减小或消失。

(2)原因

①活塞与缸壁的配合间隙过大，在作功瞬间，活塞受高压气体的压力作用，在气缸内发生摆动而撞击气缸壁发生响声，这是最常见的原因。

②活塞反椭圆，连杆弯扭，活塞销与衬套或连杆轴承与轴颈配合过紧(常发生在修理后初使用阶段)。

③供油时间过早。

(3)判断、排除方法

①使发动机稳定在敲缸最响的状态，将各缸依次停止工作(柴油机断油)，如某缸停止工作时响声大大减小或消失，即为该缸活塞敲缸。听的方法可在机油加油口，或在气缸体上部两侧用起子、金属棒或听诊器等物倾听。

②向可疑气缸内加 30～40 克机油，慢慢转动发动机曲轴4～5 转，约待 1 分钟后再起动，若刚起动后敲击声消失或大大减小，待数分钟后响声又起，即为该缸活塞间隙过大而产生敲缸。

③若将供油时间调迟后，如响声消失，则为点火或供油时间过早。

2.活塞销响

(1)现象

①在怠速或中速偏低时响声较明显清晰,高速时,混浊不清。

②发动机转速发生变化时,响声也随着变化。

③发动机温度升高后,响声不减弱,有时还会明显些。这是与敲缸明显的不同点。

(2)原因

①正常磨损,使活塞销、连杆衬套、活塞销孔配合间隙松旷。当发动机工作时,活塞销上下撞击连杆衬套或活塞销孔而发出响声。

②修理质量低,如对衬套及销孔铰削或刮削不平,经短期磨合后即松旷。

(3)判断、排除方法

①发动机怠速时,在机油加油口或用听诊器等接触气缸体中部细听,然后用断油的方法停止可疑气缸的工作,若停止某缸工作后响声减小或消失,当迅速使该缸恢复工作的瞬间,发出"哒"的一响声或连续两响声,即是活塞销响,但应多次试验。活塞销响在气缸的上中部比下部响声大。

②将供油时间延迟,响声减小,否则响声将变大。

确定活塞销响之后,应将连杆活塞组取下并分解,可视情况更换连杆衬套或更换加大尺寸的活塞销,经铰削后重新装配。

3.连杆轴承响

(1)现象

①响声在气缸体的下部,中速时响声清晰,有时怠速也很清楚,高速时响声激烈难以听清。

②突然加速时(由怠速转中速),有明显的连续敲击声,在

负荷情况下响声会加剧,这是连杆轴承响的主要特点。

③发动机温度升高后,声音不减弱,有时还会明显些。

④停止该缸工作时,响声明显减小或消失。

(2)原因

①连杆轴承与轴颈磨损配合间隙过大,在作功的瞬间互相撞击发出声音。

②连杆轴承合金烧毁或脱落。

③修理质量低。如装配间隙过大,或轴承表面刮削不平,经短期使用后间隙迅速增大。

(3)判断、排除方法

①在机油加油口或用听诊器等接触气缸体中下部细听,可以在不同转速下听,一般中速偏低时听得较清,由怠速突然转入中速时,有明显的连续敲击声。加大发动机负荷,响声加剧。

②停止可疑气缸的工作,响声减小或消失,当迅速恢复该缸工作的瞬间,发出"当"的一声敲击声,即为该缸连杆轴承响,但须多次试验才能确定。

③如有两道连杆轴承响,当停止某缸工作后,响声只能减小不能消失,只有同时停止产生响声的两只气缸的工作,响声才能进一步减小或消失,但也须多次试验才能确定。

连杆轴承有响声应及时处理,否则会加剧机件的磨损,使连杆螺栓在重力的冲击下滑丝或折断,使活塞连杆飞出,顶坏缸体,卡断曲轴等,造成严重事故。

4.主轴承响

(1)现象

①在气缸体下部(曲轴箱部分),发出一种比连杆轴承沉重有力的敲击声。沿气缸体全长都可听到。

②负荷越大响声越大,全负荷时响声最大。突然变速时,有明显而沉重的连续敲击声,发动机并有发抖现象;延迟点火或喷油时间,响声可减小。

③停止一个气缸工作,响声无明显变化;相邻两缸同时停止工作时,响声会明显减小或消失。

④机油压力明显降低;机油温度低时响声小,机油温度高时响声大。

(2)原因:主要是轴颈与轴承配合间隙过大,在作功的瞬间互相撞击所产生的响声。具体原因与连杆轴承响声一样。

(3)判断、排除方法

①打开加机油口盖倾听,或用听诊器等接触气缸体下部各道主轴颈座孔附近细听,当突然变化发动机速度时(由低到高或由高突然变低),发出连续一阵沉重而有力的敲击声,如此试验多次都有此种现象,即为该道主轴承响。

②使发动机达到正常温度,带上负荷,中速运转,然后逐缸停止工作,当停止某缸工作时,响声略有减小,同时停止相邻两缸的工作,响声明显减小或消失,即为相邻两缸之间的一道主轴承有响声。

5.气门间隙过大的敲击声

(1)现象

①声音明显清脆,密集而有节奏,在气门处倾听,尤其清晰。

②急速时响声清楚均匀,突然变速时,响声也发生密集的变化。

③发动机温度变化或停止某缸工作,响声不发生变化。

④急速时用手将挺杆提起或在间隙处插入适当厚度的厚薄规,响声会消失或减小。

（2）原因

①气门杆与挺杆端面磨损。

②气门间隙调整过大。

（3）判断、排除方法

①用听诊器或长把起子在气门室盖上细听，怠速时响声清楚均匀，提高转速声音也随之变大，停止某缸工作声音没有变化。

②拆下气门室盖，用手提起挺杆并随之一起上下移动或选用适当厚度的厚薄规插入间隙内，声音减小或消失，即为气门间隙过大，应进行调整（工作中允许气门有轻微均匀的响声，但不允许个别气门有响声）。

发动机工作时，有时由于挺杆与导管磨损间隙过大而发出一种不正常的敲击声，其响声与气门间隙过大的撞击声有些相似或略钝粗一点。用厚薄规插入气门间隙处，声音也会减小或消失，但将气门间隙调好后，响声仍不能消除，只有用手提起挺杆或用铁丝径向勾住挺杆时，响声才会减小或消失。

气门挺杆间隙过大不能调整，只有更换加大尺寸的挺杆或导管镶套修复。

6.正时齿轮响

（1）现象

①在怠速或变换速度时，用听诊器或金属棒等接触齿轮室盖上细听，响声较明显。

②由于凸轮轴的传导作用，此响声在发动机后部也能听清。因此，往往被误认为是别的机件响。

（2）原因

①齿轮的啮合间隙过大或过小。

②齿轮的个别牙齿损坏或脱落。

（3）判断、排除方法

①正时齿轮间隙过大，其响声在发动机怠速时，是一种"咳啦、咳啦"的尖锐撞击声，当发动机转速忽高忽低时响声最明显。若凸轮轴齿轮是胶木的，则响声不尖锐。

②正时齿轮间隙过小，其响声是一种连续不断的"忽忽"的挤压摩擦的咆哮声，响声随发动机的转速变化而变化，胶木齿轮的响声同样尖锐，只是不带金属响声。

③个别牙齿损坏或脱落，在怠速或中速时则发出间断的撞击声，发动机速度忽高忽低时，响声也随之变化。

在一般情况下，正时齿轮有轻微响声，对发动机的正常工作和使用寿命影响不大，是允许的。如果响声过大，则应采取修理措施，予以消除。

7. 活塞环漏气响

（1）现象：在加机油口处可听到一种空洞的"渴渴"声；并在加油口处有烟气冒出；将加油口盖好，响声显著减小。

（2）原因

①活塞环与气缸壁接触不严密，漏光度过大或活塞环磨损后弹力不足。

②活塞环开口重叠在一起。

③活塞环质量不好，或选用比气缸尺寸过大的活塞环，端口处锉削过多，而使活塞环失圆。

以上原因都能造成在作功行程的瞬间高压气体窜入曲轴箱而发出响声。

（3）判断、排除方法：除根据现象判断外，尚可进一步检查：

①使发动机转速稳定在响声最明显的状态下，依次停止各缸工作，当停止某缸工作时，响声减小或消失，即是该缸窜

气,但须进行多次才能确定。

②在可疑气缸中加入 30～40 克粘度大的机油,摇转曲轴数转,约待 1 分钟左右,再起动发动机,若在初发动时,响声减小或消失,待几分钟后漏气声又出现,则是该气缸漏气响。

(二)发动机排烟不正常

燃烧良好的发动机,排气管排出的烟是无色或呈浅灰色,如果排气管排出的烟是黑色、白色和蓝色的,即为发动机排烟不正常。

1.排气管冒黑烟

(1)原因

①发动机负荷过大,转速低;油多空气少,燃烧不完全。

②气门间隙过大,或正时齿轮安装不正确,造成排气不净或喷油晚。

③气缸压力低,使压缩后的温度低,燃烧不良。

④空气滤清器堵塞。

⑤个别气缸不工作或工作不良。

⑥发动机温度低,使燃烧不良。

⑦喷油时间晚。

⑧喷油泵喷油量过多。

⑨各缸的供油量不均匀。

⑩喷油嘴喷油雾化不良或滴油。

(2)判断、排除方法:排气管冒黑烟的主要原因是气缸内的空气少,燃油多,燃油燃烧不完全或燃烧不及时所造成的,因此,在检查和分析故障时,要紧紧围绕这一点去查找具体原因。检查时可用断油的方法逐缸进行检查,先区别是个别气缸工作不良还是所有气缸都工作不良。如当停止某缸工作时,冒黑烟现象消失,则是个别气缸工作不良引起冒黑烟,可从个别气缸工作不良上去找原因；如果在分别停止了所有气缸工作后，冒黑烟的现象都不能消除，就要从总的方面去找原因。如供油量过多，供油时间过晚，发动机温度过低等，这样就可以逐步找出引起冒黑烟的原因来。

2. 排气管冒白烟

(1)原因

①发动机温度过低。

②喷油时间过晚。

③柴油中有水或有水漏入气缸，水受热后变化为白色蒸汽。

④油路中有空气，形成气阻，影响供油和喷油。

⑤气缸压缩力严重不足。

(2)判断、排除方法：排气管冒白烟，说明进入气缸的燃油未燃烧，而是在一定温度的影响下，变成了雾气和蒸气。柴油机排气管冒白烟发生最多的原因是温度低，油路中有空气或柴油中有水。如果是温度低，待温度升高后冒白烟现象会自行消除。如果不是因为温度低而冒白烟，一般应首先检查其它原因。

检查时也应用逐个停止气缸工作的方法，首先确定冒白烟是个别气缸引起的，还是所有气缸都冒白烟，这样就容易找出原因。

3. 排气管冒蓝烟

(1)原因

①油底壳内机油过多，油面过高，形成过多的机油被激溅到气缸壁窜入燃烧室里燃烧。

②空气滤清器油池内或滤芯上的机油过多被带入气缸内燃烧。

③气缸封闭不严,机油窜入燃烧室燃烧。其原因是活塞环卡死在环槽中;活塞环弹力不足或开口重叠;活塞与气缸配合间隙过大等。

④气门导管间隙过大,机油窜入燃烧室燃烧。

(2)判断、排除方法:排气管冒蓝烟,主要是机油进入燃烧室燃烧。检查时应从易到难,首先检查油底壳的机油是否过多。其它原因的检查则比较困难,除用逐缸停止工作的方法,确定是个别气缸还是全部气缸工作不良引起冒蓝烟以外,要进一步检查都要拆下气缸盖,取出活塞或气门。通常是用间接的方法加以判断,即根据发动机的使用期限,如果发动机接近大修或高级保养时,出现冒蓝烟,则一般都是由于活塞、气缸、活塞环和气门导管有问题,应通过维修来消除。

(三)柴油机不能起动或起动困难

实践证明,要保证柴油机能顺利起动,必须满足两个条件:雾化良好的柴油能及时地进入燃烧室;燃烧室里的空气有足够的温度以便柴油自行着火燃烧。当这两个条件不能满足时,就带来柴油机不能起动或起动困难。

1. 现象

(1)气缸内无爆发声,排气管冒白烟。

(2)排气管冒黑烟。

2. 原因

(1)燃油系统内有空气或水分。

(2)油箱内无油,开关未打开或油箱盖通气孔堵塞。

(3)油管或柴油滤清器堵塞。

(4)喷油时间过晚或过早。

(5)喷油嘴喷油雾化不良或喷不出油。

(6)气缸内压力过低。

(7)起动转速低或减压机构未放在起动位置或调整不当。

(8)气门间隙过大或过小,或配气正时不准确。

(9)发动机温度过低。

3. 判断、排除方法

(1)起动时柴油机转速很低,多为电起动机或汽油起动机带不动柴油机所引起的。如电气系统中线路接触不良;蓄电池电不足;电动机有故障,或汽油起动机无力;小离合器打滑;或减压机构未放在起动位置。起动转速低将造成压缩无力,压缩终了时空气温度低,喷入的柴油不能着火燃烧。

(2)如果柴油机起动转速正常,但不能着火燃烧,且排气管不断排出白色的浓烟,说明柴油未燃烧,变成蒸气而排出。主要原因是发动机温度过低,燃油系统内有空气或水分,喷油时间过晚或气缸压缩力严重不足等,可分别予以检查或排除。

(3)如果柴油机起动转速正常,但不能着火燃烧,且排气管无烟排出,则主要是由于低压油路不供油引起的。检查低压油路是否供油的方法:可拧松高压泵放空气螺栓或柴油滤清器上室放空气螺栓,如不出油,说明低压油路不供油,然后向油箱方向逐段检查,即可发现故障所在。如果在起动时偶尔有断续的烟冒出,主要是由于个别气缸不工作,可用逐段断油方法找出不工作的喷油嘴或高压分泵。

(4)如以上情况都正常,但柴油机仍不能发动,则可能是由于气缸压缩不良。原因是气缸、活塞和活塞环磨损严重或卡死,或气门封闭不严而漏气(有时空气滤清器堵塞也能造成压缩不良)。对于有减压机构的柴油机,可将减压机构处于不减压位置,然后摇转发动机,如感到轻便,阻力不大,则为气缸压缩力低。气缸压缩力低,可向气缸内加入少量机油再起动,如果不是气门封闭不严,加机油后一般应能起动,否则应检查气门的密封性。

(5)如只是由于气温低而使发动机难以起动,应作好起动前的预热工作。

(四)柴油发动机工作无力

1.现象　运转无力,不能承担较大的负荷,即在负荷加大时有熄火现象,工作中排气管冒白烟或冒黑烟,高速运转不良。

2.原因

(1)低压油路不畅通,造成供油不足。

(2)油路中有空气或水分。

(3)供油时间过晚或过早。

(4)个别气缸不工作或工作不良。

(5)空气滤清器堵塞,或气缸内积炭过多及排气道堵塞,造成进气不足排气不净。

(6)气缸内压缩不良。

(7)气门间隙过大或过小。

(8)气缸垫窜气或漏气。

(9)柴油机温度过高。

3.判断、排除方法

(1)运转中排气管冒白烟,如果是柴油机温度低,待柴油机温度升高后白烟会自行消除,动力也会随之提高;如果温度升高后仍冒白烟,且柴油机无力,则应检查油路中是否有空气或水分,喷油时间是否过晚,气缸内压缩力是否严重不足和检查调整气门间隙。

(2)运转中排气管冒黑烟,且柴油机工作无力,这种现象主要说明气缸内空气少,燃油多,燃烧不完全或燃烧不及时。可检查:喷油时间是否稍晚;喷油嘴喷油情况(喷油过多,雾化不良或有滴油现象);空气滤清器是否堵塞;以及气缸压缩力和气门间隙是否过大或过小。

(3)柴油机运转中,用逐缸断油的方法,即可检查出个别不工作或工作不良的气缸。

(4)低压油路供油不足,一般可从柴油压力表上发现,如果柴油表上指示的柴油压力低于正常数值,在确认压力表是好的情况下,则说明低压油路供油不畅通。可按低压油路检查方法进行检查。

(五)发动机温度过高

1. 现象

(1)发动机在正常情况下运转,水温表指示的水温数值超过规定。

(2)散热器内水沸腾。

(3)机油压力降低。

2. 原因

(1)冷却系散热不良。

(2)喷油时间过晚。

(3)燃烧室内积炭过多,散热不良。

(4)油底壳中机油太少、太稀,润滑不良,发动机因摩擦阻力大,温度升高。

(5)发动机长时间在超负荷情况下工作。

3. 判断、排除方法

(1)因负荷过重而引起温度过高,可将负荷减少,或将发动机熄火,待温度下降后再继续工作。

(2)检查冷却系的水量,风扇皮带的张紧度,各机件及水管有无漏水现象,散热器的散热片是否弯曲或过脏,节温器、水泵等工作情况,必要时还要检查水套内的水垢是否过多。

其它原因可分别不同情况予以检查。

（六）曲轴连杆机构的常见故障及其排除方法

曲轴连杆机构的故障，主要是燃油燃烧后产生积炭和机件磨损而失去应有的配合间隙，以至造成严重的机械事故。其故障初期不易察觉，因此，加强维护保养，坚持定期检修就有其重要意义。

1. 气缸盖漏气漏水　气缸盖漏气漏水，主要是由于其缸盖螺栓紧固不合理或气缸垫损坏而造成，因此，在工作中发现气缸垫漏气、漏水时均需检查和紧固，如气缸垫损坏应进行更换。

2. 主轴承和连杆轴承磨损或烧坏　主轴承和连杆轴承的受力很大，且由于高速运动，所以造成的磨损是很大的，有的由于调整不良或因润滑不良而造成烧坏。连杆轴承和主轴承的间隙过大、过小都会加速磨损。如果不及时检查调整，将会造成严重事故，因此，在发动机进行高一号保养时，或工作中发现杂音且判断是主轴承或连杆轴承的故障时，应检查调整，必要时应重新磨合轴承。连杆轴承的调整方法是：

（1）放出油底壳中的机油，卸下油底壳或打开侧盖等，检查各轴承紧度。若上、下推动连杆有径向间隙，用不大的力即能使连杆前后窜动，则表示轴承间隙过大。

（2）使发动机气缸全减压，摇转曲轴，使连杆轴承处在便于拆卸的位置，拔下连杆螺栓上的开口销，并拧下螺母，取下连杆轴承盖，查看其轴承表面有无烧坏、裂纹、脱落或底板露出等现象。若无上述现象，则说明是轴承磨损造成间隙过大。可在连杆大头和轴承盖之间取出适当厚度的调整垫片进行调整，调整好后擦拭干净，并涂一层机油重新装好，按规定扭力拧紧连杆螺母，然后再重新检查。

在装复时,轴承盖不可装错方向和位置,垫片不可折弯,在同一轴承盖的两端应用厚薄相同的垫片,在调整间隙时,千万不能用拧动螺母的松紧来调整,一定要用加减垫片来进行。如果间隙过大,两端又无垫片调整或轴承表面有烧坏、脱落、裂纹、底板露出等现象时,应更换或焊补轴承,同时进行磨修,与曲轴的接触面最低不得小于总面积的 70%。

(3)检查调整好后的轴承紧度,应上、下推动连杆无径向间隙,用手的力量不应使连杆前后窜动,而用锤柄轻击连杆大头应稍有移动,摇转曲柄应感到轻松阻力不大,这样为紧度适合。

(4)第一缸连杆轴承调整好后,将螺母拧松,并用同样的方法调整或磨修其它各缸的连杆轴承,当全部连杆轴承调整好后,应将全部连杆螺栓按规定扭紧,插好开口销或保险片,安装好所拆卸的零件,加入新机油,使发动机无负荷低速运转10 分钟,再中速小负荷运转 10 分钟,然后逐渐增加负荷至正常工作。

主轴承紧度的检查和调整与连杆轴承基本相同,其不同点如下:

①检查和调整主轴承的顺序应先从中央,再两端对称地实施。例如五个主轴承的曲轴,应按 3-1-5-4-2 的顺序。每校好一道主轴承后,螺栓不必再松开。

②如需要更换个别主轴承,不必抬下发动机,可在拖拉机上进行。在拆卸上片轴承时可用特制销钉插入轴颈油孔中,以顺时针方向摇转曲轴,将旧轴承推出。选用同规格的新轴承,涂上机油,装在轴颈上,使轴承油孔与轴颈油孔相重合,将销钉插入油孔中,以反时针方向摇转曲轴,使轴承渐渐推入,直到销钉头部接近轴承座边缘时,取出销钉,继续转动曲轴,使

轴颈油孔靠近轴承边缘时，将销钉插入油孔，继续转动曲轴，直到轴承全部推进为止。轴承装好后，还必须转动曲轴，检查其松紧度，如过紧时，应修刮调整。

3. 气缸、活塞连杆组的磨损

(1)气缸套筒的磨损主要是由于活塞和活塞环不断摩擦的结果。工作中，气缸壁的左右方向比前后方向的磨损严重，在气缸筒的横断面上形成了椭圆，叫做"气缸失圆"，同时上端比下端磨损较大，在气缸的纵断面上形成了锥形，叫做"气缸锥形"。气缸的失圆或锥形若超过允许限度，就破坏了气缸和活塞的严密性。此外，有时因连杆变形、曲轴端间隙过大、活塞销卡簧安装不当及润滑不良等原因，均会造成气缸壁不正常的磨损或刮伤。这种故障的外部特征是：摇转曲轴很轻，压缩不良，起动困难；发动机工作时有敲击声和曲轴箱通气口冒气；机油窜入气缸内燃烧产生积炭。上述现象均使发动机功率下降，燃油和机油消耗增加，磨损加剧。

气缸锥度和失圆度的检查，可用量缸表测量，若锥度或失圆度超过限度时，则必须搪缸。若气缸已搪大至 1.5 毫米以上时，则应另镶缸套，若缸套内径磨损超过标准内径的 1.5 毫米以上时，则必须更换缸套。

若没有量缸表时，可凭经验测知缸套的磨损：用手摸缸套内壁上部楞肩的大小及左右摇动活塞，根据其间隙的大小来判断缸套的磨损程度。

缸套内壁若有擦伤时，则必须进行修理，当擦伤很深，而不能用修理方法进行消除时，或有裂纹和破损现象时，则应更换缸套。

(2)活塞的磨损及其检查：由于活塞(主要是裙部)承受较大的侧压力而产生磨损，使间隙增大。活塞间隙增大时会产生漏气、窜油、敲缸和发动机功率下降等现象。

①对活塞外部的检查：察看活塞裙部表面有无刮伤现象，如果刮伤不严重，可用细砂布将刮伤表面的毛刺磨去，仍可继续使用；若刮伤严重时，应更换活塞。察看活塞有无裂缝，可用金属件在裙部周围轻击，其声音发哑，则证明裙部有裂缝。如果裂缝不大，可在裂缝的末端钻一小孔，以限制裂缝的继续扩大，仍可暂时使用。

②活塞间隙的测量：将该缸不带活塞环的活塞倒放在气缸内，用长厚薄规（其厚度按各型发动机规定）插入活塞裙部与气缸壁之间，用弹簧秤将厚薄规拉出，其拉力应符合各型发动机的规定范围，各缸的拉力不得相差 1 公斤。如果没有弹簧秤时可用手拉动厚薄规，感觉有适当阻力即可。或者用手轻压活塞时，活塞可自由无限地通过气缸的全部长度，但不会因其本身重量而在气缸内滑动为好。否则，是间隙超过允许限度，必须更换尺寸加大的活塞。

③活塞环的磨损及其检查：活塞环在工作中，因润滑条件差，及受高温高压的影响，经长久使用后，会产生磨损和弹性降低，因而使压缩力降低，影响发动机的正常工作。

活塞环开口间隙的检查：将活塞环平放在气缸内，并用活塞将环推平，用厚薄规测量其开口间隙，如果开口间隙超过各型发动机的规定磨损间隙，应更换活塞环。

活塞环侧间隙的检查：将活塞环放在活塞环槽内，沿槽转动，在未有卡住的情况下，再用厚薄规测量间隙，若侧隙超过发动机的规定磨损程度，应进行更换。如果间隙过小，可将活塞环放在有砂布的平板上或涂有研磨砂的玻璃板上磨薄少许（磨活塞环朝上的平面），至符合规定的间隙为止。

活塞环背间隙的检查：将活塞环放在环槽内，活塞环应低于环槽的边沿0.2～0.3毫米。

活塞环弹力的检查:检查活塞弹力可用活塞环弹力试验器进行检查。最简单方法是新旧环对比法,如图6-3所示,在上面加力后,看新旧活塞环的开口间隙大小进行比较。

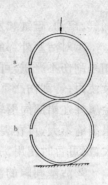

图6-3 新旧活塞环弹力检查对比法
a 旧活塞环弹力较差开口较小
b 新活塞环弹力较好开口较大

(3)活塞连杆组的拆装:在实施发动机的保养和修理时,为检查活塞连杆组的磨损程度,需要进行拆装。

①活塞连杆组从气缸内取出的方法:把气缸盖取下后,将所要拆下的活塞连杆组转到下止点,并检查连杆上有无记号,如没有,应按各缸顺序在连杆大头有喷孔的一边打上记号。拆下连杆螺母,取下轴承盖和轴承,并分开放好,以防混乱。用手将连杆向上推动,使连杆与轴颈分离,再用木柄推动连杆顶出活塞(如果缸口有阶梯形应先刮去,以防损坏活塞环)。取出连杆活塞后,应将轴承、调整垫片、轴承盖、连杆螺栓按原样装合,不可混乱。

②活塞连杆组的分解:拆活塞环时可用活塞环钳或三个金属片帮助拆下,防止折断。拆下活塞销的方法是先在活塞顶部做上各缸记号,再用钳子把活塞销两端的锁环夹出,再用活塞销冲子将活塞销冲出,若是铝合金活塞,销与孔座配合很紧,应将活塞放在75～85℃的热水中加热,然后冲出活塞销。

③活塞连杆组的结合:铝制活塞与活塞销装配时必须热装,以手腕的力量压入为宜,如果加热后,活塞销仍不能压入座孔内,则说明座孔过小,应仔细地铰削或修刮少许,严禁勉强用手锤击入。

连杆小头与活塞销结合时,应将连杆有记号的一面,即有油孔的一面朝向活塞无膨胀槽的一面。活塞连杆装复后,用双手握住活塞,使连杆平伸,并使大头稍向上,若活塞销紧度适当时,连杆应借本身重量徐徐下降,若销与衬套配合过松,则连杆下降很快,配合过紧,则不能下降,应修刮少许。最后将活塞销卡环装入槽内,卡环应至少有 2/3 部分卡在槽内,其深度不得小于 1/2,否则应车深锁环槽。

结合前必须吹通油孔及油道。

将校正后的活塞连杆组,清洁后按缸次装上活塞环。在装入气缸时,各活塞环的开口应错开,并使环的开口避开活塞销孔。

转动曲轴使安装活塞连杆组的该缸连杆轴颈位于下止点,将活塞、活塞环、气缸壁、轴承及轴颈涂上一层机油,然后将活塞连杆组插入该缸,使连杆有记号和有油孔的一面对向凸轮轴,用活塞环箍夹紧活塞环,用手锤木柄将活塞推入气缸,至轴承紧贴轴颈,将轴承盖涂上机油,装回连杆上(注意对衬垫及记号位置不能搞错),然后按要领校正轴承的紧度。

按拆卸时相反的顺序,装复所卸下的零件。

4. 曲轴连杆机构的维护保养　为了延长机械的使用寿命,减少曲轴连杆机构的故障,以保障安全运转,因此,必须加强维护保养。

(1)保持发动机内部清洁,在尘土多的地方作业,应防止尘土进入气缸,增加对气缸与活塞的磨损。并保持曲轴箱内的清洁,防止脏物进入,同时应使用符合质量的机油。

(2)清除燃烧室积炭:燃烧室积炭过多会造成气缸的磨损和散热不良,影响发动机工作,因此,在实施三号保养时应清除积炭。其方法是:

①放净冷却水和拆除气缸盖上的机件。

②按气缸盖螺栓的紧定次序,分数次均匀用力拧松全部气缸盖螺栓,然后一个个取下。不得先取掉一端螺栓而另一端还未拧松,这样容易造成气缸盖翘曲。在取气缸盖和气缸垫时,如果取下困难,严禁用起子撬,应用木锤轻打震动或装上火花塞(喷油嘴),摇转曲轴,用压缩力活动气缸盖后再取下。

③先用煤油浸湿燃烧室、活塞顶和气门头等,再用刮刀将积炭刮除,用煤油清洗干净。在刮除活塞顶和气门头上积炭时,应将活塞依次摇至压缩上止点,即两个气门关闭状态,然后在气缸壁与活塞的缝隙之间涂上一层润滑脂,以防炭渣落入缝隙,在刮除活塞顶和气门头上的积炭时,注意勿刮伤其表面。刮除后,再用棉纱蘸煤油将活塞顶清洗干净,擦去润滑脂。

④安装气缸盖前检查有无脏物掉入气缸内,然后按拆卸气缸盖相反的顺序将气缸垫、气缸盖及所有机件装回。

(3)作业中要注意观察仪表读数,保持正常的机油压力和温度。用心倾听内部声音,发现异常响声要立即停车检查。

135 型发动机的曲轴连杆机构,除进行上述的一般维护保养外,还应注意下列事项:

①135 系列柴油机禁止在飞轮上直接装皮带盘横向拖动机具,因为这样会造成曲轴及主轴承的损坏。

②柴油机在长期运转后,在曲轴内可能积聚大量固体或胶质脏物,大修时必须彻底清除。

③曲轴前端及每个连杆轴颈上均有两个 M12 螺孔,在拆卸曲轴时可用螺钉顶开相邻的连杆轴颈,拆卸前必须做好顺序记号,使重装时不致错位而影响曲轴转动平衡。

曲轴主轴承外圈与机体主轴承孔为过渡配合,两端用锁簧来限制它在机体内的轴向移动,在维修时不是十分必要应避免拆卸,否则容易引起过盈度降低而造成外圈周向游转。

轴承内圈与主轴颈是热压配合,在装配时,应先将轴承内圈浸入机油中加热到 100～120℃,然后将加热的轴承内圈套在主轴颈上,并趁其未冷迅速装配曲轴,先将各螺母拧到 39～68 牛·米(4～7 公斤力·米),然后从一端开始对角交替顺序拧到 176～205 牛·米(18～21 公斤力·米),再从另一端检查拧到上述数字。

曲轴装配完毕后,要检查各段主轴承的同心度,4135 型不大于 0.08 毫米,6135 型与 12V135 型不大于 0.14 毫米。如果达不到此要求,可放松或继续拧紧贯穿两个曲轴臂的螺栓来调整,曲轴的同心度偏差,允许扭力减低不小于 118 牛·米(12 公斤力·米),最高不超过 245 牛·米(25 公斤力·米),如主轴承同心度偏差过大,将引起柴油机运转不平稳,各主轴承负荷不均,甚至造成曲轴损坏。

装配完毕后,在飞轮端用手推转曲轴,应能转动自如。

(七)配气机构的常见故障及其排除方法

1.气门关闭不严 气门关闭不严,将会使气缸在工作中漏气,引起发动机起动困难,功率和经济性下降。

造成气门关闭不严的主要原因是:气门工作面产生积炭、烧蚀及气门间隙过小等。发生此故障后,应研磨气门和调整气门间隙。

2.气门在工作中有敲击声 发动机低速时,在气门室处能听到清脆密集的敲击声。这种故障能加速气门零件的磨损。

产生气门敲击声的主要原因是由于气门间隙过大。气门间隙过大是由于调整不当或长期工作零件磨损所造成。气门间隙过大应进行调整。

3.气门弹簧弹性减弱 气门弹簧是在高温高速震动下工

作的,使用日久,其弹性将逐渐减弱甚至折断。在冷发动机起动后立即以高速运转,也易使弹簧折断。弹簧工作失常后,能严重影响发动机的起动、功率和经济性,甚至使发动机停止工作。弹簧弹性减弱应进行更换。

(八)冷却系的常见故障及其排除方法

1.冷却系的常见故障

(1)冷却系散热不良,使发动机温度过高。造成这一故障的主要原因有:

①冷却水不足。应经常检查加添至加水口下沿。

②漏水。水管接头接合不严或破裂;散热器损坏;水泵的水封或阻水填料封闭不严密;气缸盖不平或气缸盖螺栓松动等,都会造成漏水,使水位下降,造成散热不良。应检查修理。

③风扇皮带过松,使风扇和水泵转速降低。应调整风扇皮带紧度。其方法有:移动风扇轴;移动发电机;有少数发动机是调整皮带轮槽的宽度来改变皮带的张力。

风扇皮带松紧度的检查方法,一般用拇指以 29～49 牛(3～5 公斤力)的力压在皮带的中央,再检查凹下距离,应为 15～20 毫米。

④冷却系水垢太多,影响热能传导。应清洗冷却系。

⑤节温器失灵,主阀不能适时开放。可拆下节温器检查或更换。

⑥水泵工作不良或不泵水。应拆下检查修理。

(2)冷却系冻结或水温过低:主要原因是在严寒冬季,操作手不能正确执行对冷却系的特别维护所致。

①全部冷却系冻结:在气温特别低的情况下,发动机工作完毕后,没有及时放水,致使冷却水冻结,而造成气缸体、气缸盖冻裂。

②散热器下部冻结：在起动或怠速运转时，由于保温不好，或发动机未达到一定温度即投入作业，都易引起散热器下部冻结。在这种情况下，冷却水停止循环，散热器加水口有大量蒸气冒出。排除方法是，用大量的热水（不高于 80℃）冲洗散热器下部，使其逐渐融化。必须注意，排除此故障时，严禁用喷灯烧或沸水冲洗，以免使散热器立即膨胀造成破裂。

③温度过低：由于预热温度不够或工作中保温设备（保温帘、保温套、百叶窗）使用不当，因而形成水温不能迅速升高。发动机长期处于低温工作时，将使功率降低。

2. 冷却系的故障预防措施

（1）冷却系中要加清洁的软水，如雨水、雪水、河水、和以这些水为水源的自来水等，不准加注硬水，如泉水、井水、海水等，因为硬水中含有大量盐类和矿物质，这些物质在高温时，会从水中沉淀下来，在散热器和水套中形成水垢，甚至水套生锈，减低散热效能，使发动机过热。因此硬水必须经过软化后才能使用。其方法是：

①将硬水煮沸，使其沉淀后再使用。

②在每公斤硬水中，加入 0.5～1.5 克纯碱，使矿物质沉淀，再经滤清后使用。

（2）检查水质、水量并定期换水：经常检查散热器中的水量，不足时加添。冷却系中的水，以一周左右放出，经沉淀后再加入为宜，不需另换新水，因为新水中含有杂质。换水前应使发动机以忽快忽慢的速度运转几分钟，把冷却水中的沉淀物搅起，再放水，然后用清水冲洗后加满。

（3）发动机在工作中，必须经常查看仪表读数，检查冷却系有无渗漏现象，发现故障立即排除。

（4）发现水垢过多时，应清洗冷却系。清洗冷却系可按表

6-1 所列方法进行。第 1、2、3 种清洗方法,对于铝合金有腐蚀

表 6-1　清洗冷却系的方法

类别	溶液成分	使用方法
1	火碱(苛性钠)750 克 煤油　　　　250 克 水　　　　　10 升	①放出冷却水,将溶液加入冷却系中,停放 10～12 小时 ②起动发动机,使水温在 90℃ 以上,直到溶液有沸腾现象为止,再急速运转 10～15 分钟 ③打开放水开关,在溶液尚未流完时,加入清水,使发动机继续运转 10～15 分钟 ④放出清洗水,重新加入清水
2	洗衣碱(碳酸钠) 　　　　　1000 克 煤油　　　　500 克 水　　　　　10 升	
3	2.5% 盐酸溶液	用盐酸溶液清洗冷却系时,需拆下节温器,因为盐酸对铜有腐蚀作用,溶液加入后,急速运转 1 小时,然后放出,用清水冲洗,装回节温器
4	水玻璃(硅酸钠) 　　　　　150 克 液态肥皂 20 克 水　　　　　10 升	加入后,使发动机至工作温度保持 1 小时,然后放出,再用清水冲洗后加满清水

作用,因此装有铝合金气缸盖的发动机,可选用第 4 种溶液清洗方法,或用清水反向冲洗,其反向冲洗方法如下:

①放出冷却水,拆下连接软管,取出节温器。

②拆下散热器,将压力不超过 29 千帕(0.3 公斤力/厘米²)的清水,从散热器下水室灌入,使水流与平时的方向相反,直到上水室流出清水为止。

③用高压水从气缸盖出水管灌入,直到气缸体流出清水为止。

④装复各机件,加满冷却水。

(5)每班作业前应检查风扇皮带的张紧度,必要时进行调整。

(6)检查节温器的工作情况:节温器的工作是否正常,对发动机冷却效能影响极大,因此在工作中应经常定期进行检

查,其检查方法有:

①发动机工作中的检查:当发动机的水温表指示温度达70℃以上时,用手摸气缸盖通往散热器的出水管,若有逐渐温热的感觉,说明节温器工作良好,否则应拆下检查。

②拆下后的检查:将节温器置于水杯中加热,并用温度计测量主阀初开启时的温度和完全开启时的温度。良好的节温器,当水温在68~72℃时,主阀开始开启,80~85℃时,主阀完全开启。

(7)按各发动机的不同规定,定期地向风扇水泵轴承内注入润滑脂,以减少轴承磨损。

(8)夏季或炎热地区,气温高,散热慢,如发现冷却水有沸腾现象,应停车休息,待水温下降后再继续工作。

(9)冬季防冻措施:冬季气温低,散热快,为了避免发动机在过低温度下工作,对冷却系应采取以下防冻措施:

①冬季起动发动机,应做好预热工作,没有预热装置的发动机,应加注热水(80~90℃),以提高发动机的温度,便于起动。但必须注意,已经起动或气缸过热的发动机,不得加冷水。冷的发动机不得加沸水,以免受热不均,使气缸体破裂。

②待发动机的温度升至60℃左右时才可带负荷运转。

③正确使用保温设备(保温帘、保温套、百叶窗),使发动机在正常温度下作业,水温不得低于70℃。

④停机休息时,如时间较短,可使发动机低速空转,如时间较长,应间断地起动发动机,以保持冷却水有一定的温度,不致冻结。

⑤每班作业后,应将冷却系中的水全部放完,水放完后,开关仍然打开,可起动发动机怠速运转1分钟,使剩余的水全部蒸发。注意放水时,应使水温降至50℃以下时才放,水没放

完,机手不得离开。

⑥条件许可时应使用防冻液,常用防冻液有如下三种:

酒精-水防冻液:纯酒精密度为 0.790,沸点为 78.3℃,冰点为 -114℃。酒精和水可按任何比例配制成不同冰点的防冻液。酒精含量越多,冰点越低,但着火性越大。因此酒精含量一般不应超过 40%。

乙二醇-水防冻液:乙二醇是一种无色粘性液体,密度为 1.113,沸点为 197.4℃,冰点为 -11.5℃。能与水配制成不同比例和冰点的防冻液。乙二醇与水混合后,其冰点显著降低,最低可达到 -68℃。此种防冻液在使用中易氧化,对金属有腐蚀作用,配制时每升防冻液中加防腐剂磷酸氢二钠 2.5~3.5 克和糊精 1 克,可防止对冷却系的腐蚀。

甘油-酒精-水防冻液:甘油又称丙三醇,为无色油状液体。在 15℃时其密度为 1.261,沸点为 290℃,冰点为 -17℃。能与水按任何比例混合。甘油沸点高,挥发损失小,不易发生火灾,但降低冰点效率低,不够经济,可与酒精同时配制。

三种防冻液的混合比、冰点及密度的关系见表 6-2。

表 6-2　三种防冻液的混合比与冰点、密度的关系

乙二醇-水				酒　精　-　水				甘油-酒精-水				
乙二醇	水	冰点 ℃	密度	酒精	水	冰点 ℃	密度	甘油	酒精	水	冰点 ℃	密度
100	0	-12	1.15	30	70	-10	0.9382	10	30	60	-18	0.9642
70	30	-67	1.11	40	60	-19	0.917	15	40	45	-28	0.9566
55	45	-42	1.08					15	42	43	-32	0.9525
50	50	-34	1.07									
30	70	-15	1.04									
20	80	-8	1.03									

使用防冻液时,必须注意:加注前,应用热水清洗冷却系,

并检查有无漏水现象;含酒精的防冻液易着火,且易受热蒸发,必须经常检查密度,散热器盖要严密;防冻液有毒,使用时切勿入口内,否则引起严重中毒;防冻液易膨胀,且吸水性较强,在加注时一般为容量的95%,液面应低于泄气孔50~70毫米;防冻液用后,回收保管好,经沉淀后,加水调节其浓度,可连续使用多年。此外,使用时防冻液的冰点,要比使用地区的最低温度低5℃。

(九)润滑系的一般故障及其排除方法

1.机油消耗过多,油面降低较快 当发动机每天需要加添过多的机油时,即说明机油消耗过多。其原因可能是:外部漏油或部分机油窜入燃烧室燃烧了。发现这种故障后,应首先检查有无漏油之处,并观看排气管有无冒蓝烟。如果出现上述任一故障时,均需修补漏油处,或检查活塞环是否对口或更换活塞环。有的因气缸和活塞磨损过甚,应检查修理。

2.油底壳内油面升高,机油增多 当用油标尺检查油面时,油面超过上刻线很多,发动机工作时,油底壳内有较大的溅油响声,发动机运转无力或有排气管冒灰蓝色浓烟等现象,均说明油底壳内油面过高。原因可能是:加油过多;柴油漏入油底壳;气缸垫损坏或水套有裂缝,有水漏入油底壳。

判断和排除方法是:将油标尺抽出,检查上面有无水珠或机油中是否有燃油味。若加油过多,应放出一些。如果机油内有漏入的燃油或水,则应找到漏油、漏水的原因,进行修复,并应更换机油。

3.机油压力过低 机油压力过低将导致润滑不良,甚至造成严重事故。产生油压过低的原因有:

(1)油底壳内油面太低,或机油牌号选用不当,机油粘度太小。

(2)主轴承、连杆轴承或凸轮轴承因磨损使间隙增大,造成机油易于泄漏。

(3)机油粘度因温度过高而降低,或机油被燃油冲淡或混入水分,使粘度降低。

(4)机油泵磨损过甚,或限压阀关闭不严和弹簧调整过松。

(5)油路漏油,或吸油器堵塞。

(6)机油压力表失灵。

检查排除的方法是:首先用油标尺检查油面,若油面太低,要检查原因,故障排除后,再加添新机油至规定高度。若机油太稀,应查明原因,予以排除,并更换适当号数的机油。如用油标尺检查油面正常,还应进一步继续检查。如轴承间隙过大,有敲击声,应检查调整。油泵的工作是否良好,可检查出油情况,确有毛病应拆修。如上述完好,机油压力表指示数字仍低,可能是限压阀调整不当或机油表失灵,应调整压力或更换新机油压力表。

4. 机油压力过高　机油压力过高也将造成润滑不良,一般发动机在正常工作时应保持196～294千帕(2～3公斤力/厘米²)之间(参看各机型说明书规定)。引起机油压力过高的原因:

(1)机油牌号不符合季节使用要求,粘度太大。

(2)因机油温度较低,使机油变得粘度过大(在刚起动时出现这种现象,随温度升高,压力降至正常,这是正常现象)。

(3)油道堵塞。

(4)限压阀弹簧压力调得过紧。

(5)主轴承与连杆轴承装配间隙过小,此时除造成机油压力过高外,还可能导致机油温度过高。

5.机油变黑,或机油内含有金属屑　原因有:

(1)加入的机油不清洁或加油口盖封闭不严,灰尘进入曲轴箱。

(2)机件磨损,金属屑脱落。

(3)进入曲轴箱的空气中,带有灰尘或水汽。

(4)燃烧的废气带着积炭或其它杂质,从活塞和气缸的缝隙中漏入曲轴箱。

(5)机油使用超过期限,氧化变黑。

判断排除方法:抽出油标尺,察看机油颜色,并在阳光下检查,有无金属屑末反光,或用手摸有无铁屑,如无金属屑末及其它杂物,而仅是颜色变黑,机油还可继续使用;若机油中有大量铁屑或其它杂质,则应清洗润滑系,更换机油。

(十)燃油系的故障检查和排除方法

1.柴油机起动困难或不能起动　柴油机起动困难或不能起动的原因很多,为了较快的排除故障,必须根据具体情况抓住主要矛盾进行分析。

如春、夏、秋季柴油机不能起动,多为油路堵塞,应检查排除;起动柴油机时有少量白烟排出,则多为油路中有空气,应予放出。冬季难以起动时,则多为天气太冷,缸内气温低,若预热无效后,可能是油内有水使油管冻结,应进一步检查排除。

除上述原因外,起动时转速低于要求,也是一个重要原因。

(1)油路堵塞的检查和排除:打开油箱开关,拧下高压油泵体上的放空气螺钉,用手油泵压油,若空气孔有油连续不断的流出,说明低压油路畅通,否则为油路堵塞,再拧开柴油滤清器上的放气螺塞,用手油泵压油,有油流出,则为滤清器堵塞,应清洗。若无油流出,再拆下输油泵的进油管接头,有油流出,则是输油泵有故障或输油泵至滤清器之间油路堵塞,若不来油,则是油箱至输油泵之间油管堵塞,当油管堵塞时,可拆下这段油管用打气筒或用高压空气吹通。

(2)油路中有空气的检查及排除方法:由于空气是可压缩的,它不仅使油管充不满柴油,而且使柴油不能产生足够的压力,造成向气缸内的喷油量减少或完全停止,从而使柴油机难以起动。

①检查方法:拧开柴油滤清器或高压泵的放空气螺栓,用手油泵压油或用起动机带动,油流中含有气泡,说明油路中有空气。检查油路各油管接头是否松漏,并拧紧。

②放空气的方法:旋开高压油泵及柴油滤清器上的放空气螺栓,用手油泵压油至油流中没有气泡冒出为止。按柴油流动方向依次拧紧各放空气螺栓。

松开喷油嘴上的高压油管螺母,撬动高压油泵挺杆,排除高压油管内的空气,旋紧螺母,使各喷油嘴中充满柴油,即可起动柴油机。若仍难起动,可反复再放几次。

柴油机起动后,仍有白烟间断排出,说明油路中空气没有完全放尽,此时还应在高压油泵上再放一次。

2.柴油机运转不平稳、工作无力

(1)原因:确知油路畅通,但柴油机运转不平稳,排气带烟,工作无力,这可能是个别气缸分泵或喷油嘴工作不良;也可能是气门关闭不严或压缩不良。应依次逐一检查。

(2)检查:使柴油机在低转速下运转,分别切断各缸供油,如柴油机爆发声音无变化或变化很小,或排烟显著减少,都说明被检查的气缸工作不良,必须进一步确定其原因。

首先检查分泵压油情况,判断其好坏。若分泵压油良好,但排气仍然带烟,可能是供油提前角不当,应予检查调整。

分泵良好,但该气缸工作仍不良,这就可能是该缸喷油嘴有故障。检查方法:与工作良好气缸的喷油嘴换装比较。换装后,被检查的气缸工作仍无好转,而另一缸工作仍然良好,这说明不是喷油嘴的故障,可能是该缸的气门关闭不严或压缩不良;反之,如被检查的气缸工作好转,而另一缸的工作变坏,则说明被检查的气缸喷油嘴有故障,应进一步检查排除。

3. 柴油机加不起速　柴油机加不起速原因很多,可按下述方法检查排除。

(1)油路堵塞。按前述油路堵塞检查排除。

(2)手油门至调速器传动拉杆松脱。仔细检查并调整好各传动拉杆。

(3)齿杆卡住在减油位置或安装错误。打开检视盖,扳动油门手柄,即可发现。或重新安装齿杆。

(4)分泵扇形齿轮固定螺栓松动,使柱塞转至减油位置。打开检视盖,135 型柴油机能拨动油量控制套筒即可证明。使调节齿轮和控制套筒上的记号相互对正,拧紧固定螺栓即可。

4. 柴油机熄不了火　柴油机熄不了火原因很多,可按下述方法检查排除:

(1)手油门至调速器传动拉杆松脱。按前述"柴油机加不起速"之(2)检查排除。

(2)齿杆卡住在增大供油位置或安装错误。按前述"柴油机加不起速"之(3)检查排除。

(3)分泵扇形齿轮固定螺栓松动,柱塞转至增大供油位置。按前述"柴油机加不起速"之(4)检查排除。

5. 柴油机"飞车"　柴油机"飞车"(即无负荷时柴油机超速运转),从实践中证明,多数是由于使用维护时疏忽大意造成的。因此,安装扇形齿轮、柱塞和齿杆时一定要过细认真;而一旦发生"飞车"时,机手要敏捷地切断各缸供油,或使用减压机构,或迅速卸下空气滤清器,堵死进气口,迫使柴油机停车。迫不得已时,才可断然毁坏油管进行抢救。

产生"飞车"的原因及其检查排除方法是:

(1)扇形齿轮与齿杆安装错误,所有柱塞都处于最大供油位置。打开检视盖,移动手油门,不当时重新安装。

(2)齿杆卡住在最大供油位置。拆下检视盖,移动手油门即可发现。取下齿杆清洗,重新装正,并检查移动是否灵活。

(3)分泵扇形齿轮固定螺栓松动,柱塞转至最大供油位置。按前述"柴油机加不起速"之(4)检查排除。

(4)调速器失灵,或内拉杆连接处脱落,使高速调整被破坏。应检查和重新校正。

(十一)起动装置的故障及其排除方法

1. 起动机无力　电动机无力,原因可能是蓄电池供电不足或线路连接不牢;触点烧蚀或触点过脏等。汽油机无力,可能是阻风门没打开;气缸工作不良;点火不正时;供油不足等。除电动机和汽油起动机外,还可能是柴油机阻力过大,不减压或减压不好。应检查调整减压间隙。调整时必须使该缸处于压缩终了的位置,若间隙过大,应松开固定螺母拧动调整螺栓到规定的范围内,再将固定螺母固定紧。多缸发动机要依次逐个调整。在调整气门间隙的同时,应调整减压间隙。

2. 结合困难

(1)电动机起动时有响声:按起动机按扭时,起动机高速运转但又不能带动曲轴转动并发出打齿声,这大多是电动机开关接通过早。无论杠杆式或电磁式,均应先结合齿轮然后使电动机旋转,否则要调整闭合器和推动板,使其与闭合器活动轴延迟相接,便能改变这种现象。如果是电磁闭合器,则拧动驱动臂的偏心轴销,或拧进拖动铁芯上的螺栓,就可移动驱动臂往飞轮端,使电动机在运转前,小齿轮就能与飞轮齿圈先啮合。

还有一种情况发生响声,就是电动机小齿轮与飞轮齿圈的齿没有错开而啮合不上。这时可停止电动机转动后再起动,或摇动曲轴使齿轮错开便可啮合。如不是这一原因,可能是齿圈打毛,不好啮合而发生响声。

(2)离合器过松或过紧。过松,其现象是汽油机运转正常,但不能带动柴油机。过紧,在换档或小齿轮与飞轮齿圈结合时打得发响,必须对起动离合器进行调整。

首先停止发动机运转,打开检视孔盖,使离合器处于分离位置,转动离合器轴,使调整十字架定位销能用手摸着,将定位销往外拔,转动调整十字架,顺转,离合器紧,反之,则松,调好后,使定位销落于相邻的孔内。然后推动离合器手柄试验,如用力很大才能结合,则调得太紧,如拉动手柄很轻就到位,说明太松,还要重新调整,直到拉动手柄用力不很大,但有明显的两个位置为适当。

如离合器调整适当,仍然不能传递动力,可能是摩擦片沾有油污,造成打滑,需用汽油喷入摩擦片间,边转动边清洗,清洗干净后便可使用。

四、底盘的常见故障及其排除方法

(一)离合器的常见故障及其排除方法

1.离合器打滑　离合器打滑的主要原因有:

(1)摩擦片沾油:摩擦片沾油主要由以下原因造成:柴油机曲轴后油封漏油;变速箱第一轴和功率主动轴油封漏油;功率输出轴轴承盖漏油;起动机减速器油封漏油或油面过高。

此时,应检查油污来源,根据油源排除故障。油封的封油边缘有折叠、损坏缺陷,必须更换新油封;油封长期使用后边缘磨损,若磨损严重,必须更换新油封。安装油封应用专用工具,防止油封的唇边折叠、翻边、自紧拉簧脱落等。用汽油清洗摩擦片。

(2)离合器踏板自由行程过小或消失:当离合器摩擦片严重磨损后,离合器踏板自由行程会消失,使离合器分离杠杆紧靠分离轴承,离合器经常处于半接合、半分离状态,造成打滑。

应调整分离轴承与离合器压盘分离杠杆间的间隙,以保证离合器踏板的自由行程。调整方法详见"离合器踏板自由行程调整"一节。

(3)压紧弹簧压紧力变小:压紧弹簧已产生永久变形,弹性下降,压紧力变小,可更换新件或在弹簧端部增加垫片,以增加弹簧的预紧力,从而保证摩擦面之间的压紧力。

(4)压盘变形或磨损严重:压盘变形后,压紧时接触面减小,压力不均,造成离合器打滑。如压盘变形,可在车床上车削修复或更换新件。

(5)摩擦片严重磨损:摩擦片严重磨损至铆钉外露时,也会使摩擦片打滑。摩擦片铆钉外露,可铆上新摩擦片或更换新总成。

2.离合器分离不彻底,变速箱挂挡困难 主要原因有:

(1)离合器踏板自由行程太大,使分离行程变小。

(2)三个离合器分离杠杆头部不在同一平面上。

(3)从动盘翘曲过大。

排除方法:调整分离杠杆与分离轴承间的间隙,确保三个分离杠杆的头部在同一平面内。校正从动盘或更换新件。

3.主离合器分离后,万向节继续转动 此故障为东方红-

802拖拉机主离合器的故障。故障的原因主要有：小制动器调整不当，小制动器摩擦片磨损严重或损坏；离合器分离不彻底。这时，应按规定调整，在分离状态下制动器压盘到弹盖耳环间应有 3～5 毫米间隙。及时更换摩擦片。

4. 主离合器分离时，动力输出轴停止转动　此故障为上海-50 拖拉机离合器故障。故障主要原因有：装在离合器主压板上的分离螺钉与副摩擦片压板凸耳之间的间隙小于 1.8 毫米。这时可按"副离合器行程的调整"方法进行调整。

5. 离合器踏板踩到底时，动力输出轴仍不能停止转动此故障为上海-50 拖拉机离合器故障。主要原因有：装在离合器主压板上的分离螺钉与副摩擦片压板凸耳之间的间隙大于 1.8 毫米。这时可按上述方法重新调整。

(二)变速箱的常见故障及其排除方法

1. 变速箱内有敲击声　当变速箱使用过久，内部的轴、轴承磨损量较大，各齿轮齿面也相应磨损，齿轮副啮合运转时就不平稳，会发出周期性的敲击声。此时，应拆开变速箱，逐一查明原因，更换已损件。

2. 挂档困难　主要原因有：主离合器分离不彻底；齿端损坏；小制动器(如东方红-802 拖拉机)摩擦片磨损严重或损坏而失效。齿端损坏要修圆齿端，严重时要更换新件。其它原因的排除可按上述方法进行。

3. 摘档困难　主要原因有：花键轴键齿磨损产生台肩；其它同挂档困难。花键轴键齿台肩可以修去，如果磨损严重时，要更换有关零件。

4. 跳档　产生跳档的主要原因是变速箱锁定机构和操纵机构有故障。如拨叉轴上半球形定位磨损，锁定弹簧力不足，则会使锁定机构失效，这时应更换已损件。如果拨叉磨损严重或弯曲变形,以及变速杆下端球头磨损严重,都会影响换档行程,使工作齿轮副啮合位置不准,造成跳档。应将已损件进行校正和焊修或更换。

5.乱档 当挂档用力过猛,会使变速轴行程限止片弯曲或断裂,造成乱档。这时,应拆开变速箱盖,重新换上变速轴行程限止片,并检查各拨叉轴及拨叉是否损坏或弯曲。

(三)后桥的常见故障及其排除方法

1.轮式拖拉机后桥的常见故障及其排除方法

(1)中央传动齿轮副噪音增大

①当轴承磨损后,会产生轴向游隙,使中央传动齿轮副运转不平稳。应按规定调整好轴承的预紧度。

②齿轮磨损后,齿侧间隙过大,也会在运转时产生异常噪音。应按要求调好齿侧间隙。

③如果差速器中十字轴磨损、咬死或断裂,行程齿轮磨损,差速器不能正常运转而发出异常噪声。这时,必须更换差速器中已损坏的零件,并重新进行中央传动齿轮副的装配与调整。

(2)最终传动有敲击声:最终传动有敲击声主要是由于短半轴齿轮或最终减速齿轮齿面疲劳剥落或轮齿变形所引起。应更换已损坏的齿轮。

(3)拖拉机起步时后桥有响声:如果离合器工作正常,则主要是由于主动螺旋圆锥齿轮有轴向游隙,主动螺旋圆锥齿轮花键轴处磨损过大,或者连接花键磨损。这时应查明原因,更换已损件,调整主动螺旋圆锥齿轮轴承间隙。

(4)差速锁失灵:当差速锁推杆卡住或差速锁弹盖锈蚀而失效,就会使差速锁中连接齿套左端外齿不能插入左半轴齿轮花键孔,从而使差速锁失效。这时,应拆出差速锁,进行检查,并清洗弹盖、推杆、连接齿套,如有损坏件,应更换。

2. **履带拖拉机后桥的常见故障及其排除方法** 以东方红-802 型拖拉机为例进行分析。

(1)后桥壳体过热:主要原因有:轴承或齿轮间隙不当;润滑油不足;润滑油质量差;轴向离合器打滑。排除方法:

①按"中央传动的调整"调整至规定的正常值,或更换轴承 92412K、2712K。

②添加润滑油到规定的油面。

③放出旧油,用柴油或煤油清洗后桥壳内腔,再加入合格的齿轮油。

④检查摩擦片有无沾油,若沾油用汽油清洗排除,防止经常在半接合状态下工作。

(2)中央传动声音不正常:主要原因是:齿轮副调整不符合要求;大圆锥齿轮的紧固螺栓和第二轴前端锁紧螺母松动等。

排除方法:重新按规定调整齿轮副,轴承磨损严重时要更换;按要求调整、拧紧和锁紧螺母。

(3)转向失灵,转向拉杆自由行程加大:主要原因有:主、从动盘翘曲过大;转向离合器受潮。

排除方法:校平主、从动盘或更换新件;拆卸清理或更换新件。

(4)转向离合器打滑使拖拉机跑偏:主要原因有:从动盘沾油;摩擦片磨损严重或损坏;摩擦面正压力不足。

可用煤油清洗从动盘,并排除渗漏油现象;可增加 1 片主(或从)动盘,或更换新件,重新调整操纵手柄行程。

可更换残余变形或退火的转向离合器弹簧。

(5)拖拉机不能转急弯:主要原因有:制动带沾油、磨损或间隙过大。

可分别用汽油清洗,更换新制动带或按规定调整间隙。

(6)转向杆拉不到底:主要原因有:

①多属于转向离合器漏装止推环。

②分离轴承拨圈卡簧跳出槽外。

③分离轴承端面锁簧与后桥隔板之间间隙过小。

④主、从动盘装配总成尺寸超过 104±2 毫米。

排除方法:

①按要求重装止推环。

②按要求重装分离轴承拨圈卡簧。

③更换锁簧。

④检测尺寸,换上合格的从动盘。

(四)履带式拖拉机最终传动装置的常见故障及其排除方法

1.最终传动漏油　主要原因有:接合处松动;密封件磨损或损坏。这时,可拧紧松动的螺钉;更换纸垫或涂密封胶,更换新的毛毡圈。

2.壳体温度过高(约 90℃)　主要原因是齿轮油油量不足或油质不良。添加齿轮油或放出旧油,清洗壳体后加入合格的新油。

3.有打齿现象　主要原因有:

(1)受拖拉机大负荷起步冲击而断齿。

(2)锥轴承间隙超过规定。

(3)后轴变形或弯曲。

(4)齿轮接触印痕不良。

排除方法:

(1)注意拖拉机正确使用和操纵。

(2)按规定调整锥轴承间隙。

(3)检查、校直或更换后轴。

(4)正确调整轴承间隙或更换新齿轮。

(五)轮式拖拉机行走系、转向系的常见故障及其排除方法

1. **转向过重**

(1)转向器止推轴承的滚珠上座拧得过紧。应正确拧紧滚珠上座,使方向盘自由行程为15°。

(2)转向摇臂螺母与球头销之间的间隙太小。应适当增加球头销的垫片厚度。

(3)主销磨损过大、润滑不足或衬套偏磨。应修理或更换主销,更换衬套,加足润滑脂。

(4)转向拉杆的球形接头润滑不足。此时,应加润滑脂。

(5)前轴和左、右导向轮支架弯曲。此时,应进行前轴和导向轴支架的校正。

(6)前束不对。应重新调整前束。

(7)主销上的止推轴承进泥水。应清洗轴承,更换油封。

(8)主销上的止推轴承损坏。应更换止推轴承。

(9)主销上的止推轴承不接触,产生滑动摩擦。此时,应适当增加垫片,使止推轴承产生作用。

2. **前轮摆动**

(1)转向摇臂螺母松动。应拧紧松动螺母。

(2)转向拉杆前后球形接头磨损。应更换磨损的球形接头。

(3)转向摇臂或扇形齿轮花键松动。应更换松动的转向摇臂或扇形齿轮。

(4)前轴支架垫片磨损,摇摆轴之间间隙增大。此时,应更换新垫片或减少摇摆座调整垫片来调整间隙。

(5)主销及衬套磨损。此时,主销可经堆焊后车削加工,更换衬套。

(6)前轮轴承间隙太大。此时,应重新调整前轮轴承间隙。

(7)转向摇臂螺母和球头销之间的间隙过大,或扇形齿轮磨损。应适当减少球头销垫片的厚度或更换扇形齿轮。

(8)前轮钢圈螺栓松动。应拧紧松动的螺栓。

(9)前轮钢圈本身摆动。应校正前轮钢圈。

(10)转向节臂上紧固螺栓松动。此时,应拧紧松动螺栓。

(11)主销上半圆键松动。此时,应更换半圆键和主销。

3. 方向盘自由行程太大

(1)转向轴止推轴承的滚珠上座未拧紧。此时,应重新调整(方向盘自由行程不得大于 15°)。

(2)转向摇臂螺母和球头销之间的间隙过大或扇形齿轮磨损。此时,应适当减少球头销垫片的厚度或更换扇形齿轮。

4. 前轮胎急剧磨损

(1)前束不对。此时,应重新调整至规定值(如上海-50 拖拉机前束值为 4～12 毫米)。

(2)前轮气压不足。应按规定气压充气。

(六)轮式拖拉机制动系的常见故障及其排除方法

1. 制动器失灵或制动力矩不足

(1)制动踏板自由行程过大。应重新调整左、右踏板的自由行程,直至左、右制动踏板自由行程基本一致。

(2)摩擦片严重磨损。应更换摩擦片,并检查调整左、右制动踏板的自由行程。

(3)制动器内部进入油或泥水。当制动器内的油封失效,或制动器橡胶密封圈损坏,制动器内就会进入油或泥水,使制动器内各摩擦表面之间打滑。此时应更换油封、橡胶密封圈，并用汽油清洗制动器内各零件，晾干后装复。

（4）制动压盘上回位弹簧失效，或钢球卡死。当制动器过热后，回位弹簧会退火变软而丧失弹性，钢球在压力下也会卡死在制动压盘槽中。这时，应拆开制动器，更换回位弹簧，并用砂布磨光制动盘凹槽及钢球，并用油布擦净再装复制动器。

2. 制动器发热

（1）制动踏板自由行程小。拖拉机行驶时，制动器很容易发生自行制动现象，也称自刹，引起制动器发热。此时，应重新调整制动踏板的自由行程。

（2）制动器总间隙过小。制动器内各零件相对表面总间隙应保持在 1～1.2 毫米，如该间隙过小或新摩擦片较厚，也易发生自行制动现象。可适当增加制动器盖处的调整垫片，使制动器的总间隙满足要求。

（3）制动压盘上回位弹簧弹性变软，回位弹簧弹性不足，使制动压盘不能复位，制动器经常处于半制动状态，摩擦片发热。此时，应更换回位弹簧。

（4）钢球因锈蚀卡滞在凹槽中，此时，应用汽油清洗钢球及制动压盘凹槽，并在凹槽中涂少量钙基润滑脂。

（5）拖拉机起步时，停车锁板没有松开。

（6）田间作业时，经常使用单边制动。

3. 非单边制动时，拖拉机发生跑偏

（1）左、右制动踏板自由行程不一致。应重新调整，使左、右制动踏板自由行程基本一致。

（2）某一侧制动器打滑。应查明原因，清洗制动器内各零件，或更换油封，再装复制动器。

（3）田间作业使用单边制动后，该制动器内摩擦片严重磨损。可更换摩擦片,并检查调整左、右制动踏板的自由行程。

(4)两驱动轮气压不相同。按规定气压进行充气。

(七)液压悬挂系统的常见故障及其排除方法

液压元件都比较精密,出厂时已经过试验台调试。造成液压悬挂系统故障的原因很多,必须仔细判断清楚再动手排除,并遵照"从外到里,从易到难"的原则,切勿盲目大拆大卸。有压力要求的一定要经过试验台按规定值调整。

拖拉机液压系统的技术状态,可用升降速度、液压泵流量、静沉降量这三个指标来衡量。而液压悬挂系统的故障又可概括起来用"堵、卡、漏、失调"表示。

堵:是指液压系统中低压油路被杂质堵塞。如滤网、滤网杯、滤网座油道、进油室油道等堵塞,致使进油不畅,造成农机具提升缓慢,甚至不能提升等现象。

卡:是指操纵机构中某些机件被卡住,不能及时而正确地传递动作,而使农具升降失灵。

漏:漏油现象常发生在液压系统的高压油路。当控制阀处于"中立位置"时,高压油路中的油液由活塞、安全阀及各密封元件来密封。如高压油路中某一部分发生漏油现象,就会使油压降低,严重时农具提升不起来。

失调:是指操纵机构长期使用后,未经调整或调整不当,致使农机具升降时出现异常现象。

1.分置式液压悬挂系统的常见故障及其排除方法 东方红-802拖拉机的分置式液压悬挂系统的故障现象、原因及排除方法见表6-3。

表 6-3 分置式液压悬挂系统的故障现象、原因及其排除方法

故障现象	原 因 分 析	排 除 方 法
①油箱起泡沫并从油箱盖溢出	①油箱中的油太多 ②油路中吸入空气 ③齿轮油泵轴骨架油封损坏 ④油箱盖通气孔堵塞	①放出多余的油 ②增高油箱油面,拧紧各油管接头,主要是齿轮油泵吸油管接头 ③更换油封 ④清洗油箱盖填料
②油耗增加	①齿轮油泵轴骨架油封损坏(此时柴油机曲轴箱中机油增多) ②各部件连接处漏油,或密封件损坏	①更换油封 ②拧紧各漏油处,更换损坏的密封件
③油温迅速升高	①油箱油液不足 ②操纵手柄长时间处于"提升"或"压降"位置 ③油箱滤清器或油路局部堵塞,油液太脏	①添加到规定的油面 ②将手柄放回"中立"位置,工作时应放在"浮动"位置 ③清洗滤网、油箱和管路,更换油液
④分配器手柄不能定位	①油温过低(低于 30℃)或油温过高(高于 80℃) ②分配器滑阀定位弹簧弹力过小或折断	①使油温保持在 40～70℃ ②更换滑阀定位弹簧
⑤分配器操纵手柄在"提升"位置不能自动回位或立即返回"中立"位置而不能定位	①油温过低(低于 30℃)或油温过高(高于 80℃) ②分配器回油阀卡住 ③滑阀自动回位压力过低 ④安全阀开启压力接近或低于自动回位压力 ⑤分配器滑阀或增压阀卡住,或磨损严重 ⑥齿轮油泵压力过低,密封圈损坏,或齿轮油泵零件磨损严重	①使油温保持在 40℃～70℃ ②用木槌轻轻敲击回油阀盖或清洗回油阀 ③检查并调整回位压力为 9800～10780 千帕 ④调整安全阀压力为 12753～13243 千帕 ⑤清洗或更换磨损零件并调整自动回位压力 ⑥更换密封圈,修理或更换磨损零件,或换新齿轮油泵

故障现象	原 因 分 析	排 除 方 法
⑥悬挂农具不能提升或提升缓漫	①油箱油量不足 ②齿轮油泵没有接通 ③油温过低(低于 30℃)或过高(高于 80℃) ④油路中吸入空气 ⑤油箱油脏,滤清器堵塞,油路局部有堵塞 ⑥齿轮油泵磨损,压力低 ⑦分配器回油阀卡住 ⑧分配器安全阀漏油或开启压力过低 ⑨滑阀自动回位压力过低 ⑩油缸定位阀尾部与定位卡箍之间无间隙或间隙过小 ⑪油缸定位阀卡阀座 ⑫油缸缓冲阀堵塞或装错 ⑬活塞压紧螺母松脱或活塞密封圈损坏 ⑭悬挂农具提升出土时阻力过大	①添加油液到规定油面 ②将齿轮油泵传动装置手柄置于接合位置 ③待油温正常时再工作 ④拧紧油路各管接头,特别是齿轮油泵吸油管,并排出空气 ⑤清洗油箱滤清器、油管,更换油液 ⑥修理磨损零件或更换齿轮油泵 ⑦用木槌轻击回油阀盖或清洗回油阀 ⑧检查调整安全阀压力 ⑨检查并调整压力 ⑩将定位卡箍沿活塞杆上移,保持 10～12 毫米间隙 ⑪用手钳把定位阀从阀座内拉出 ⑫清洗或修理,重新装在油缸下腔油路上 ⑬紧固压紧螺母,更换密封圈 ⑭拖拉机微微向后倒驶,减小阻力
⑦悬挂农具提升时有抖动现象	①油箱油量不足 ②油温过高(超过 80℃) ③油路中有空气 ④齿轮油泵骨架油封损坏	①添加油液到规定油面 ②待油温正常再工作 ③检查并拧紧各接头,排出空气 ④更换骨架油封
⑧悬挂农具不能保持在提升位置	①油温过高(超过 80℃) ②油缸活塞密封圈损坏 ③分配器与滑阀磨损	①待油温正常再工作 ②更换密封圈 ③更换或修理磨损严重的零件
⑨悬挂农具下降过快	①油温过高(超过 80℃) ②油缸缓冲阀损坏或位置装错	①待油温正常再工作 ②修理或更换,或将油缸 2 个接头对调

2.整体式液压悬挂系统的常见故障及其排除方法 上海

-50 拖拉机的整体式液压悬挂系统的故障现象、原因及其排除方法见表 6-4。

表 6-4　整体式液压悬挂系统的故障现象、原因及其排除方法

故障现象	故障原因	排除方法
①农具提升缓慢（柴油机低速运转时农具不能提升,中、高速运转时可缓慢升起）	①液压泵滤网堵塞 ②液压泵内"O"形密封圈损坏 ③安全阀漏油 ④进油阀或出油阀漏油 ⑤液压泵柱塞与柱塞腔之间漏油 ⑥控制阀与封油垫圈间漏油 ⑦高压油管上的"O"形密封圈损坏	①清洗滤网 ②更换"O"形密封圈 ③修复或更换安全阀 ④修复或更换 ⑤更换已磨损件 ⑥更换已磨损件 ⑦更换"O"形密封圈
②农具不能提升	①包括以上七种原因 ②副离合器有故障 ③操纵机构中短偏心轴上的滚轮脱落 ④里、外拨叉杆安装不当 ⑤液压泵偏心轴离合手柄不起作用 ⑥安全阀脱落 ⑦控制阀卡住在中立位置或回油位置 ⑧活塞在油缸中卡住 ⑨安全阀开启压力过低	②检查并排除 ③重新安装滚轮,并调整好 ④重新安装 ⑤更换 ⑥重新安装 ⑦清洗控制阀,修复或更换 ⑧清洗并修复 ⑨调整开启压力
③农具升起后不能下降	①控制阀弹簧失效 ②控制阀卡住在中立位置 ③外拨叉杆缓冲弹簧弹性不足 ④摆动杆位置调节不正确	①更换 ②清洗并修复 ③重新调整或更换缓冲弹簧 ④重新调整
④农机具有时能提升,有时不能提升	①控制阀卡滞 ②滚轮架有偏摆现象 ③滚轮架焊接处松动	①清洗并修复 ②修复 ③重新焊修
⑤农机具上升时有抖动现象	①油缸活塞的活塞环已损坏一只 ②除(1)外的高压油路其它密封处的某处漏油(不太严重的泄漏)	①更换 ②查明漏油位置,堵漏

五、电气设备和仪表的常见故障及其排除方法

(一)充电电路的故障检查

1. **不充电**　当发动机进入中速,电流表指示没有充电电流时,首先应检查充电线路各接线头是否松动或接触不良,然后来确定是蓄电池充电已足而引起的现象,还是因发电机与调节器发生故障而引起的。因为当蓄电池的充电程度接近充足时,电流表指针趋向于"0"位的现象是正常的,它的验证方法是:将发电机稳定在中速,电流表指针不动,当迅速打开前大灯时,电流表仅有一瞬间向放电方向偏转,则证明发电机与调节器均属正常,而且蓄电池充电已足。如电流表指针偏向放电方向且偏转较大,则说明故障在发电机或调节器,或是充电线路连接错误。

经检查确定故障在调节器与发电机方面时,还应进一步确定故障的原因,为此可按下列步骤检查:

(1)检查发电机是否发电。发动机在中速时,用起子在发电机电枢接柱上作搭铁检查,有电火花产生,说明发电机良好,故障多在调节器及其它部位;如无电火花产生,则是发电机有故障不发电,应进一步查明排除。

(2)检查导线接头与发电机、调节器、电流表各接线柱连接是否可靠、正确,导线有无损坏破裂。有时导线接错或过分松动,电流表是不会指示充电情况的,故应仔细检查。

(3)检查风扇皮带是否打滑,如果打滑,发电机转速低,电压一直低于蓄电池,当然不充电。因此风扇皮带必须保持一定的张紧度。

(4)调节器的检查。当初步证实是调节器有故障时,其检查步骤是:

①发动机中速运转时,用起子将发电机(或调节器磁场、电枢两接线柱)的两接线柱短接,电流表指针指向充电方向,拿开起子后,充电现象立即消失,这便说明故障在节压器或节流器。一般多为触点烧坏,其中节压器触点较易出故障。

②发电机发电良好,用起子作上述短路仍不显示充电,则故障在断流器。此时,可将起子放在调节器的电池接线柱和电枢接线柱上短接,如电流表指针指向充电方向,则证明是断流器的故障,一般多为触点烧坏或间隙过大不能闭合。

2.充电电流不稳定　当出现充电电流不稳定,电流表指针摆动很大时,首先应检查充电线路的连接是否松动。因连接松动的线路,遇到震动时,就会造成电路电阻的忽增忽减,以至充电电流不稳定。

其次,再检查发电机的情况。如果发电机整流器不平、电刷磨损或因弹簧压力不足,而使电刷接触不良,都会造成充电电流不稳定;同时,电刷处还有火花产生,整流器表面呈黑色。

如果蓄电池极板连接铝条焊接不良,遇到振动时也会引起充电电流不稳定。

此外,调节器有故障,也将引起充电电流不稳定。由调节器所造成充电电流不稳,可从电流表指针的摆动位置和大小来进行判断,其方法是:

(1)如果电流表指针在表的充电方向15～20安的位置上发生较大幅度跳动。这可能是串联在节压器触点与节流器框架之间的电阻(R_2)失效,或是串联在节压器框架与节流器框架之间的电阻(R_1 或 R_3)失效,这种情况多在发动机高速运转时,可能见到。

(2)如果电流表指针在表的中央稍偏"＋"的位置上发生跳动,这可能是节压器或节流器弹簧调整过松,触点张开间隙过大所致,这种情况在发动机中速时可能见到。

(3)如果电流表指针在表的中央稍偏"一"的位置上发生跳动,这可能是断流器弹簧调整过松所造成,这种情况在发动机低速运转时可能见到。

3.充电电流过大　当发动机工作时,如充电电流过大,电流表的指针便指向大于限额数值,同时发电机也会过热。

检查时,先将调节器上的磁场接柱通往发电机的导线拆下,此时应该停止充电。如果充电电流停止,证明故障在调节器;如仍有充电电流,则故障在发电机。

显然,不论是调节器或发电机故障,充电电流过大,都是由于发电机磁场线圈电流没有受到适当的控制,而使发电机电压过高。所以,如属于发电机的故障,多为磁场接柱和电枢接柱之间有短路;如确定为调节器的故障,也多为磁场和电枢两接线柱之间短路,或是节压器不能工作或节流器限额电流调整过大所致。上述故障须进一步检查。

4.充电电流过小　充电电流的大小,决定于发电机的端电压及充电电路中的电阻。但如果蓄电池的放电状态已经确定,则充电电流过小,是由于发电机的端电压不够及充电电路中的电阻过大。因此,首先应检查充电线路是否连接良好,以及发电机的发电情况,然后再检查节压器及节流器的限额值是否调得过低。检查发电情况,可在电枢接柱上作搭铁接触;良好的发电机,搭铁时应有强烈的电火花出现;如电火花微弱,则为发电不足,应进一步检查其原因。

(二)蓄电池的常见故障及其排除方法

蓄电池的故障,除了完全达到使用年限而"衰老"外,几乎大多数是由于使用不当和维护保养不良而造成。常见的故障及其一般的排除方法如下:

1. 极板硫化　酸性蓄电池在正常放电情况下,两种极板上所形成的硫酸铅是均匀分布的细粒结晶体,在充电时能够容易还原成二氧化铅及铅。但是如果蓄电池放电过多或长期充电不足等原因,则极板上将形成一层白色粗粒结晶的硫酸铅。这层硫酸铅导电不良,堵塞极板空隙,且在充电时不易还原成二氧化铅和铅。这样就使得蓄电池容量减小,内电阻加大,这种故障称为蓄电池极板硫化,也称极板硬化。

(1)现象

①放电快,电压低,容量显著降低。

②充电时温度迅速上升,电解液密度上升得很慢,"沸腾"现象冒气泡出现得很早。

(2)主要原因

①经常过量放电。

②经常充电不足。

③电解液密度过高。因蒸发缺电解液时,未以蒸馏水补充,而误加电解液所致。

④液面经常过低,使极板长期露在空气中。

(3)排除方法:严重的硫化只有更换极板。如硫化不太严重,可将蓄电池以小电流放电至电压为1.8伏,然后把电解液倒出,换上蒸馏水,用等于普通充电第一阶段的1/3的充电电流充电,充好后用电池容量1/10安培数的电流放电至1.8伏,再加新的蒸馏水再充电。这样反复2~3次,最后一次充电后期要调整电解液密度至适合范围,便进行普通充电即可。

2. 短路　短路是蓄电池内部自然放电过多。

(1)现象

①作高率放电试验,单格电池电压迅速降至零,甚至用电压表测量,无端电压。或充电后能测得电压,隔一天即无电,充

电时电压上升少,甚至无端电压。

②电解液密度低,在 1.150 以下,充电时密度上升少或不上升。

③长时间充电,电解液不出现气泡。

④充电时温度上升快。

(2)原因

①充、放电电流太大,造成极板拱曲,正、负极板接触。

②木隔板破裂或炭化,或单格电池之间穿通。

③由于维护保养不良,造成蓄电池表面过脏或电解液中混入脏物。

④活性物质脱落到沉淀槽太多,使正、负极板下部接触。

(3)排除方法:造成故障后,一般是将蓄电池拆开检查修理。但如果是因内部短路可将蓄电池擦洗干净,并使其完全放电至 1.7 伏,使附在极板上的杂质进入电解液中,然后将电解液倒出,再加入密度适合的新电解液,再进行普通充电即可。

3.活性物质脱落

(1)现象

①充电时电解液中有褐色物质,从加液孔中可看见。

②蓄电池的容量不足。

(2)原因

①充电电流过大、温度过高、经常过充电等,使活性物质松浮而脱落。

②放电电流过大,接通起动电机时间过长或过度放电,使极板翘曲。

③蓄电池固定不牢,极板受到剧烈振动。

(3)排除方法:严格执行充电规定。每次接通起动电机的时间应严格执行使用规定。活性物质脱落沉淀物少的可清除后继续使用;沉淀物多的须更换新极板。

4.外壳破裂

(1)现象:蓄电池外部有裂缝,电解液漏出,液面降低。

(2)原因

①通气孔堵塞,充电时产生的气体不能排出,蓄电池内部压力升高。

②蓄电池急剧放电,电解液温度急骤升高,电解液和气体迅速膨胀。

③蓄电池固定不牢,拖拉机行驶中振动过大。

(3)排除方法

①检查并保持通气孔畅通。

②检查并排除外部线路的短路故障。

③将蓄电池固定牢固。

(三)发电机和调节器的常见故障及其排除方法

1.直流发电机的常见故障及原因 发电机常见的主要故障是无电流输出、发电机过热、输出电流不稳定或过低。

(1)发电机无电流输出:造成此故障的主要原因有:

①电刷接触不良造成电阻增大。这主要是整流器不平或有油污、电刷在电刷架内卡死、电刷弹簧弹力减弱、电刷磨损过甚等原因造成。

②剩磁消失。可能由于长期不用,接线不正确,经过严重撞击等原因造成。剩磁消失后可进行充磁,其方法是,在发电机运转中将一6伏的蓄电池,用手将正极用导线与发电机正电刷接触,将负极用导线在发电机负电刷上做短暂间断的接触,直到电流表有指示电流为止。

③磁场线圈或电枢线圈短路搭铁。可能由于有油进入使绝缘体腐蚀;温度过高使绝缘体烧坏或有水汽侵入使线圈受

潮绝缘失效等原因。

④磁场线圈或电枢线圈短路。可能是导线折断、磨断或由于过热使焊接点熔化脱落等原因造成。

(2)发电机过热:发电机在日常工作情况下,温度在 $80\sim90℃$,如过热容易造成烧毁。造成此故障的主要原因有:

①发电机长期超负荷工作,或电路中有短路。

②发电机与调节器之间的搭铁线连接不紧,引起电压长期过高。

③磁场线圈或电枢线圈受潮,绝缘强度降低产生短路。

④电刷与整流器接触不良,以致产生火花,使整流器表面烧伤氧化,电阻增加而使发电机发热。

⑤轴承缺油。

⑥轴承偏磨或电枢不平衡,高速时,使电枢与磁极摩擦。

⑦断电器触点不能张开,大量放电电流反流向发电机。

⑧驱动皮带调整过紧。

(3)输出电流不稳定或过低,其主要原因有:

①驱动皮带松弛或磨损,使皮带打滑。

②电刷与整流器接触不平、云母凸出、弹簧弹力减弱、整流器失圆或粗糙不平过脏等。

③接线不确实。

2.直流发电机常见故障的排除方法

(1)每日工作完毕后,应清洁发电机外部,并经常检查导线固定情况及皮带松紧度。同时定期检查内部,如发现内部有油污,应用蘸有汽油的棉纱或毛刷擦净,并将其晾干。

(2)对用润滑脂润滑的发电机,每工作 $200\sim300$ 小时拆开盖子加注一次(应加注脱水润滑脂)。加油时,防止油污侵入发电机内部,以免沾污整流器等。

(3)检查整流器。发现整流器烧污或电刷接触不平时,用"00"号砂纸磨光整流器;并用砂纸压在整流器与电刷之间,砂面向电刷,沿整流器弧面往复拉动砂纸,使电刷与整流器弧面接触良好,最后吹干净。

(4)检查电刷和电刷弹簧。电刷在架内不应有摆动的现象,但应上下灵活,并和整流器接触良好。电刷弹簧的弹力应符合规定数值。

(5)检查发电机的性能。在发动机上对发电机性能的简单检查方法是:将发电机作电起动机空转试验,检查时,将驱动皮带取下,在确定没有妨碍电枢旋转的机械故障时,使断流器触点闭合(触点应是良好),接通电路,此时,良好的发电机应转动均匀,且无杂音。否则应进一步检修。

(6)防止发电机受潮,如受潮应烘干后方可使用。

3.联合调节器的故障　调节器中以节压器故障为多,调节器最常见的故障有:

(1)触点严重烧伤致使接触不平或不导电。

(2)调节器与发电机或调节器内部搭铁不良或断开,致使断流器、节压器不工作,而使发电机电压过高,可能造成发电机及调节器本身过热甚至烧毁,同时损坏用电设备。

(3)调整不当。如空气间隙(触点臂与铁芯之间的间隙)、触点间隙及弹簧拉力改变等,都造成调节器工作不正常。

4.联合调节器常见故障的排除方法

(1)使用中,如触点表面烧伤氧化,应用细砂纸磨净。两触点的中心线应重合,其歪斜不应大于 0.2 毫米,否则应用尖嘴钳弯曲支架校正。

(2)注意检查各线头的连接及焊接处有无松脱,发现后应及时排除。

（3）勿使调节器受潮湿，非必要，不要随便打开盖子。

（4）联合调节器的调整是一件细致的工作，必须由熟练的修理工用仪表进行调整。如无仪表而又必须进行调整时，可在发动机上对调节器进行简易的调整，其方法是：

①在调整前，应检查蓄电池存电情况，发电机及电流表应当良好；同时检查调节器触点及线路联接情况应良好；并检查调整好断流器的触点间隙及节压、节流器的空气间隙。

②起动发动机，使其达到额定转速。首先调整节压器。其方法是：用手指按住节流器的触点，使它处于闭合。随后调整节压器的弹簧拉力，直到电流表所指示的电流大小达到规定要求数值为止。

③随即调整节流器。用手指按住节压器触点使之处于闭合，再调整节流器弹簧的拉力，且设法使电流表所指示的电流大小数值与调整节压器时的数值相同。

④最后再调整断

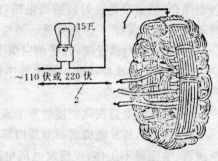

图 6-4　用试灯法检查定子
1、2. 测试棒

流器的闭合电压，只要保证在限压、限流值时触点能闭合，以及在通常情况下，蓄电池向发电机的逆流值不超过 0.5～6 安即可。除拆换或重新绕制线圈及更换零件外，一般没有必要调整逆流值。断流器调好的标准是：发动机怠速运转时，电流表指针应稍微指向放电方向；当发动机转速慢慢提高，电流表指针则应指向充电方向；当再慢慢降低发动机转速至怠速，电流表指针也慢慢回到零位，并向放电方向摆动的瞬间不超过 6

安,这说明基本符合要求。

5.硅整流发电机和调节器的常见故障及其排除方法

(1)发电机不发电或发电不正常:硅整流发电机不发电或发电不正常,常见的原因有以下几种:

①发电机转子部分的激磁电路短路、断路或炭刷和滑环接触不良等:检查方法是:闭合电源开关(不要打开其它用电设备),观察电流表,会出现以下4种情况:有2~3安的放电电流,说明激磁电路无故障;放电电流过大,则激磁电路有短路处;无放电电流,则说明激磁电路有断路处;放电电流很小,说明由于滑环积污,炭刷磨损严重,弹簧弹力减弱等。

②发电机定子部分的线圈"搭铁"或断路:搭铁的检查方法是将线圈与二极管断开,以220伏交流电为电源。用试灯法检查,即在220伏的交流电路中串联一只220伏15瓦的灯泡,如图6-4所示。接通电源后,用测试棒2分别与定子绕组的3个线端接触。若灯亮,则该相搭铁,要检修。应当指出,检查时要注意安全,防止发生触电事故。

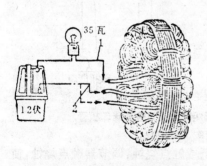

图6-5 用试灯法检查定子
1、2. 测试棒

断路的检查方法是用一只12伏、35瓦灯泡与一只12伏蓄电池串接成电路,如图6-5所示,用测试棒2分别接触另外两个线端。如灯不亮,表示定子线圈中局部导线已断路。也可用万用表测量定子线圈3个线端间的电阻值的大小来判断线圈内部断路或短路。

③整流部分的二极管击穿:二极管击穿的检查方法是:先用万用表在发电机外部进行初步检查,拆去发电机外部连线,把万用表放在 R×1 档,用万用表的"一"试棒触发电机外壳,"+"试棒触发电机的"电枢"接线柱,可能出现以下 3 种情况:当指示数值为 30 欧以上,说明二极管未击穿;当指示数值在 10 欧左右,说明二极管有一个或同一组内的两个击穿;电表指示数值接近零或等于零,说明两组二极管各击穿一个,也可能是内部连接脱开。

究竟是哪个二极管被击穿还要逐个进行检查,如图 6-6 所示。先将二极管的连接线断开,正向电阻的测量法是:将电表的负极试棒接二极管的正极,而正极试棒接二极管的负极,正向电阻应在 10 欧以下。测反向电阻时,将万用表试棒对调即可,反向电阻应在 10 千欧以上;如正向电阻过大或反向电阻过小,说明二极管损坏,应予以更换。

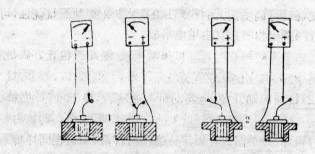

图 6-6 用万能表(电阻一档)检查硅二极管
1.端盖 2.元件板

④调节器的调压值过低或触点烧蚀:调节器触点烧蚀,使激磁电路的电阻增大,造成无充电电流,可用砂纸打光。

(2)发电机充电电流过大:如果长期充电电流过大,会使蓄电池过充造成早期损坏。充电电流过大的原因是:

①调节器调压值过高,应按规定调整电压至合适值。

②调节器的调压线圈末端脱落,失去调节作用,应检修调压线圈,重新焊牢焊接点。

(四)电起动机的常见故障及其排除方法

电起动机的常见故障是电枢线圈或导线中有断路、短路或继电器调整不当。此外,传动机构在工作中也常发生毛病。

1.电起动机的故障检查

(1)接通起动开关,电起动机不转。这可能是:

①蓄电池放电过甚,或外部线路有松脱和搭铁之处。检查发现后,可按具体情况排除。

②电起动机的开关损坏。检查时,可先用起子或导线将电起动机上两个紫铜接线柱做短路连接,此时如果电起动机转动,就说明是起动开关损坏。这多是拨叉的行程不够,使开关接触不良;或起动开关触点和开关接触铜盘烧蚀,形成导电不良。发现后可调整拨叉的行程;开关触点和接触铜盘烧蚀,可进行锉净或用粗砂纸打磨干净。

③如经上述检查电起动机仍不转动,开关也属良好,这便是内部线路或电刷有故障。应进一步拆下检查。

(2)接通起动开关,电起动机高速旋转,但不能带动发动机飞轮,这便是起动机空转。发生空转,这多是电起动机的传动机构损坏。如单向离合器滚柱磨损而打滑,动力也同样传不出去;惯性式的减震弹簧折断;齿轮牙齿磨损等,也会出现这种故障。检查发现后,可按具体情况更换单个机件或送修。

(3)接通起动开关,起动机转动无力。在蓄电池充足电的情况下,这多为线路有短路,整流器脏污,电刷接触不良,以及导线松动等,应进一步检查。

2.电起动机的运转检查 电起动机运转检查的简单方法

是将电起动机拆下固定,用蓄电池作为电源,以负极接起动开关,正极接外壳搭铁,接通开关让电起动机空转,这时电刷下不应有火花发生,电枢旋转均匀,没有噪音和冲击。根据这些情况,可以大概地判断电动机有无故障。

(五)磁电机的故障及其排除方法

1.无火 所有火花塞上均无火出现,或取下磁电机检查仍旧没有火花产生,这可能是:

(1)触点烧毁,不导电。这多是容电器绝缘被击穿或容量不合,应拆下检查,失效时应更换。

(2)熄火开关搭铁,发现后予以排除。

(3)分火头中心滑动接触点内的炭接柱积垢或碎裂。检查发现后,应清洁或更换。

(4)磁电机轴不转。可拆下断电器盖检视,如轴不转,便是轴上的半圆固定销丢失或脱落,应重新装复或配制。

(5)内部线路断裂或搭铁,应拆开检查并修复或更换。

2.火花很弱 这可能是:

(1)触点烧蚀、脏污,因而导电不良。发现后,可用白金锉或细砂纸予以锉净或磨平。

(2)触点间隙不当,应检查调整之。

(3)分火头和分电器盖漏电。检查排除方法同蓄电池点火系。

(4)起动加速器磨损,造成磁电机轴转速过慢。当用摇手柄起动时,如果听不到"喀啷、喀啷"的响声,便是起动加速器有毛病,应拆开进一步检查排除。

(六)火花塞的常见故障及其排除方法

1.常见故障 火花塞的常见故障是缺火,其次是炽热点火。造成缺火的主要原因是:

(1)绝缘瓷上形成积炭,造成短路。造成积炭的原因是混合气过浓、发动机窜机油及瓷面不光滑等。积炭过多应清洗;瓷面不光滑应更换。

(2)电极上有油污。因油的绝缘性强,电极间不易产生火花,这种故障对发动机起动时最为有害。电极间有油污,多是燃油雾化不良,进入气缸燃油过多,或窜机油所致。应把火花塞拆下将油污擦拭干净,并空摇转发动机将多余油排出。

(3)绝缘瓷裂纹。绝缘瓷有裂纹后,积炭就逐渐填入裂痕而造成漏电,产生原因主要是受到敲击所致,应进行更换。

(4)电极间隙不当。火花塞经长期使用后,电极会逐渐烧蚀而造成电极间隙过大。电极间隙过大过小都会严重影响火花塞的正常工作,故应及时检查调整。

造成炽热点火的原因,多是对火花塞热特性选择得不适当。当发生炽热时,绝缘体裙部发白,而且有釉质熔解成小珠,此时应换用冷式火花塞。

2.火花塞的检查调整

(1)清除积炭。火花塞工作100～150小时后进行,清洗时将火花塞浸入燃油中,使积炭软化,再用竹片或细铜丝刷清除,不得用硬锐工具以免刮伤瓷体。拆装火花塞应用专用工具。

(2)检查调整电极间隙。检查时,按各发动机的规定数值用圆间隙规等检查。当需要调整时,只能小心地弯曲侧电极至符合规定,绝对不允许弯曲中央电极。

(3)注意安装的严密性。安装时,必须装上密封垫圈,不得用其它任何垫圈代用或不装垫圈,并同时检查垫圈是否完整良好,否则应更换新品。火花塞拧紧程度要适当。

附录Ⅰ 部分国产拖拉机型号及主要性能参数

型号	主 要 技 术 数 据							生 产 厂
	档数	速度范围(公里/时)	额定牵引力(牛)	配套发动机型号	标定功率(千瓦)	标定转速(转/分)	燃油消耗率 克/(千瓦·时)	
(渤海-20)	8+2	2.052~26.23	500	TY290T	13.24	2200	≤259	大连拖拉机制造厂
(渤海-25)	8+2	1.66~21.20	6480	2100T3	18.38	2000	≤249	大连拖拉机制造厂
长春 CH180 (长春-250)	6+2	2.27~25.79	6373	295A	18.38	2200	251.6	长春拖拉机制造厂
(泰山-25K)	8+2	1.97~25.11	5390~5880	295T	17.65	2000	≤258	山东拖拉机厂
(泰山-25)	8+2	1.66~21.2	4290~4680	295T	17.65	2000	265.2	青岛汽车拖拉机总厂
奔野 BY180 (BY250)	8+2	2.08~27.13	3920~4410(水田) 5390~5880(旱地)	295	17.7	2000	258.4	宁波汽车拖拉机工业公司拖拉机厂
奔野 BY184	8+2	1.56~21.70	4700~5390(水田) 5880~7350(旱地)	295	17.7	2000	258.4	宁波汽车拖拉机工业公司拖拉机厂
神牛 SN180 (SN25)	8+2	1.66~21.20	4500~5000(水田) 5500~6500(旱地)	295T	17.7	2000	≤254	湖北拖拉机厂
集材-584J(集才-80)	8+2	2.65~28.47	61544	4120F-T4	58.8	1800	254.3	哈尔滨拖拉机厂
1140CN-1	16+8	2.00~31.15	15699	LR3100TJ	41	2400	≤242	长春拖拉机制造厂
4450CL	16+6	3.19~27.9	30000	6466TR		2400	244	沈阳拖拉机制造厂

续 表

型号	档数	速度范围(公里/时)	额定牵引力(牛)	配套发动机型号	标定功率(千瓦)	标定转速(转/分)	燃油消耗率 克/(千瓦·时)	生产厂
(上海-50)	6+2	2.15~26.86	11768	495A 495A-33	36.8	2000	≤245	上海拖拉机厂
(上海-504)	6+2	2.13~26.69	14710	495A-18	36.8	2000	≤245	上海拖拉机厂
铁牛-400(铁牛-55C)	10+2	1.32~28.64	>20370	4115TA$_1$	40.5	1500	≤254	天津拖拉机制造厂
铁牛-55ED	10+2	1.32~28.64	>20370	4115TD	40.5	1500	≤254	天津拖拉机制造厂
铁牛-480(铁牛-650)	10+2	1.54~30.15	≥20730	X4115T$_1$	47.8	1700	238	天津拖拉机制造厂
双马-370(SM500)	8+2	3.50~34.25	10000	495A-17	36.76	2000	≤244.7	沈阳拖拉机制造厂
长春 CH290(长春-40)	6+2	4.15~28.67	9800	495A	29.4	1600	<248	长春拖拉机厂
新疆-500	9+2	1.75~29.31	13000	495A		2000		新疆十月拖拉机厂
泰山-650	8+2	3.22~30.92	13720	R4100T	47.8	2200	≤238	山东昌潍拖拉机制造厂
(江苏-50)	8+2	2.12~28.12	11760	495	36.8	2000		清江拖拉机制造厂
(江苏-504)	8+2	2.12~28.12	14700	495	36.8	2000		清江拖拉机制造厂
(江苏-50H)	8+2	2.12~28.12	7840	495	36.8	2000		清江拖拉机制造厂
江淮360(江淮-500)	8+2	2.514~30.352	11000	459A	36	2000	≤245	安徽拖拉机厂
东方红-602(东方红-802)	5+1	4.71~10.81		4125A4	58.82	1550	≤254	第一拖拉机制造厂
东方红-70T(工业用)	4+2	3.44~8.47		4125G3	51.5	1500	≤254	第一拖拉机制造厂

附录 II　道路交通标志

（一）主标志

1. 警告标志
颜色为黄底、黑边、黑图案。

（11）上陡坡标志

（12）下陡坡标志

（1）十字交叉路口标志

（2）T型交叉路口标志

（13）两侧变窄标志

（14）左侧变窄标志

（3）T型交叉路口标志

（4）T型交叉路口标志

（15）右侧变窄标志

（16）双向交通标志

（5）Y型交叉路口标志

（6）环型交叉路口标志

（17）注意行人标志

（18）注意儿童标志

（7）向左急弯路标志

（8）向右急弯路标志

（19）注意信号灯标志

（20）注意落石标志

（9）反向弯路标志

（10）连续弯路标志

（21）注意横风标志

（22）易滑标志

(23)傍山险路标志

(24)堤坝路标志

(29)过水路面标志

(30)铁路道口标志

(25)村庄标志

(26)隧道标志

叉 形 符 号 (红色)
(与铁路道口标志合并使用)

(27)渡口标志

(28)驼峰桥标志

(31)施工标志

(32)注意危险标志

2.禁令标志 颜色，除个别标志外，为白底、红圈、红杠、黑图案。

（1）禁止通行标志

（2）禁止驶入标志

（7）禁止汽车拖、挂车通行标志

（8）禁止拖拉机通行标志

（3）禁止机动车通行标志

（4）禁止载货汽车通行标志

（9）禁止手扶拖拉机通行标志

（10）禁止摩托车通行标志

（5）禁止后三轮摩托车通行标志

（6）禁止大型客车通行标志

（11）禁止某两种车通行标志

（12）禁止非机动车通行标志

(13)禁止畜力车通行
标志

(14)禁止人力货运三
轮车通行标志

(25)禁止鸣喇叭标志

(26)限制宽度标志

(15)禁止人力车通行
标志

(16)禁止骑自行车下
坡标志

(27)限制高度标志

(28)限制质量标志

(17)禁止行人通行标志

(18)禁止向左转弯标志

(29)限制轴重标志

(30)限制速度标志

(19)禁止向右转弯标志

(20)禁止掉头标志

31)解除限制速度标志(黑色)

(32)停车检查标志

(21)禁止超车标志

(22)解除禁止超车标志(黑色)

(33)停车让行标志

(34)减速让行标志

(23)禁止停车标志

(24)禁止非机动车停车
标志

(35)会车让行标志

3.指示标志 颜色为蓝底、白图案。

（1）直行标志

（2）向左转弯标志

（12）单向行驶标志
（向左或向右）

（13）单向行驶标志
（直行）

（3）向右转弯标志

（4）直行和向左转弯标志

（14）机动车道标志

（5）直行和向右转弯标志

（6）向左和向右转弯标志

（15）非机动车道标志

（16）步行街标志

（7）靠右侧道路行驶标志

（8）靠左侧道路行驶标志

（17）鸣喇叭标志

（18）准许试刹车标志

（9）立交直行和左转弯行驶
标志

（19）干路先行标志

（20）会车先行标志

（10）立交直行和右转弯行驶
标志

（11）环岛行驶标志

（21）车道行驶方向标志

（22）车道行驶方向标志

(23)车道行驶方向标志

(24)车道行驶方向标志

(25)人行横道标志

4.指路标志 颜色一般道路为蓝底、白图案。

一般道路指路标志

（1）地名标志

黄河大桥
（2）著名地点标志

北京界
（3）分界标志

顺义道班 平谷道班
（4）分界标志

（5）方向、地点、距离标志

（6）方向、地点、距离标志

（7）方向、地点标志

（8）方向、地点标志

（9）方向、地点标志

(10)方向、地点标志

(11)方向、地点标志
（适用于互通式立交）

(12)方向、地点标志
（适用于互通式立交）

(13)方向、地点标志
(适用于互通式立交)

(14)方向、地点标志
(设在互通式立交匝道驶出段的分岔处)

(15)地点、距离标志

火车站

(16)地点识别标志

飞机场

(17)地点识别标志

长途汽车站

(19)地点识别标志

客轮码头

(21)地点识别标志

停车场

(18)地点识别标志

医院

(20)地点识别标志

东陵

(22)地点识别标志

P

(23)停车场标志

204

(24)道路编号标志(红色)
(国道编号)

42

(25)道路编号标志
(省道编号)

（二）辅助标志　颜色为白底、黑字、黑边框。

（1）表示时间

7:30－10:00

7:30－9:30
16:00－18:30

（2）表示车辆种类

除公共汽车外

货车拖拉机

（3）表示区域或距离

200m↑　←100m　100m→

←50m 50m→

二环路区域内

（4）表示警告、禁令理由

学　校	海　关
事　故	坍　方

（5）组合辅助标志

←100m
7:30－18:30

金盾版图书,科学实用,
通俗易懂,物美价廉,欢迎选购

新编汽车驾驶员自学读本		汽车故障诊断检修 496 例	15.50 元
(第二次修订版)	31.00 元	新编汽车修理工自学读本	33.50 元
汽车维修工艺	46.00 元	中级汽车修理工职业资格	
汽车电子控制装置使用维		考试指南	18.00 元
修技术	33.00 元	汽车维修指南	32.00 元
柴油汽车故障检修 300 例	15.00 元	汽车传感器使用与检修	13.00 元
汽车发机机构造与维修	30.00 元	轿车选购与用户手册	39.00 元
汽车底盘构造与维修	26.50 元	汽车驾驶常识图解	
汽车电气设备构造与维修	29.00 元	(修订版)	12.50 元
汽车驾驶技术教程	22.00 元	新编轿车驾驶速成图解教	
汽车使用性能与检测	19.00 元	材	17.00 元
汽车电工实用技术	46.00 元	新编汽车电控燃油喷射系	
汽车故障判断检修实例	10.00 元	统结构与检修	25.00 元
汽车转向悬架制动系统使用		东风柴油汽车结构与使用	
与维修问答	22.00 元	维修	29.00 元
汽车电器电子装置检修图解	45.00 元	机动车机修人员从业资格	
新编汽车故障诊断与检修问		考试必读	27.00 元
答	37.00 元	机动车电器维修人员从业	
怎样识读汽车电路图	10.00 元	资格考试必读	23.00 元
新编国产汽车电路图册	47.00 元	机动车车身修复人员从业	
新编汽车电控自动变速器		资格考试必读	20.00 元
故障诊断与检修	30.00 元	机动车涂装人员从业资格	
国产轿车自动变速器维修		考试必读	16.00 元
手册	29.00 元	机动车技术评估(含检测)	
北京福田系列汽车使用与		人员从业资格考试必读	16.00 元
检修	19.00 元	汽车驾驶技术图解	27.00 元
新编东风系列载货汽车使		汽车维修电工技能实训	19.00 元
用与检修	17.00 元	汽车维修工技能实训	20.00 元

　　以上图书由全国各地新华书店经销。凡向本社邮购图书或音像制品,可通过邮局汇款,在汇单"附言"栏填写所购书目,邮购图书均可享受 9 折优惠。购书 30 元(按打折后实款计算)以上的免收邮挂费,购书不足 30 元的按邮局资费标准收取 3 元挂号费,邮寄费由我社承担。邮购地址:北京市丰台区晓月中路 29 号,邮政编码:100072,联系人:金友,电话:(010)83210681、83210682、83219215、83219217(传真)。